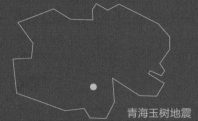

青海玉树地震

从一张蓝图到一座城市的
涅槃重生

——玉树灾后重建规划实践回顾与纪念文集

邓 东 范嗣斌 王 仲 鞠德东 等 编著

中国建筑工业出版社

图书在版编目（CIP）数据

从一张蓝图到一座城市的涅槃重生：玉树灾后重建规划实践回顾与纪念文集/邓东等编著.—北京：中国建筑工业出版社，2022.9
　　ISBN 978-7-112-27895-4

Ⅰ.①从… Ⅱ.①邓… Ⅲ.①地震灾害—灾区—城乡规划—玉树藏族自治州—文集 Ⅳ.①TU984.244.2-53

中国版本图书馆CIP数据核字（2022）第166583号

责任编辑：宋　凯　张智芊
责任校对：赵　菲

从一张蓝图到一座城市的涅槃重生
——玉树灾后重建规划实践回顾与纪念文集
邓　东　范嗣斌　王　仲　鞠德东　等编著

*

中国建筑工业出版社出版、发行（北京海淀三里河路9号）
各地新华书店、建筑书店经销
华之逸品书装设计制版
临西县阅读时光印刷有限公司印刷

*

开本：787毫米×1092毫米　1/16　印张：23　字数：438千字
2022年9月第一版　　2022年9月第一次印刷
定价：**198.00**元
ISBN 978-7-112-27895-4
（38968）

版权所有　翻印必究
如有印装质量问题，可寄本社图书出版中心退换
（邮政编码 100037）

编委会成员

顾　　问：李晓江　崔　愷　孟建民　庄惟敏　刘燕辉　李　群　白宗科
主　　任：杨保军　王　凯
副 主 任：邓　东
成　　员：鞠德东　范嗣斌　卢燕青　周　勇
主　　编：邓　东
执行主编：范嗣斌　王　仲
参编人员：邓　东　鞠德东　范嗣斌　王　仲　缪杨兵　胡耀文　杨　亮
　　　　　　周　勇　房　亮　张　迪　易芳馨　宋　波　范　渊　杨一帆
　　　　　　许　博　卢燕青　张学军　伍速锋　常　魁　张春洋　曾有文
　　　　　　徐德标　王明伟　惠　斌　邓卫东　高　翔　魏　巍　白　杨
　　　　　　刘　环　张景华　蓝　晴　李存东　赵文斌　张祎婧

序一

不忘初心勇担当，重获新生结古城

宋春华

2010年青海玉树结古镇灾后重建工作至今，已经过去了十余年。在康巴藏区、青藏川三省交界地区，当时规划提出的"青藏川三省（区）交接部康巴藏区的中心城市、商贸物流中心"已经实现，现在的结古镇活力四射、环境优美、建筑风貌鲜明、城市形态有序、人民安居乐业，正在向"世界知名的特色生态文化旅游城"迈进。看到这样的情景，作为玉树灾后重建工作的参与者，都会感到由衷的欣慰。

回想当年，时任中国城市规划设计研究院院长李晓江和我联系，希望中国建筑学会牵头，集合国内院士、设计大师和著名建筑师，为玉树结古镇具有标志性的公共建筑进行设计，提升结古镇灾后重建的建筑设计水准，塑造具有特色的风貌形象，为重建后的结古镇留下一批精品建筑。这是一项十分重要又相当艰巨的工作，不仅工作时间紧、任务重，而且对高海拔地理环境的适应和对具有独特宗教文化与特色鲜明地缘文脉的高原藏区文化传统的把握，都是极具挑战性的。我记得当时，中国城市规划设计研究院的李晓江、杨保军、邓东等一行来到学会，详细介绍了他们在结古镇灾后重建规划中的工作和设想，我被他们在完成北川震后新县城的重建规划之后，又主动承担起结古镇重建规划任务的勇于担当和甘于奉献的精神深深打动，当即表示，中国建筑学会参与抗震重建责无旁贷，一定积极配合完成好结古镇的重建任务。随即，我们组织了包括何镜堂、崔愷、孟建民、庄惟敏、周恺、崔彤、张利等院士和专家，来到玉树结古镇进行现场调研，对玉树州博物馆、康巴艺术中心、玉树州行政办公中心、地震遗址纪念馆、格萨尔王广场、玉树游客服务中心及玛尼游客服务中心

宋春华，时任建设部原副部长、中国建筑学会原理事长。

等重要公共建筑开展设计。期间，各家团队反复推敲方案，力图使这些重要标志性建筑能够体现"康巴特色、地域特点、时代特征"的总体要求。方案的设计过程中，本着集思广益、玉汝于成的精神，广泛听取各方面的意见，尤其是要尊重地方民俗和宗教规制。在初步方案完成后，我们邀请包括当卡寺宫保活佛等地方民俗专家来京共同讨论方案，并尽可能将他们的意见和建议反映在设计方案中。而今，这些标志性建筑建成使用后获得了良好的社会反响，多个建筑在国际、国内获得了奖项，也成为结古镇市民和外地游客非常喜欢的活力空间和标志性场所。

在重建完成十年后的今天，中国城市规划设计研究院组织将结古镇的规划和实施工作编辑成册，是一项很有意义的工作，通过这些规划设计工作参与者的回顾和总结，让我们看到一个满是废墟的结古镇是如何在这些规划设计的指导下、管控中一步步发展成今天这样一个有特色、有活力的城市，这些实践经验无论是对新区开发建设还是老城区更新改造，都是十分宝贵的。希望结古镇越来越好。希望中国城市规划设计研究院能在城市规划事业上做出更多更大的贡献。

序二

我总是怀念绘制新玉树重生之笔
——致敬中国城市规划设计研究院

旦 科

人生是一场长途跋涉，在每一段旅程我们总有难以忘怀的人和事。2010年4月14日地震后受命赴任玉树州委书记，是我一生刻骨铭心的大事。在玉树，很多胸怀天下、无私支援、无我奉献的建设者与我们并肩作战，而每天为"中华水塔"灾后崛起而描画蓝图的中国城市规划设计研究院（以下简称"中规院"）专家们，则是最让我敬佩难忘的"重建巨人"。

因缘和合，每一段旅程几乎悄然而至。赴任玉树的消息很意外，结缘玉树似乎又是不期而遇！到达玉树的第一时间，美丽的阳光照耀在宁静而悲壮的玉树废墟上，在高原初春轻微的寒冷中我清晰地听到中规院这个名字。我听到，李晓江院长、杨保军副院长、邓东所长等搭班的工作组早在2010年4月16日就抵达玉树灾区，迅速启动研究过渡安置、灾后重建等工作，向青海省委省政府提出政策建议，开唱了带头实施"苦干三年、跨越二十年"重建奇迹的玉树悲歌。我重任在身与玉树结缘，也自然与已经承担玉树重建主力的这支国家队结缘，与那些讲政治、顾大局、高志向、接地气、能作为、有担当的中规院人结缘，成为我朝夕相处"苦干三年"的重建战友，成为共同欣慰守望"跨越二十年"新玉树新生活的亲密朋友。

地震是一场突如其来的噩梦，震级高，受灾惨重，伤亡惨重，废墟上重建的规划设计条件很困难。玉树重建是一场生命禁区的大决战，在我们党强大的组织动员下，发挥集中力量办大事的优势，全党支持，全国支援，各族干部群众奋勇争先，集中精兵强将苦战三年，关键是有一个好规划，一个集中了团

旦科，时任青海省委常委、玉树藏族自治州委书记，现任西藏自治区人大常委会党组副书记、副主任。

队、人才、技术三大优势的规划，一个科学的高质量的群众满意的规划。时过十年有余，中规院人忙碌的身影我们历历在目：一个个规划师、设计师、建筑师共树"每个人都是来干活的"作战理念，以"我将无我不负人民"之勇毅信念投入玉树抗震救灾和灾后重建，始终讲政治、顾大局、胸怀国家、心系人民，从奔波奋战在北京、西宁、玉树之间，探索建立三地联动机制，创造性地采用"1655"（一个路线、六位一体、五级动员、五个手印的规划建设模式）工作方法，用生命、绘蓝图，把"以人为本、科学论证、科学规划"的原则遵循到底，把"民族特色、地域风貌、时代特征"相统一的设计理念坚持到底，尊重民族传统、宗教文化、生态环境和百姓愿望，高标准、严要求干苦活细活难活，高效率推动青藏高原上最重要物资集散地之一的浴火重生，我们在美丽的结古朵感受到了这支队伍不畏艰险、挑战极限的勇气和信心，玉树人民感恩在心。

玉树地震，是一场大灾难。而重建玉树，是新建了整座城市。中规院负责玉树总体重建规划、城镇体系规划和各子项规划，几乎每天有产出，各种规划方案上千个。时过十年，我们进入全面小康，中规院智慧用心的妙笔建筑已经金光闪闪，经受起了跨越二十年进入全面小康社会时期人民群众对美好生活向往的历史考验，玉树的居住者和匆匆的旅行者都无不为灾后玉树的脱胎换骨点赞。我记得，邓东、李利、房亮、鞠德东等一批批专业精湛的中规院高端设计团队勇担使命、俯身耕耘、献计献智，观照历史，讲究科学，尊重民意，注重质量，在面目疮痍的灾后废墟上妙笔绘制了一座时代气息十足的高原新城。投资447.54多亿元，完成1248个重建项目，这座生态新城传承了中华民族丰富多彩、特色鲜明的建筑文化，展现了包容开放、豪迈奔放、感恩奋进的康巴精神，融入了各民族共同走向社会主义现代化的时代气息和未来期盼，特别是组织顶尖级大师设计的十大标志性建筑工程更是点亮了这座新城耀眼的火炬，让唐蕃古道上这座历史文化名城诉说着一个感恩之城的全新故事。如今，美丽的结古朵获得了全国文明城市、全国卫生城市、全国民族团结进步示范市等十余个国字号荣誉，已经成为享誉国内外的世界第三极最美现代化城市，我们感觉到了玉树人民比其他涉藏州县几乎提前十年享受了全面小康的现代生活水平，玉树人民乐在其中。

如今，我已经在古老的圣城拉萨工作多年，玉树的人和事时常在我的梦里，中规院的人和事时常在我的心里。希望本书的问世，让玉树抗震救灾和灾后重建的无畏精神温暖人间，让人类命运共同体的大爱故事传颂千古！

2022年7月于西宁

序三

铭记中规院

吴德军

一个鲜明的新玉树屹立在了雪域高原上。

事非经过不知难。

这两句话是重建庆功大会上省委原书记骆惠宁同志讲话中的两句话。这些年每当回忆和讲述那段时光，心里首先涌现出这两句话。

第一句里喜欢"鲜明"这两个字，一座城市千家万户新鲜漂亮，生机盎然，万物之上精神充盈，正大光明。

第二句"事非经过不知难"，每一个经历过玉树地震和重建的人，都有自己悲欣交集的感受。救灾中的壮怀激烈，重灾中的苦不堪言。要么喜极而泣，要么黯然无言，话语往往是轻浮的，单调的。事非经过不知难，是感慨，是压在心底的惊涛骇浪，是不愿启封的陈年老酒，不敢谈及，不愿掀开，只属于自己精神家园的不能承受之轻。非要回忆，更愿意是两眼从容，一声叹息而已。

新玉树是大悲，大爱，毁灭，新生，热泪，鲜血这些物质和精神的涅槃重生。中国城市规划设计研究院是凝聚这一切的漏斗，用规划为新玉树筑造魂魄，用千家万户的五个红手印集聚成国家精神和人心向背。我们说，新玉树的规划是从大地中生长出来的，是从古老鲜活的人文境界里粹炼出来的。一经出生，只有惊世，必定不朽。中国最聪明的头脑，中国最质朴民族的感情，在世界第三极上完美融合。

中国城市规划设计研究院的同志们身穿红色的冲锋衣。一日寒风中，七八位工程师，彳亍在废墟中，脚步疲惫但不失沉着，背影摇动却结实坚定，徐徐远去。一个念头升起来：红衣天使。

吴德军，时任玉树藏族自治州委副书记、玉树县委书记，现任青海省民族宗教事务委员会党组书记、主任。

我们称中国城市规划设计研究院团队红衣天使，称李晓江院长是男人中的男人，院长中的院长，他有家国情怀，英雄情节。杨保军院长是专家中的专家，士林中的才子。邓东是这个团队的中国队长，是我此生见过最亢奋的人，血诚任事，慷慨激昂，智慧过人，我俩都喜欢"黄沙百战穿金甲，不破楼兰终不还""兄弟同心，其利断金"。鞠德东是一位人见人爱人敬的实干家，会流着泪笑着吼的"康巴汉子"，他的女儿生在重建期间，人人关心，玉树县常委会专门研究给他的女儿起了个藏族名字，央金美朵。王仲责任重大，积劳成疾……

玉树抗震重建，因其艰苦卓绝，世所罕见而留载汉青。涅槃重生的不仅是一座城市，还有经历了救灾和重建的人，不管他们活着还是已经往生。

习近平总书记对新玉树十分牵挂，亲临玉树，多年来十余次勉励新玉树的成长，新玉树日日新，又日新，生生不息，不可限量。

不忘初心，方得始终。高尚的人们一定会记住新玉树的起点，中国城市规划设计研究院就挺立在那里。

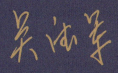

沁园春·玉树

杨保军

　　骤起哀鸿，经幡染泪，玉树成殇。记唐蕃古道，史中佳话；莲峰雪域，世外仙乡。尔自江头，我于江尾，千载同源一水长。心何忍，任万家风雨，只说祈禳。

　　莫忧重建微茫。倚百叠云山起画梁。看涓流向海，岂曰无路；兆民戮力，与子同裳。来日还看，格桑花艳，稞麦盈仓共举觞。千秋事，是有情天地，布德青阳。

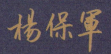

杨保军，时任中国城市规划设计研究院副院长，现任住房和城乡建设部总经济师。

从一张蓝图到一座城市的重生

邓 东

2010年4月14日，青海玉树发生里氏7.1级强烈地震，造成了巨大的人员伤亡和财产损失。地震发生后，玉树各族干部群众在党中央、国务院的亲切关怀下，在青海省委省政府的坚强领导下，在全国人民的无私援助和援建单位的辛勤付出下，进行了一场迄今为止人类在高原高寒地区规模最大、成效最显著的救灾行动和重建工程，创造了一个又一个"玉树速度""玉树奇迹"，建成了一座布局合理、功能齐全、设施完善、特色鲜明、环境优美的高原生态型商贸旅游城市。

参与援建的北京市、辽宁省、中国城市规划设计研究院（以下简称"中规院"）、中国建筑集团有限公司、中国中铁股份有限公司、中国电力建设集团有限公司、中国铁建股份有限公司，青海省内西宁、海东、海西、海南两市两州和11家援建单位及援建工作者约6万人，历时近4年时间，全面完成了投资447.54亿元的1248个重建项目，展现了社会主义新玉树建设的崭新面貌。玉树灾后重建总体规划自下而上反复征求群众意见14次之多，参与群众43万人次。在城镇住宅的规划设计中，州县规划技术组依托11个建委会成立民主议事会，发动群众对政策宣传、重建选址、建材质量、资金使用、市政配套等重大问题积极参与，参加议事会群众达到18万人次。从住房户型设计到建设点选址，从建设工程实施到工程质量监管，让群众自己勾勒新家园，创造了"五个手印"的德宁格工作模式。通过20万枚手印，让设计走进了家家户户，调动了群众共同描绘新家园美好蓝图的主动性和积极性。

邓东，中国城市规划设计研究院副院长。

一、艰巨而特殊的庞大工程

玉树灾后重建是迄今为止人类救灾史上条件最苦、困难最多、情况最复杂的庞大工程，建设任务最重、时间最紧、能源建材保障能力最低、土地权益关系最为复杂、规划设计条件最为困难、生态环境最为脆弱、涉藏维稳压力最大。

1.1 复杂：综合性强，技术难度高

玉树灾后重建规划涉及自然地理、民族、宗教、文化、生态环境等多重影响因素，情况复杂，政策性强，技术难度大。玉树地处三江源自然保护区内，生态敏感性高，环境容量受到较大的限制。结古镇临近地震震中，两侧山坡滑坡、泥石流等灾害隐患较多，用地条件也极其复杂。藏区的生活习俗与其他地区差异较大，反映在城市形态和风貌上，都有显著的特色，在重建中还需要继续延续，如院落式居住模式、转经道、玛尼堆等。

另外，玉树土地权属也极为复杂，震前结古镇近80%的居民是院落式居住模式，灾后重建认可了震前的土地权属，因此重建规划需要考虑地籍属性。这就需要建立独特的规划工作流程，无形之中也增加了玉树重建规划的难度。

1.2 紧迫：自然条件恶劣，施工期短

玉树地处高原，气候恶劣，冬季极其漫长，且温度很低，一年中真正可以施工的时间也就是4月至9月。根据国务院的部署，玉树灾后重建要在三年内基本完成，而实际施工期也就一年半，重建任务极其紧迫。施工期的大大压缩，反映到规划设计上，就要求大量的项目从规划到建筑工程设计都要在几乎不可能的时间内完成。如何快速且保质保量地完成规划设计任务，成为考验整个灾后重建规划工作的核心问题。

1.3 艰巨：建设项目多、类型广，规划设计任务重

玉树结古镇虽然人口规模不大，但"麻雀虽小、五脏俱全"，灾后重建项目数量庞大、类型全面。仅国家发展改革委立项的重建项目就有200余项，涉及住房、公共设施、基础设施、产业等各种类型，还不包括2万户左右的自建区。如此多的建设项目，都需要在短期内开工，对规划设计和管理提出了极大的挑战。除了数量上的挑战外，现场工作条件差、高原反应剧烈、基础数据不完善等多种限制因素也从侧面增强了规划工作的艰巨性。

1.4 特殊：文化、制度差异大

玉树有特殊的民族、宗教文化，这些特殊性在重建规划工作中不仅要正确认识，还要尊重和维护。结古镇信仰藏传佛教的居民占90%以上，藏传佛教的文化在重建过程中要尊重、保护和发扬。为了更准确地延续地方传统文化，重建规划工作必须加强地方民俗专家的参与。中国城市规划设计研究院在规划编制过程中，邀请地方专家共同踏勘、讨论方案；州规划技术组专门设置风貌小组，邀请地方民俗专家参与。

二、规划设计与项目投资计划协调合一

按照青海省发展改革委2010年8月下发的《玉树地震灾后恢复重建总项目册（修订稿）》（以下简称《总项目册》），共规划建设1579个重建项目，总投资317.09亿元，涉及城乡居民住房、基础设施、公共服务设施、和谐家园、特色产业和服务业、生态环境、其他7个方面。

在项目落位、规模核定过程中，中国城市规划设计研究院将国家发展改革委项目库落位与控制性详细规划编制两项工作协调合一，参考震前规模及国内相关建设规范标准，建立可落地的项目库。根据用地功能和风貌特色将结古镇划分为39个街坊分区，并分别制定街坊分区导则，提出功能控制要求、形体控制要求、空间控制要求，在用地和空间上落位重建项目。

根据青海省玉树地震灾后重建现场指挥部提供的资料，截至2013年10月底，玉树地震灾后恢复重建总体规划确定的1248个灾后重建项目（项目库调整后）建设任务全部完成，其中：城乡居民住房37个（新建城镇居民住房22439户，新建农牧民住房16710户，维修加固城乡居民住房9982户），公共服务设施440个，基础设施382个，生态环境89个，特色产业和服务业52个，和谐家园248个。

州规划技术组总共编制完成规划设计条件169个，涵盖了重建子项目349个（其中发改部门项目册子项目318个），以上规划设计条件均在第一时间由行政部门发放给各援建单位设计部门及业主，有力推动了灾后重建设计工作的进展。

在结古镇灾后重建总体规划中特别突出"一降八增"的布局特征（党政机关办公用地降低，居住、公共服务、交通运输、水域水利、特殊用地、商业服务、仓储、绿化用地增加），大幅缩减行政办公用地60%，结古镇居民居住用地比震前增加30.5%，公共管理与公共服务用地比震前增加103.6%，绿化用地比震前增加329.7%。在安排重建项目时，先优先安排城乡居民住房，再安排学校医院等公共服务项目；先安排基础设施项目，再安排党政机关办公用房。

三、行政决策与技术决策过程合一

在玉树灾后重建工作过程中，一个很重要的特点就是将行政决策和技术决策过程合一，通过合理的技术判断有效支撑复杂的行政决策问题。主要体现在以下几个方面：

形成"一个漏斗"的技术把关和审查机制，对应行政决策的各个层级，设立相应的技术决策支撑机构。

玉树灾害恢复重建工作由青海省具体组织实施，随着灾后重建工作的逐步开展，逐步形成省—州—县三级联动的行政决策机制。为了更好地支撑行

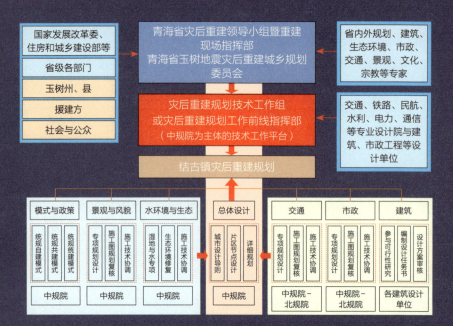

前期技术支撑机构的工作机制

政决策,在省级层面、州级层面、县级层面陆续成立了省规划委员会规划技术组、州规划技术组、县规划技术组,对重建工作的各个环节提供技术支撑。各级规划技术组由中国城市规划设计研究院派驻专家,联合地方专家和相关管理部门人员组成,提供相应的技术服务,对各个项目的规划设计、工程设计和建设实施提供全过程的技术把关,为玉树灾后重建工作的有序推进和重建规划的全面落实提供了保障,形成支撑省、州、县三级行政决策的技术支撑和决策机制,也形成了从规划编制到实施管理技术支持的"一条龙"技术审查和"一个漏斗"的服务模式。

省规划委员会规划技术组对省玉树地震灾后现场指挥部的行政决策支撑。2010年6月初,青海省正式成立"青海省玉树地震灾后重建城乡规划委员会",全面负责玉树灾后重建规划的组织、审查、批复等工作。规划委员会隶属于省玉树地震灾后现场指挥部,并对现场指挥部和省玉树地震灾后重建领导小组负责。形成青海的"一个漏斗"工作机制,青海省邀请中国城市规划设计研究院技术专家加入成立规划技术工作组。作为规划委员会的常设机构,协助省指挥部负责全面协调工作,发挥了至关重要的作用。灾后重建的前期,各类重建项目的设计委托和规划设计方案审查任务繁重。规划技术组承担了所有项目的规划设计条件编制和方案的预审工作,为规划委员会决策提供了技术支撑,同时,也有效保障了灾后重建的整体效果和规划设计质量。

2010年秋,经省政府和省规划委员会协调,中国建筑学会原理事长、建设部原副部长宋春华带领何镜堂、崔愷、崔彤、周恺、孟建民、庄惟敏等院士大师及设计团队赴玉树实地踏勘调研,确定由各位院士大师分别领衔重建核心区域6项(后增加到10项)标志性重点公共项目的设计工作。

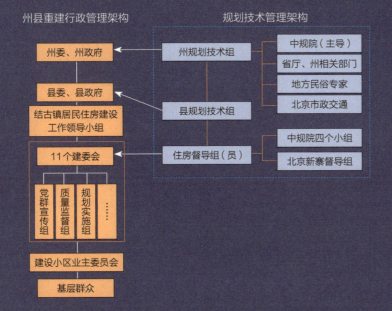

中期规划技术组组织架构

玉树州、县规划技术组对州县政府的行政决策支撑。

2011年3月，根据住房和城乡建设部和青海省委省政府的部署，以中国城市规划设计研究院为核心的玉树州规划技术组成立，建立具体项目设计工作的指导、把关、审查平台，为地方政府和各援建单位提供技术指导、方案把关、规划审查支撑等。配合编制各住宅重建项目的设计条件和设计任务书、对由各援建单位提交的规划设计方案进行技术审查、指导援建单位设计院进行住宅项目的规划设计、督导11个建委会的规划实施情况以及开展大量的日常咨询工作。通过州、县规划技术组，将中国城市规划设计研究院的规划技术工作纳入州县政府的行政构架，对于技术审查管理行使"一票否决权"，有效支撑州、县政府的行政决策。

成立规划管理组，对建设实施工作提供技术支撑。

灾后重建规划不仅是编制，规划实施过程中的管理更加重要。2012年6月，针对重建进入决战之年和收官之年的需要，青海省灾后重建现场指挥部以中国城市规划设计研究院为核心成立省指规划管理组，建立以中国城市规划设计研究院为主体的"省州县一体化规划巡查与督导"机制，将州县政府及相关部门统合纳入规划管理组成员单位，形成"省、州、县"三级一体的组织构架，开展规划实施的过程巡查，服务行政决策。

四、规划实施与群众工作全程合一

规划实施与群众工作全程合一，是玉树复杂土地权益背景下实现快速大规模灾后重建的唯一途径，更是"自下而上"人本规划理念的回归。群众工作串联起灾后重建的各类主体，贯穿于各项规划实施工作当中。玉树灾后规划设计和实施中，存在大量规划师与各相关利益人的沟通协调，是全民、全程参与的"沟通式规划设计"。中国城市规划设计研究院灾后重建工作组通过"自下而上"的规划方法和设计程序，遵循人本原则，推动公共参与，化解社会矛盾。过程中，以群众工作为基础、群众意愿为考量，广泛征求和采纳群众意愿，采取"倾听、沟通、协商"的方式，反复协调、修改、优化，直至使规划方案充分反映群众诉求，最大限度地维护公众利益。

以规划实施与群众工作紧密结合为基础，中国城市规划设计研究院灾后重建工作组于统规自建区灾后住房重建工作中探索实践"1655"工作模式，不仅明确了群众参与规划的具体环节、锚固了沟通成果，更建立了政府与居民之前的信用机制。通过强化基层组织——建委会的力量，探索有效的社区基层治理和群众工作组织模式。一举破解了当时灾后重建最棘手、最敏感的问题，在住房建设中全面推广，发挥重大作用。在滨水核心区、康巴风情商街、当代滨水商住区等重点地区的规划设计实施工作中，也始终以大量的群众工作为基础，将群众意愿与技术工作紧密结合，形成"政策制定、意愿锁定、提前分配、施工安排"等特色工作路线。

德宁格自建区"1655"的工作机制示意

在我国城市由规模扩张向存量更新转变的当下，"上下联动、公众参与、共同实施"的模式与理念逐步成为共识。玉树灾后重建规划与实施工作中与群众工作的紧密结合，有着更为深远的意义。

五、实施效果

震后十年，玉树常住人口和居民可支配收入均有明显增加。2019年末，玉树全州户籍人口41.54万人，常住总人口为42.25万人，其中城镇常住人口15.57万人，乡村常住人口26.68万人，与2010年常住总人口37.34万人相比，增长11.24%。十年来，玉树城镇常住居民人均可支配收入由11010元增加到35167元；农牧区常住居民人均可支配收入由2419元增长到9138元，社会消费品零售总额年均增长25%。玉树公共服务设施全面升级，基本公共服务均等化水平跃居藏区前列。多项公共服务基础设施实现了从无到有，民生类公共服务设施用地达129公顷，规模是震前的3.4倍，其中教育用地、医疗卫生用地较震前分别提高了31.5%和77.3%，公共绿地面积增加至222公顷。

生活方式的改变使玉树获得超越物质层面的"重建"。近年来，玉树市先后荣获全国双拥模范城市、国家卫生城市、全国民族团结进步示范市等称号。2020年11月10日，玉树州玉树市荣膺全国文明城市称号。

目 录
CONTENTS

- VIII 序一 不忘初心勇担当，重获新生结古城
- X 序二 我总是怀念绘制新玉树重生之笔——致敬中国城市规划设计研究院
- XII 序三 铭记中规院
- XIV 沁园春·玉树
- XV 从一张蓝图到一座城市的重生

I 第一部分
背景与历程回顾

- 003 玉树灾后重建组织机制与分工协作回顾与总结
- 007 玉树灾后重建规划设计"一个漏斗"机制与组织架构创新与思考
- 014 玉树灾后重建规划及实施中的规划统筹与思考

II 第二部分
规划设计与建设实施

025 第一章 技术引领双总和控规回顾
- 026 玉树《结古镇（市）城镇总体规划（灾后重建）》回顾
- 033 玉树结古镇（市）总体城市设计探索和思考
- 051 玉树结古镇（市）控制性详细规划编制与探索

067 第二章 灾后住房重建模式创新探索
- 068 玉树灾后重建中的住房重建规划方式探索——以统规自建区为例
- 085 虹幡流云——玉树德宁格统规自建区规划设计回顾
- 093 新藏式院落的探索与创新——胜利路商住三组团项目规划设计回顾
- 100 玉树灾后重建中不同住房重建建设模式的韧性协作

109 第三章 重点地区重点项目的规划设计与实施探索
- 110 玉树灾后重建十大建筑的规划、选址及实施回顾
- 130 玉树结古镇滨水核心区灾后重建规划设计与建设实施
- 139 玉树滨水核心区建筑风貌打造
  ——"民族特色、地域风貌"在玉树滨水核心区的探索实践
- 148 玉树康巴风情商街及红卫路滨水休闲区灾后重建建筑设计
  ——康巴藏区传统建筑风貌的现代设计演绎

158	玉树当代滨水商住区建筑设计——一次康巴藏式居住建筑设计的探索与实践
166	以人为本、联动发展的高原门户规划设计
	——以玉树巴塘机场地区规划设计为例

183　第四章　市政交通的规划设计与优化实施

184	玉树结古镇灾后重建市政工程规划及建设实施回顾
199	勇于创新　追求卓越　打造玉树援建精品工程
	——玉树援建结古镇市政工程设计工作回顾与思考
213	青海玉树地震灾后重建——道路设计体会
224	玉树结古镇灾后重建道路优化设计与实施
235	玉树结古镇生命线系统重建的回顾与思考
243	玉树援建结古镇桥梁工程——设计实践与总结
256	结古镇市政基础工程——雨水、供水、污水工程
265	玉树州结古镇公交场站规划设计——严寒藏区的公交场站设计实践

275　第五章　城市景观规划设计与实施

276	玉树结古镇两河景观规划设计——编织希望的金色飘带
289	玉树结古镇核心区康巴风情商街、红卫路滨水商街灾后重建景观设计
303	地域民族特色景观的探索与实践——记玉树灾后重建中道路桥梁景观设计

III 第三部分
一座城市的涅槃重生

319	玉树灾后重建规划设计及实施大事记
323	规划设计发挥引领作用　助力玉树实现跨越式发展
333	参建人员部分影集
335	中国城市规划设计研究院参与玉树灾后重建人员
337	寄语一　一把尺子
339	寄语二　玉树·育树：风中的小白杨
341	寄语三　从一片废墟到一张蓝图
343	写在后面的话

I 第一部分
背景与历程回顾

玉树灾后重建组织机制与分工协作回顾与总结 ■
玉树灾后重建规划设计"一个漏斗"机制与组织架构创新与思考 ■
玉树灾后重建规划及实施中的规划统筹与思考 ■

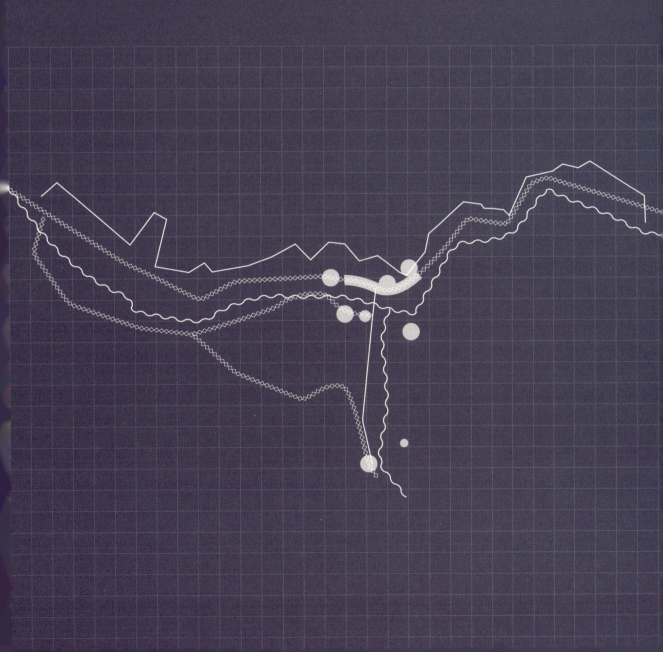

玉树灾后重建组织机制与分工协作回顾与总结

作者：邓 东[1] 王 仲[2] 鞠德东[3]

重建组织与分工

（一）组织机制的3年变化

完备、有效的机制是灾后重建规划工作能够有序开展的前提。玉树灾后重建工作也经历了从省里全面负责和规划到落地实施的组织方式转向省、州、县联动的机制变化。

1. 2010年，省级层面从规划到落地的总体统筹

考虑到玉树作为西部少数民族地区，专业技术人员匮乏，青海省政府在灾后重建过程中一直扮演着主导的角色，规划工作机制也围绕省级政府建立。这种组织方式在灾后重建的初期有利于省级部门之间的协调，并发挥了重要作用。参与援建的规划设计单位直接在住房和城乡建设部及青海省住房和城乡建设厅的协调下，凭借对灾区人民的一腔热情，开展了临时安置板房区等各类应急规划设计工作。中国城市规划设计研究院（以下简称"中规院"）按照住房和城乡建设部的安排，随即展开并加快了结古镇灾后重建总体规划、结古镇控规和总体城市设计等相关项目的编制工作。重建项目基本确定，重建落地工作持续推进。

但随着工作的不断深入，这种工作组织机制存在的问题也越来越突出。省指挥部直接指挥每一个项目的拆迁安置、施工组织等细节工作，工作事无巨细，但是由于对基层情况掌握不全面，容易导致项目落地困难。另一方面，虽然州、县政府对基层情况熟悉，但在省指挥部大包大揽的情况下，这种优势难以发挥出来，有时甚至因为信息不畅，出现省、州重建思路不一致的现象。

2. 2011年起，省州县联动，省级层面总体统筹、抓重点项目，州县层面负责其他项目和具体落地实施

针对上述矛盾，2011年初，青海省调整了重建工作的安排，将城乡住宅重建等几项工作全部交由玉树州、县两级政府来组织，省指挥部不再参与细节内容。为了适应重建领导体制的变化，灾后重建规划工作机制也相应进行了调整。一是建立了分级审查制度，规划设计方案由县、州、省规划委员会逐级审

[1] 邓 东 中国城市规划设计研究院副院长，教授级高级规划师。

[2] 王 仲 中国城市规划设计研究院城市更新研究所主任工程师，教授级高级城市规划师。

[3] 鞠德东 中国城市规划设计研究院历史文化名城研究所所长，教授级高级城市规划师。

查，给地方政府提供了表达意见的机会。二是明确了分工，赋予地方政府更大的规划管理权限。省规划委员会（以下简称"省规委会"）今后只负责十大标志性项目的规划设计审查工作，其他住宅、公建等项目的规划管理均由州县政府来承担。

通过这次调整，玉树灾后重建规划工作的重心逐渐由省级政府转换到州、县政府，工作进一步细化，基层工作的作用越来越突出，有效发挥了各级政府的优势，推动了玉树灾后重建工作。

（二）重建的政策文件制定

围绕灾后重建涉及范围、资金来源、住房补助、受灾群众过渡期安置、基础设施工程、寺院重建等重大政策问题，青海省委、省政府分别于2010年的4月23日、4月26日、5月1日、5月10日、5月19日，先后五次向党中央、国务院领导同志汇报，并与国家有关部委进行了充分沟通衔接。在国家已批准的文件中，青海省的绝大部分建议得到采纳。与此同时，在认真落实《国务院关于支持玉树地震灾后恢复重建政策措施的意见》（国发〔2010〕16号）文件精神的基础上，青海省研究制定了支持玉树灾后恢复重建的一系列政策措施。

一是结合玉树灾后重建工作实际，制定了青海省《支持玉树地震灾后恢复重建政策措施意见》（以下简称《意见》），涉及财政、税费、金融、土地、教育资助、就业和社会保险、灾区群众后续生活保障及伤残人员康复救助、计划生育、扶持企业和产业发展、粮食、扶贫、援建及援助多个方面，基本涵盖了灾区恢复重建的各个方面和领域，进一步加大了对玉树灾区的支持力度，安排的政策措施更加优惠、全面，具有较强的针对性。在财税政策、就业援助和社会保障、金融政策等方面有较大的突破。这些增加和突破的政策需要青海省从自身财力方面统筹安排，给予全力支持。因此，该《意见》的含金量很高，充分体现了全面支持恢复重建的政策目标和导向。

二是制定了《发挥群众主体作用充分运用市场机制加快推进玉树地震灾后重建的指导意见》，明确灾后重建工作在政府主导的同时，要积极引导灾区广大干部群众提高对灾后重建工作的认识，统一思想，进一步增强群众自力更生、艰苦奋斗的主体意识，组织和动员灾区干部群众积极支持和投身灾后重建，并充分运用市场机制和手段推动灾后重建，形成政府主导、群众参与和市场运作相结合的灾后重建机制。

三是研究制定了《玉树州结古镇灾后重建土地权益处置规定》等配套政策。玉树结古镇地震灾区人口密集、可利用土地资源稀缺，群众对宅基地的补偿期望值过高，重建过程中宅基地调整困难多、矛盾突出。针对这些情况，青海省政府征求中国国土勘测规划院，江苏、浙江、四川等省的土地专家的帮助指导，组织力量深入灾区调研，广泛征求社会各界和灾区群众意见。根据国家有关法律、法规和政策，在与玉树结古镇城镇总体规划全面衔接的基础上，就重点做好结古镇灾后重建中宅基地及商铺权属认定、土地使用权益处置工作提出了具体处理意见，明确了相关补偿标准。2010年7月，该规定由玉树州人大审议通过后颁布。

（三）四大央企和北京、辽宁的援建

玉树灾后重建工作的援建方式采用的是由几家大型央企单位和青海省外部分省（市）对口援建的方式开展。其中，玉树主要由4家央企和北京市、辽宁省对口援建，在结古镇区的援建单位包括中国国家铁路集团有限公司、中国建筑集团有限公司、中国铁建股份有限公司、中国水利水电建设集团有限公司、北京市人民政府五家。其中：

中国国家铁路集团有限公司援建区域为结古镇南部片区，包括扎西科路以南的新玉树大街两侧的区域，总面积为200公顷左右，包括11个街坊分区，援建项目62个，包括玉树市政府、康巴商城、扎西大通村等。

中国建筑集团有限公司援建区域为城市中心区内西侧的区域，具体范围为公园东路以东、扎西科路以北、胜利路以西、镇政府以西，总面积约为144公顷，包括6个街坊分区，援建项目为49个，包括州政府、州医院、红旗小学、康巴艺术中心等项目。

中国铁建股份有限公司援建区域为核心区的东部及东侧的城市片区，包括规划州政府、胜利路、巴塘河以东，民主路、扎西科路以北的区域，总面积290公顷。有12个街坊分区，48个建设项目，包括州民族中学、州广播电视台、玉树州规划展览馆、州委党校、琼龙路居住组团、团结居住组团、红卫居住组团等。

中国水利水电建设集团有限公司援建区域为城市西部的片区，包括公园东路以西，扎西科湿地周边的城市片区，总面积为578公顷，有9个街坊分区，39个建设项目，包括县第二民族中学、州第二民族中学、州公共卫生中心、德宁格居住组团、下西同居住组团等。

北京市人民政府援建区域为新寨村，包括规划新寨路以东的片区，总面积为141公顷。有1个街坊分区，12个建设项目，包括新寨村居住组团、嘉纳玛尼石经城等。

此外，北京市人民政府还负责结古镇所有区域的道路及大市政建设的任务，其他4家央企负责片区内除大市政道路之外的其他工程建设任务。

辽宁省援建区域为巴塘乡区域。

（四）重建的资金计划与项目落实

1. 灾后恢复重建资金计划落实情况

根据财政部和国家发展改革委的批复，玉树灾后恢复重建资金总规模为316.5亿元，包括中央财政资金206.5亿元、青海省级财政资金20亿元、社会捐赠资金60亿元、企业自筹及贷款25亿元、居民个人负担5亿元。

截至2013年10月底，青海省本级累计收到重建资金364.28亿元，累计拨付324.05亿元，结存40.23亿元，其中收到中央财政资金229.50亿元，拨付218.04亿元，结存11.46亿元；收到省级财政资金35亿元，拨付19.34亿元，结存15.66亿元；收到社会捐赠资金99.78亿元，拨付86.67亿元，结存13.11亿元。

2. 灾后恢复重建总项目落实情况

按照青海省发展改革委2010年8月下发的《玉树地震灾后恢复重建总项目册（修订稿）》（以下简称《总项目册》），共规划建设1579个重建项目，总投资317.09亿元，涉及城乡居民住房、基础设施、公共服务设施、和谐家园、特色产业和服务业、生态环境、其他7个方面。

根据青海省玉树地震灾后重建现场指挥部提供的资料，截至2013年10月底，玉树地震灾后恢复重建总体规划确定的1248个灾后重建项目（项目库调整后）建设任务全部完成，其中城乡居民住房37个（新建城镇居民住房22439户、新建农牧民住房16710户、维修加固城乡居民住房9982户），公共服务设施440个，基础设施382个，生态环境89个，特色产业和服务业52个，和谐家园248个。

玉树灾后重建规划设计"一个漏斗"机制与组织架构创新与思考

作者：邓 东[1] 鞠德东[2] 王 仲[3]

一、规划设计工作总牵头

2010年4月16日，住房和城乡建设部成立以中国城市规划设计研究院（以下简称"中规院"）为核心的重建规划工作组，中规院作为重建规划编制单位的技术总负责，下设城镇体系组、总体组、风貌与历史保护组、市政基础设施组与道路交通组、能源组、抗震防震组。迅速展开玉树结古镇灾后重建总体规划、结古镇控制性详细规划及各专项规划的编制工作。2010年6月，中规院牵头多家单位编制完成了《结古镇（市）城镇总体规划（灾后重建）》和《结古镇（市）城镇总体设计及控制性详细规划（灾后重建）》，并获得国务院和青海省政府的批准，为玉树的三年重建打下了坚实的规划基础。

二、省州县三级技术审查机制与"一个漏斗"机制的形成

在重建工作过程中，因工作需要，逐步建立以中规院为主，从规划编制到实施管理技术支持的一条龙的技术审查和"一个漏斗"的服务模式，为玉树灾后重建工作的有序推进和重建规划的全面落实提供了保障，这种模式在偏远地区集中建设中具有很强的推广意义。

（一）省规委会规划技术组的建立和工作开展

灾后重建规划不仅是编制，规划实施过程中的管理更加重要。一方面，随着灾区工作的重点逐渐转移到重建之后，规划工作的重要性日益突出，单凭几个设计院一腔热情的应急动员方式，已不能满足灾后重建工作的需要，因此需要建立有效的组织机制。另一方面，玉树结古镇的灾后重建工作较为复杂，重建中要处理好城镇功能提升和建筑风格、城市风貌协调的问题；该镇住房大多以宅基地自建为主，重建中住房规划设计工作量很大，政策性很强；结古镇用地狭窄，要在完成大量房屋与基础设施重建的同时，保持城市的正常运转，施

1 邓 东 中国城市规划设计研究院副院长，教授级高级规划师。

2 鞠德东 中国城市规划设计研究院历史文化名城研究所所长，教授级高级城市规划师。

3 王 仲 中国城市规划设计研究院城市更新研究所主任工程师，教授级高级城市规划师。

工组织极其复杂，规划管理工作不足的问题日益突出。由于缺少总体层面的技术协调，各部门都分别委托不同的设计机构在开展建筑和工程设计，势必会引起各个项目之间的冲突与混乱。因此，综合考虑青海省尤其是玉树规划管理的技术力量的薄弱性，住房和城乡建设部提出需要有一支技术过硬、经验丰富、责任心强的专业队伍来协助省政府开展重建工作。

在住房和城乡建设部、青海省人民政府和中规院的多方推动之下，玉树灾后重建规划工作的机制在2010年6月初终于建立起来。青海省人民政府正式成立"青海省玉树地震灾后重建城乡规划委员会"（以下简称"规委会"），全面负责玉树灾后重建规划的组织、审查、批复等工作。规委会隶属于省玉树地震灾后现场指挥部，并对现场指挥部和省玉树地震灾后重建领导小组负责。

规委会的工作原则包括以下几个方面：一要把握定位，独立运行。"规委会"要有效对重建指挥机构技术上"负总责"，就必须相对独立地开展工作，依法依规，高水平地进行谋划、部署、审查、提出意见，拿出的意见能够为灾后重建指挥机构决策奠定科学的依据。二要专家领衔，科学决策。要尊重专家，切实依靠专家，充分发挥专家的作用。各位专家也要吃透重建有关政策和规划，掌握灾区实际情况，站得高一些，看得远一些。三要突出特色，着眼长远。要把当前和长远统一起来，在城乡建设规划及单体项目设计中，要十分注意体现民族特色、时代特征、地域风貌，建筑基本风格要一致、各有特色，在开展工作中要听取群众意见，把听取群众意见与引导群众树立先进理念结合起来，对历史负责。

同时，借鉴北川的"一个漏斗"工作机制，青海省邀请中规院成立规划技术工作组，作为规划委员会的常设机构，协助省指挥部负责全面协调工作。作为规委会唯一的常设规划技术机构，规划技术组发挥了至关重要的作用。灾后重建的前期，各类重建项目的设计委托和规划设计方案审查任务繁重。规划技术组承担了所有项目的规划设计条件编制和重大项目方案的预审工作，为规委会决策提供了技术支撑，同时，也有效保障了灾后重建的整体效果和规划设计质量。

（二）州县规委会规划技术组的建立和工作开展

2011年3月，根据住房和城乡建设部和青海省委省政府的部署，以中规院为核心的玉树州规划技术组成立，建立具体项目设计工作的指导、把关、审查平台，为地方政府和各援建单位提供技术指导、方案把关、规划审查支撑，将中规院的技术工作一并纳入州县政府的行政构架，对于技术审查管理行使"一票否决权"。

州、县政府在明确年度工作任务之后，邀请中规院下沉到州县两级，分别成立州、县规划技术组，继续为灾后重建规划工作提供技术服务。规划技术组的工作主要包括四个方面：第一，编制各住宅重建项目的设计条件和设计任务书。第二，对由各援建单位提交的规划设计方案进行技术审查。第三，指导和督导工作。指导援建单位设计院进行住宅项目的规划设计，督导11个建委会的规划实施情况。第四，大量的日常咨询工作，包括重建项目的落地，对各个项目业主的技术咨询，对援建单位和设计院的技术交底以及协调工作等；对施工的规划督查，对援建单位、地方政府和群众的规划咨询等。

州规划技术组成员单位主要包括中国城市规划设计研究院、玉树州政府及相关部门、各援建单位等，规划技术组下设办公室，设在玉树州住房和城乡建设局。州技术组下设用地组、垂管安置专项组、商铺安置组、产业安置组、回迁安置专项组、景观风貌组、市政交通组和竖向总图组，全面进入行政决策机制和政府管理体系。州规划技术组在做好方案审查备案工作的同时，将优化地方规划管理制定技术标准、推动技术与行政管理衔接作为主要工作内容。

在优化地方规划管理制定技术标准方面，州规划技术组以研究报告为支撑，制定政策措施和规划管理相关制度，先后提出了《结古镇统规自建区风貌控制导则》《垂管和行政事业单位专项组工作报告》《商铺安置专项组工作报告》等20余项专题报告。并会同州县相关部门制定了《关于结古镇规划调整的相关办法》《结古镇灾后重建规划管理办法（初稿）》《结古镇灾后重建项目落位基本程序（试行）》《关于结古镇统规自建区居民住房建设工作的实施意见》《州规划技术组关于技术审查及审批等程序的管理办法》等一系列的规划管理制度，完善了结古镇的规划管理。同时，州技术组制定了规划维护技术流程，明确从控规调整申请到控规调整技术论证，以及州县相关的程序和规范。

在推动技术与行政管理的有效衔接方面，规划技术组与政府、发改、规划管理、建设等部门紧密衔接，对各类规划行政事项进行内部研究，充分形成共识，沟通与衔接好各方主体，通过行政手段切实执行规划。

（三）省州县一体的规划管理组

2012年6月，针对重建进入决战之年和收官之年的需要，青海省灾后重建现场指挥部以中规院为核心成立省指规划管理组，建立以中规院为主体的"省州县一体化规划巡查与督导"机制，以中规院为核心的省指规划管理组先后召开30余次专题会议，细化明确了规划管理组的内部组织机构和工作职责，将州县政府、州住房和城乡建设局、州发展改革委、州国土资源局、县住房和城乡建设局、县城市管理综合行政执法局、县国土资源局、县规划办等规划管理的核心部门单位统合纳入规划管理组成员单位，形成"省、州、县"三级一体的组织构架。

规划巡查工作中，按照"理清思路、查找原因，明确责任、细化分工，监督检查、督促整改"的总体思路和"前期攻坚、后期规范，分清性质、分类解决，技术支撑、行政管理"的工作方式。重点落实四项工作：一是以结古镇住房重建为重点，全面督查、检查、指导各责任主体（项目业主、援建单位）严格按照玉树灾后重建总体规划和控制性详细规划执行。二是会同省、州、县相关部门对规划执行情况进行巡查，发现可疑问题及时要求限期整改，加大对重大项目、重要街道及重点地段的规划巡查力度，确保规划有效实施。三是督促、指导各责任主体进行自查，及时发现和纠正各类违法规划建设行为，确保灾后重建按规划要求进行。四是帮助玉树州县制定完善规划巡查、专项检查、会议对接、协调衔接等相关规划管理制度，对玉树州县规划管理及监督巡查机构进行业务培训和技术指导，提供技术支撑。

三、规划实施的全过程管控

（一）项目规划落位

从2010年8月至2012年9月28日，州政府第十次常务会议原则通过了最后20个项目，结古镇区灾后重建项目落位整体工作全面完成。共落位重建项目436个，落位地块265个。其中行政事业单位、公共服务设施、市政基础设施等重建项目299个，落位地块187个；产业重建项目56个、落位地块56个；商铺和商住房项目40个、独立地块10个；城镇住房重建项目29个、独立地块12个；保障性住房项目12个。

规划落位对控制性详细规划调整共为20项。主要是根据当时规划实施，尤其是城镇住房建设的需要，对10个项目规划落位调整进行可行性论证，对3个州政府常务会议要求调整的项目重新提出选址意见，完善了3个项目的相关手续，4个项目调整项目资金投向。

在规划执行过程中，州县相关部门和规划技术部门按照《玉树地震灾后重建总体规划》《玉树县结古镇（市）总体规划（灾后重建）》《玉树县结古镇（市）控制性详细规划（灾后重建）》和结古镇各片区修建性详细规划的要求，推行一线工作法、当面对接法，坚决制止和纠正违反规划的行为，维护规划的严肃性，注重规划执行与重建政策的衔接，坚持"用地规模不变、结构布局不变、道路系统不变、绿地绿线不变、用地性质不变、规划指标不超"的原则，严格审核项目建设规模，强调项目设施混合兼容和垂直发展，进一步优化城市骨架和组团结构功能，科学调整道路布局断面，严格执行绿线控制规定，合理优化建设用地，严格控制容积率、建筑高度等强制性指标，结合实际需要按程序完成建筑密度、绿地率、停车位等设计条件指标的修改申报工作，确保规划调整依法合规，规划执行情况总体良好。

（二）规划设计条件发放

截至2012年11月初，规划技术组共编制完成规划设计条件169个，涵盖了重建子项目349个（其中发展改革部门项目册子项目318个），以上规划设计条件均在第一时间提供给县城市管理综合行政执法局，并由县城市管理综合行政执法局发放给各援建单位设计部门及业主，有力推动了灾后重建设计工作的进展（镇区外围落位项目由县住房和城乡建设局编制核发规划设计条件；市政、交通基础设施项目由其他部门核发规划设计条件）。

从规划设计条件覆盖建设用地情况方面分析，结古镇区规划城市建设用地范围内除巴塘组团二（预留地）、玉树州民兵训练用房（军事单位）和城西商业区（林地不建设）等6个地块外，其余地块均已编制核发规划设计条件。

（三）方案审查

2010年8月，规划技术组驻场工作以来，按照省、州的安排，始终把方案审查和备案审核作为工作重点，从而确保建设项目合法合规、保质保量的实施。

规划技术组严格执行审查例会制度，对于方案审查，每周四召开例会进行审查。在日常工作中，及时与各设计单位、建设单位协调对接以便最大程度地加快审查进度、提高审查效率。

截至2012年8月11日，结古镇175个项目中，省审和州审项目共有124个，其中通过方案审查的项目有104个（不包括平面通过）。对尚未通过方案审查的项目发督导函督促其尽快提交方案，并将项目清单发函至省指督查组进行督促。

（四）设计指导与对接

规划技术组针对各援建单位提出的关于用地红线之间冲突、用地红线与道路冲突、市政设施与项目用地冲突等建设用地协调问题，进行技术指导与现场对接百余次，及时解决各类用地红线问题126处，保证了项目的顺利推进。同时，对各设计单位的规划设计方案进行技术指导330余次，对规划设计条件提供咨询解释，并具体问题提出技术解决方案。

（五）资料整理与移交

指导州县规划管理、建设、国土等部门建立每个在结古镇落位项目的规划建设档案，从项目落位、红线划定、规划方案审查、总图设计（市政对接）、初设审查、施工图审查、建筑施工、景观风貌打造、规划验收的逐个环节进行全程跟踪监管。

结合竣工验收和规划管理手续办理实际需要，规划技术组会同县规划办，将所有已完成报备审查项目的技术资料及前期手续等进行系统化整理，按每个项目名称建立相对完备的项目档案，逐项移交当地规划主管部门。既保证了竣工验收的顺利进行也为每个项目建立了自身的规划档案，作为将来设立建设工程档案馆的前期备案材料和依据。

（六）设计质量与重建进度间的矛盾与冲突

2011年4月以后，重建进入全面实施阶段，各援建地区和单位抓紧组织施工队伍和机械，准备大规模投入施工。但由于之前设计方案未通过审查或备案，按规定不得开展施工，设计质量与重建进度之间矛盾凸显。

州规划技术组多次自身催促或通过省指督查组督促援建单位提交方案审查和备案成果，但大多没有回应。截至2012年8月11日，结古镇175个项目中，省和州审项目共有124个，其中通过方案审查的项目有104个（不包括平面通过）。在通过方案审查的项目中，已经报备案的有60个，其中已经通过备案审核的有32个，未通过备案审核的有28个，未报备案的有44个。

此外，报审备案成果普遍存在以下三方面问题：一是成果内容不全且表达不清。很多设计成果文本无说明书，仅附4~5张图纸，根本无法达到方案审查和备案审核的要求。部分设计成果图纸精度严重不足，无法审查。部分设计单位直接将施工图或初设图作为方案备案成果申报。二是不符合控规强制性指标要求。从当时审查情况看，约30个项目设计存在突破建筑密度、停车位不足等问题，更有甚者，部分设计单位对指标弄虚作假，企图蒙混过关；约15个项目建筑设计面积比重建项目册面积少20%以上，且未附业主和发展改革部门意见，我组本着负责任的态度多次提醒，但大多未得到回应。三是多次要求仍不修改。由于方案审查通过或平面通过后，大多数设计单位直接进入施工图设计环节，有意或无意忽视了方案审查通过时各位专家提出的修改意见。对于建筑立面和场地设计等问题，虽然规划组多次以审查意见的形式要求修改，但部分设计单位仍然以各种理由拒绝修改，部分问题经4~5次审查仍未修改，浪费大量时间和精力。

四、规划督查与巡查

为进一步完善灾后重建规划管理机制，切实遵守结古镇城市总体规划和结古镇控制性详细规划，规范工程建设行为，指导地方主管部门进行规划实施监察工作，保证规划的有效实施，2012年4月，规划管理组下增设规划执行巡查小组，会同玉树县政府、州县发展改革、建设、国土、城管等相关部门全程参与开展工作，继续强化"一个漏斗"的规划管理作用。

按照省玉树灾后重建现场指挥部要求和2012年4月9日州委务虚会的安排，以结古镇灾后重建规划实施为重点，对结古镇控制性详规贯彻落实情况进行全面的、竖向的监督检查和指导，为把握灾后重建规划实施情况提供技术支撑，摸清执行情况。根据会议要求，结合灾后重建实际，及时成立了相关工作机构、制定了工作方案，明确了责任单位和责任人，按照"理清思路、查找原因，明确责任、细化分工，监督检查、督促整改"的总体思路和"前期攻坚、后期规范，分清性质、分类解决，技术支撑、行政管理"的原则，从规范落位、实施、管理等方面细查和联合巡查，对各类规划执行情况问题进行分析。

从2012年7月1日起，规划管理组会同州、县相关部门，开展了以结古镇住房重建为重点的全面督查检查，组织联合巡查组现场巡查5次，规划管理组和县城市管理综合行政执法局现场巡查20余次，督促各建委会开展对各辖区内的建设行为进行全面自查。根据对规划巡查与自查的问题进行分类梳理，编写《结古镇灾后重建规划实施情况报告》及关于项目落位、市政对接、落实整改措施的三个配套文件，报告及配套文件经过多次开会讨论与修改，最终于2021年8月9日玉树州政府第八次常务会原则通过。

报告对结古镇规划执行情况进行了全面总结，梳理出当时存在的规划落位、规划实施及规划管理的3大类7小类197项问题。2012年8月，玉树县人民政府印发《关于加强结古镇区规划管理和落实整改有关事宜的通知》，要求依据相关法律法规，结合玉树重建实际，对197个问题逐一明确具体整改责任分工，并在8月底前上报初步整改结果。

玉树灾后重建规划及实施中的规划统筹与思考

作者：邓 东[1] 范嗣斌[2]

[1] 邓 东 中国城市规划设计研究院副院长，教授级高级规划师。

[2] 范嗣斌 中国城市规划设计研究院城市更新研究所副所长，高级城市规划师。

一、前言

伴随着中国城市化进程的推进，社会发展的多元化和复杂化，在大量规划实践中各种理念层出不穷，各种规划理论也应运而生。但透过这些纷扰的状况，重拾那些经典的规划理论，去洞悉城市的本质，去思考城市规划是什么的命题。事实上，规划作为一项与社会经济发展密切相关的工作，其初始时的思想理念，对我们今天的工作仍然有启示意义。

早在霍华德（Howard）提出田园城市构想时，他所关注的核心问题就不仅仅在于提出一个理想城市的未来图景，更重要的是如何实现这样的理想。因此在他的《明日的田园城市》中，实际上有近90%的篇幅是对实施的资金来源、土地分配、财政收支、经营管理等的论述。盖迪斯（Geddes）在他的著述里，除了强调区域观、规划过程和方法之外，还提出了规划是社会改革的重要手段的观点。他很早就提出了市民的参与：用民意测验把科学的分析同公众参与决策结合在一起；保证在进行规划方案初选时有社会的积极参与。城市规划思想家芒福德（Mumford）秉持的是一种动态社会学的城市观。他始终对那种纸上画画的形式主义的规划持批判态度，他认为调查、评估和编制规划只不过是规划的序幕，还必须有最后的实施阶段，规划必须转化为相应的、政治经济部门的行动，即规划是一种重要的决策手段。他也强调，在规划的全过程中，必须要有群众创造性的参与和理解，否则规划就不能发挥作用。20世纪60年代后，达维多夫（Davidoff）和赖纳（Reiner）提出了"规划的选择理论"（A Choice Theory of Planning），此后达维多夫又确立了倡导性规划概念。这后来也成为城市规划领域开展公众参与的理论基础。

这些思想和理论对我们今天的规划实践依然具有启发和指导意义。城市应是多元、复杂、动态、人本、全方位的，而规划自身正应体现以上这些特质，它必须具备动态、互动、实施、全程等特征。中国城市规划设计研究院（以下简称"中规院"）在三年多的玉树灾后重建规划及实施过程中，不乏对城市规划本质的思考和实践。本文将结合玉树灾后重建规划及实施过程，探索这些综合复杂背景下，对于规划方法的探索和思考。

二、玉树灾后重建背景

玉树地处青藏高原腹地，长江、黄河、澜沧江三条江河的发源地，是以藏族为主的少数民族聚居地，无论自然条件还是风俗民情都与普通地区有极大的差异。玉树灾后重建工作可以用四个词来表达：复杂、紧迫、艰巨、特殊。

复杂：玉树灾后重建规划涉及自然地理、民族、宗教、文化、生态环境等多重影响因素，情况复杂，政策性强，技术难度大且复杂。

紧迫：玉树地处高原，气候恶劣，冬季极其漫长，且温度很低，一年中真正可以施工的时期大大压缩。如何快速且保质保量地完成规划设计任务，成为考验整个灾后重建规划工作的核心问题。

艰巨：玉树结古镇虽然人口规模不大，但灾后重建项目数量庞大、类型全面，涉及住房、公共设施、基础设施、产业等各种类型，以及2万余户的自建区。此外，现场工作条件差、高原反应剧烈、基础数据不完善等多种限制因素也从侧面增强了规划工作的艰巨性。

特殊：玉树有特殊的民族、宗教文化，这些特殊性在重建规划工作中不仅要正确认识，还要尊重和维护。

玉树土地制度也有其特殊性，震前结古镇近80%的居民是院落式居住模式，灾后重建认可了震前的土地权属，因此重建规划需要考虑地籍属性（图1）。这也增加了玉树重建规划的难度。

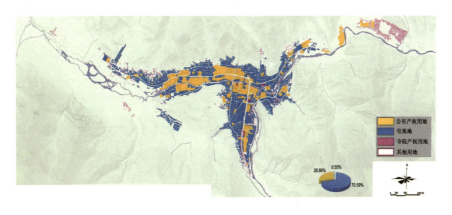

图1 现状土地权属情况分析图

三、灾后重建规划的内涵特色

玉树的灾后重建规划及实施是在特殊背景下，规划技术方法的一次高强度、全方位、综合性的运用实践过程，这个过程，最真实地体现了规划的全程性、动态性特征，体现了规划的人本原则和因地制宜的原则，其实这些正是传统规划技术本身所应具备的特征，也正是规划的本质所在。因此，这次重建规划实践过程也正是把握规划价值内涵的一次实践。

（一）上下贯穿全程的规划

玉树灾后重建的过程是一个艰辛的过程，是从规划到管理，从设计到施工的复杂过程。正如真实的城市是一个从宏观到微观的全景，而不是一个独立的片断，真正的规划也是一个贯穿了宏观到微观的全过程实践，而不仅是单独的片断规划。

中规院团队在玉树的工作中贯穿了灾后重建规划和实施全程，为省、州、县各级部门提供技术支撑。结合灾后不同阶段的工作重点和特点，中规院团队从前期的青海省玉树灾后重建现场指挥部的技术支撑机构，到中期的下沉州县、贴近基层的规划技术组，再到后期的青海省灾后重建现场指挥部的规划管理组，规划工作涵盖了规划本身以及实施过程中的统筹协调、技术总把关、规划巡查与督导等从宏观到微观全过程各方面工作。

玉树的规划实践，始终注重"自上而下的规划管控、微观实施的设计控制"两条主线。在自上而下的规划管控方面，重点把控了项目落位与规模核定、土地权益与意愿锁定工作，规划设计条件发放、设计任务书督发工作，初步方案审查、优选方案审定、最终方案备案等一系列工作。截至2013年6月，在总体规划和控制性详细规划指导下，结古镇共落位重建项目436个、地块265个，除2个预留发展地块外，其他95.4%的建设用地已全部实施。在微观实施的设计控制方面，针对各类重建项目，采取"设计导则+设计辅导"的设计方案控制方式和"全程跟踪+全程协调+全程指导"的施工建设控制方式，实现在微观实施层面的全过程设计控制。

（二）自下而上人本的规划

通过自下而上的规划方法和设计程序，遵循人本原则，推动公共参与，化解社会矛盾。规划编制过程中自下而上广泛征求和采纳群众意愿，采取"倾听、沟通、协商"的方式，使规划方案充分反映各方面的诉求，最大限度地维护公众利益。

例如，通过德宁格项目，探索实践"五个手印"的工作模式，破解规划实施的土地问题。在深入一线调研，充分考虑当地百姓的土地权益、邻里关系、宗教文化、个人意愿与风俗习惯的基础上，中规院提出了"五个手印"的工作模式：在产权确认、土地公摊、院落划分、户型设计、施工委托等环节充分征求群众意见，并通过按手印的方式予以确认（图2）。这种工作模式，使德

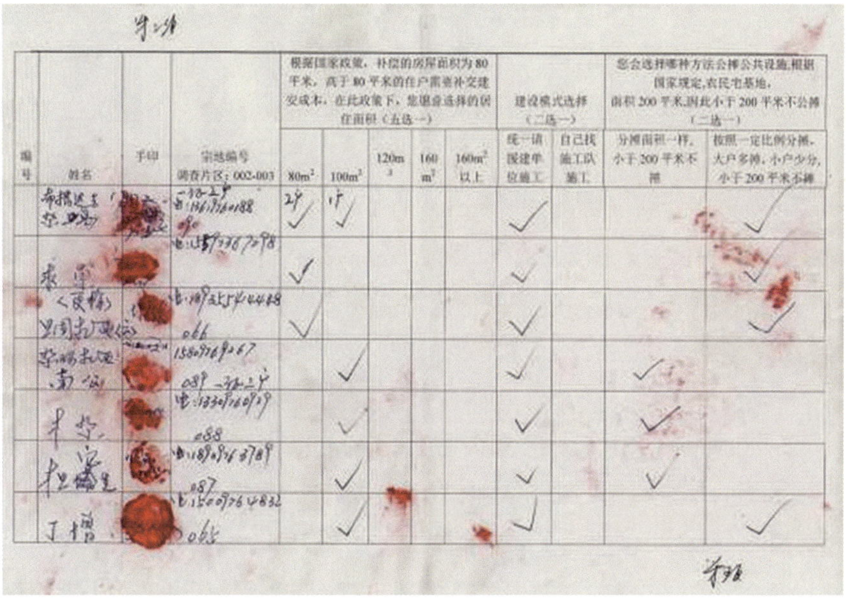

图2　百姓的手印

宁格成为玉树灾后重建中第一个实现顺利开工的居住组团,在充分尊重百姓土地权益、邻里关系、宗教文化、个人意愿与风俗习惯的基础上,探索了一条切实可行的住房重建路径,并在全玉树的住宅重建中全面推广。在整个工作过程中,设计小组同群众沟通多达1500余次,征求群众意见多达5000余人次(图3)。

按照这种方式,既尊重了规划,藏族同胞们重建家园的意愿也得到了充分尊重和落实,推动了结古镇统规自建区重建工作的快速有序推进(12片自建区总用地面积约380hm^2,占城市建设用地的31.6%,占城镇住宅建设用地的76.4%,牵涉到近8000户居民)。这种方法也同样指导了其他的灾后住宅建设工作,获得了广大群众的热烈拥护。

(三)互动协调动态的规划

规划的制定是一个利益平衡的过程,这其中必然少不了与各种相关利益方的沟通和协调;而规划的实施更是一个涉及建筑设计、施工组织等内容的综合

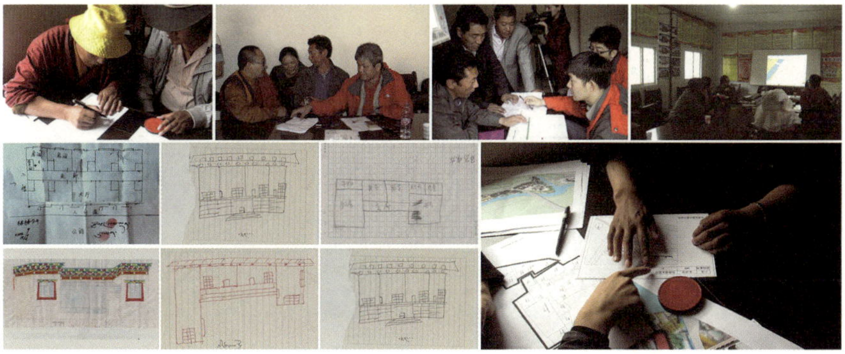

图3　灾后住宅规划建设过程中的沟通、群众草图、意愿确定等

复杂过程，这又少不了各种现场统筹和突发问题的协调。玉树灾后重建规划及实施就是一个充满了互动协调的动态过程。

在规划前期和过程中与各相关利益人的沟通协调过程是一个全民、全程参与的"沟通式设计"过程，以群众工作为基础，群众意愿为考量，反复沟通、协调、修改、优化，直到最终制定出让群众满意的规划方案。在相关设计团队的技术统筹协调中，采取了"设计导则+设计辅导"的工作方法，形成互动协调的设计统筹工作模式。以"控制导则讲解、方案草图沟通、方案优化调整"分阶段反复沟通为主要工作方式，实施动态的设计管控与引导。在实施操作过程中，全程跟踪督促多方设计单位和各工种之间的协同与配合；全程协调施工中出现的工区之间衔接、施工误差、施工与图纸不对应等问题；全程指导风貌打造、设计优化等问题，对于实施现场中存在的工法优化、工法创新问题，统筹组织二次优化设计。

在整个灾后重建前期，2010年至2011年3月，组织协调各级各类协调会130余次，通过技术手段排解大量项目落位问题。在作为2011年工作重点的住房建设中，中规院团队4个住房督导组全面对接4大援建央企、10个建委会和12个统规自建区，仅半年时间工作组即与建委会、援建单位设计院对接500余次（图4），形成工作纪要200余份，发放督导函47份，召开交通、市政等专项协调会50余次，向州委州政府提交住房督导报告10份。在2013年灾后重建后期，规划督导组共组织现场规划巡查工作60余次，制止违法建设73起，拆除违法建筑11处，督促整改92处，对结古镇规划实施情况进行了全面的监督检查和梳理，排查出规划管理和执行中存在的7大类197项具体问题，共形成17份专题巡查报告，并提出具体的解决意见。

图4　规划及实施过程中与援建单位、设计单位等的沟通协调

（四）充满敬畏贴地的规划

玉树是具有传统藏式风貌的民族地区，风貌不只是技术问题，更是民族情感问题。灾后重建三年以来，从总体规划到详细规划的编制和实施，从住宅项目的设计到住宅项目建设的督导，从设计到审查，中规院本着对当地文化的尊重，对自然的敬畏，一直在强调特色风貌的打造问题。作为高原高寒地区、民族宗教地区，如何体现"总体规划+总体城市设计"所要求的"民族特色、地域风貌、时代特征"，打造一个符合本地居民愿望的新家园，塑造与山水环境相融合，传承历史文脉，实现整体和谐统一与个体丰富多彩，展现康巴藏族浓郁特色的结古镇景观风貌，一直是重建规划的编制和实施过程中思考的重点。

地域文化不仅仅是形式上的水泥雕花、玻璃尕层等设计细节，更是文化内涵在布局上的体现、传统生活方式在现代配套下的重现。尊重保护发扬地域文化，首先从保护现状文化遗存出发，结合大量实地考察研究，以景观风貌的控制为抓手，由表及里，挖掘文化内涵，体现地域风貌特征，并最终在示范性项目中得以体现和传承（图5）。

图5 康巴地区传统风貌建筑考察原形与住宅风貌打造

（五）路径探索示范的规划

最后还需要提一点，那就是规划本身不可能面面俱到，大小事全部包揽，关键在于抓住重点，解决核心问题，先行先试，以为同类型的事情提供示范。玉树的规划工作同样如此，在力量有限的情况下，中规院承担和重点指导协调了最重要、最具有代表性的部分项目，探索这一类项目从规划到实施的途径，以为同类项目的建设提供示范。

例如，中规院重点协调管控了玉树十大标志性公共建筑，为玉树"民族特色、地域风貌、时代特征"的总体风貌要求提供了一种标准和示范；通过统规自建和统规统建的住宅建设项目的规划设计及实施，探索规划设计方法和操作程序，对同类型的住宅建设的和谐高效推进起到了推动作用；通过滨水核心四片的规划设计及实施，重新塑造了重点地区形象，提振了灾后重建信心，体现了特殊地段自身独特价值（图6）。

三、思考体会

在灾后重建规划及实施工作中，规划充分发挥"总策划、总领衔、总协调、总监督"的重要作用，在整个工作机制中规划的角色和作用可概括为以下四点：

图6 滨水核心区建成后实景（帐篷式建筑为十大建筑之一的游客到访中心）

（1）深入技术研究确保科学决策：将技术工作与重建大局紧密结合、同步推进，通过扎实有效的技术工作支撑管理决策。中规院由规划编制单位转向统筹多主体的技术总负责。规划进入政府管理体系，中规院团队为主负责州规划技术组、省现场指挥部规划管理组的核心工作；同时从重建伊始的单纯技术服务支撑转向为政府的决策提供各种实证研究支撑。

（2）运用技术手段解决复杂问题：针对玉树重建出现的一系列复杂问题，采取一线发现问题、一线技术服务、一线研究政策、一线解决问题、一线推广示范的工作方法，运用规划技术手段逐步寻求、探索、求证解决问题的合理途径，为灾后重建的顺利推进奠定了坚实的技术基础。

（3）统筹技术管制把控建设过程：在从规划到管理和从设计到施工的复杂过程中，重点做好"自上而下的规划管控、微观实施的设计控制"两条主线的技术管制把控工作。确保了大量具体项目在全面推进过程中的"一体化设计落实、一体化风貌协调、一体化特色展现"，给玉树特色城市形象目标的实现奠定了技术支撑和机制保障。

（4）推动技术示范摸索实施路径：重建规划确定了包括统规自建区、统规统建区、滨水核心区、牧民安置区等多种类型的灾后重建和规划设计模式。中规院针对各类型规划亲自承担了具有示范意义的一系列项目，以作为同类型重建项目的示范。

在当前中国快速发展时期，各类规划层出不穷，但常常面临"纸上画画、墙上挂挂"之类的尴尬和诟病。而规划本身就应具有动态性、全程性、实施性、决策性等特质，这应当引起我们每一个规划工作者的反思。玉树灾后重建条件之苦、困难之多、情况之复杂世所罕见，这对规划工作提出了极高的要求和挑战。如今回头思考和总结玉树的规划工作，发现规划中充分体现了前述经典规划理论所倡导的那些特质和原则，而这些，恰恰是规划本身所必须具备的特质。玉树,完成了从一张蓝图到一座城市的涅槃重生,同时这项工作也伴随着带给我们的启示和对规划的反思,规划是否也应回归其传统本质?

参考文献

[1] 金经元.芒福德和他的学术思想[J].国际城市规划,2009(增刊):141-152.

[2] 孙施文.现代城市规划理论[M].北京:中国建筑工业出版社,2007.

[3] 鞠德东,邓东.回本溯源,务实规划——玉树灾后重建德宁格统规自建区"1655"模式探索与实践[J].城市规划,2011(增刊):61-66.

[4] 胥明明.沟通市规划在玉树地震灾后重建中的应用研究[D].北京:中国城市规划设计研究院,2012.

[5] 杨亮.玉树复杂土地产权关系条件下的灾后重建规划方式初探——以统规自建区规划为例[D].北京:中国城市规划设计研究院,2013.

[6] 中国城市规划设计研究院.玉树灾后重建工作总结[R].2013.

[7] 中国城市规划设计研究院.结古镇城镇总体规划(灾后重建)[R].2010.

[8] 中国城市规划设计研究院.结古镇城镇总体设计及控制性详细规划(灾后重建)[R].2010.

[9] 中国城市规划设计研究院.德宁格统规自建区规划设计[R].2010.

[10] 中国城市规划设计研究院.胜利路组团、扎村托弋居住组团规划设计[R].2010.

[11] 中国城市规划设计研究院.滨水核心四片(康巴风情商街、红卫滨水区、当代滨水区、唐蕃古道商街)规划设计[R].2012.

II 第二部分
规划设计与建设实施

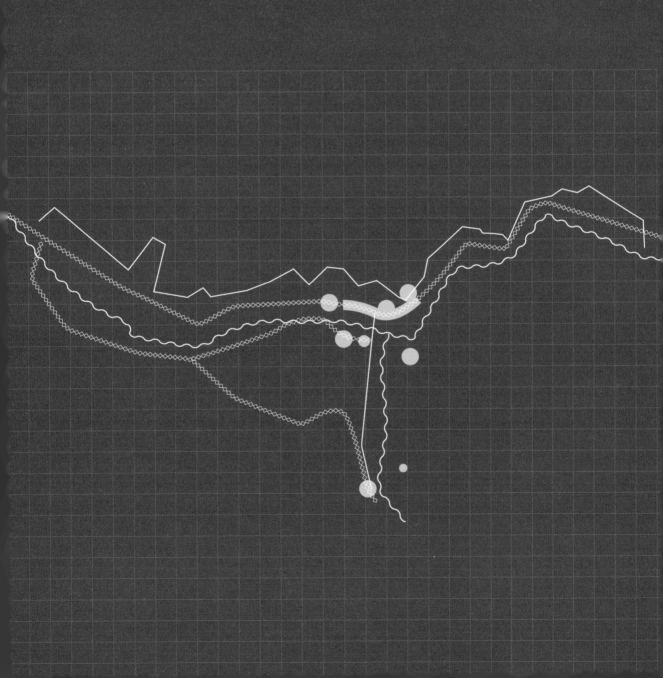

第一章

技术引领双总和控规回顾

玉树《结古镇（市）城镇总体规划（灾后重建）》回顾

玉树结古镇（市）总体城市设计探索和思考

玉树结古镇（市）控制性详细规划编制与探索

玉树《结古镇（市）城镇总体规划（灾后重建）》回顾

作者：缪杨兵[1]

[1] 缪杨兵 中国城市规划设计研究院城市更新研究所主任规划师，高级城市规划师，主要从事区域规划、总体规划、城市战略规划、城市更新等方面的研究和实践工作。

一、规划编制基本情况

2010年4月14日清晨，青海省玉树藏族自治州发生7.1级地震，强震造成建筑物大面积受损，州府所在地结古镇面临全面重建。2010年4月16日，住房和城乡建设部成立以中国城市规划设计研究院（以下简称"中规院"）为技术总负责的重建规划工作组，下设城镇体系组、总体组、风貌与历史保护组、市政基础设施与道路交通组、能源组、抗震防震组。李晓江院长、杨保军副院长亲自带队，全院抽调精兵强将，第一时间抵达灾区现场，正式展开玉树灾后重建规划编制工作。2010年6月，用不足两个月的时间，中规院完成了《结古镇（市）城镇总体规划（灾后重建）》成果编制并报国务院审批通过，为玉树的三年重建打下了坚实的基础。

玉树州位于青海省南部，青藏高原北部，是三江源和可可西里国家级自然保护区分布的主要区域。玉树州府所在地结古镇是青藏川三省（区）交界区域的商贸物流中心、青海南部地区的中心城镇。在本次地震以前，青海省就已经启动了玉树撤县设市的工作，灾后重建中撤县设市的工作仍在进行。因此本规划虽然名称还是《结古镇（市）城镇总体规划（灾后重建）》，但实际是按照玉树撤县建市以后的要求，依据城市的建设标准和管理体制进行规划设计。另外，根据中央要求，玉树灾后重建"不仅要让灾区人民生产生活上能上一个大台阶，而且要让三江源地区生态环境建设上一个大台阶"，努力做到灾后重建"与体现民族特色和地域风貌相结合；与促进民族地区经济社会发展相结合；与扶贫开发和改善生产生活条件相结合；与加强三江源保护相结合"，坚持科学规划，突出改善民生，促进可持续发展。因此，结古镇灾后重建总体规划必须立足现实，着眼未来，科学合理地确定城市建设标准和发展目标，既要指导三年灾后重建期内的所有项目建设，还要统筹安排城市未来发展的空间资源，既要有很强的实施性、可操作性，又要有足够的前瞻性。

二、重建的几个关键问题

（一）选址：异地重建还是原址重建

当地政府为了加快灾后重建工作，曾经建议能否在场地开阔、便于施工组织的巴塘地区建设新区。总体规划经过全面周密的现场踏勘和分析研究，论证了原地重建的必要性，一是结古镇历史意义重大，且在康巴藏区具有广泛的心理认同；二是结古镇建设区域绝大部分与发震断裂存在一定距离，能够保证安全；三是当地政府和绝大部分居民都希望结古镇进行原地重建；四是借鉴国际经验，应尽量原地重建。最终提出了"原址重建、局部避让"的设想，并在专家、政府和当地居民层面迅速形成共识，为重建工作顺利推进奠定了基础。

（二）模式：政府统一重建、居民自建还是互动共建

结古镇居民住房一直以私房为主，宅基地界线清晰，居民习惯院落式生活方式；且当地居民既希望得到政府援助，同时也希望保留自己的院子。根据土地权属状况、群众意愿、技术能力等现实条件，总体规划提出采用统规统建和统规自建相结合的建设模式。

（三）目标：恢复重建还是改善、提升重建

中央提出建设"新玉树、新家园"，"新"字体现在城市定位、职能和发展水平大幅提升，居民生活质量大幅改善，仅仅恢复到震前水平显然难以满足要求。因此，总体规划明确提出玉树灾后重建必然是改善、提升重建。

总体规划通过专题研究论证，在灾后重建的准备阶段，科学、严谨地分析、回答了三个关于重建的前置性问题，并取得了共识，为重建的顺利推进打下了坚实的基础。在这些共识的基础上，总体规划明确了灾后重建的五项规划原则。一是安全第一，提高综合防灾能力；二是以人为本，尊重当地宗教、文化、传统生活习俗和居民意愿；三是生态优先，尊重自然；四是尊重传统，保护和凸显城市山水格局和人文场所；五是面向实施，近远结合、城乡统筹、突出重点。

三、城市人口规模的讨论

结古镇城市人口规模以经过核实的震前人口总量为基础，依据玉树州城镇体系规划，结合人口流动规律和生态环境容量综合确定。

(一) 核实震前人口基数

2007年，结古镇建成区范围内常住人口规模为8.15万人，其中户籍常住人口2.98万人，有房无户的常住人口3万人，半年以上暂住人口为2.17万人。根据当地统计的地震受灾资料，结古镇受灾人口为106642人，受灾户数为33884户。综合可以判断，结古镇震前现状总人口约为10万人。

(二) 环境容量与人口规模

结古镇位于高原沟谷地带，用地条件非常有限。为了确保城市安全，在建设用地选择时，需要局部避让；为了防止潜在的次生灾害，需要采取相应的工程技术措施，减少部分有风险的建设用地；为了保护和修复生态环境，需要严格控制一些地段的建设行为；为了改善交通条件，需要增加道路、交通设施、停车场等用地；为了完善城市功能，需要增加较多的教育、医疗、文化、体育等公共设施；为了保护城市风貌，塑造城市特色，需要对建筑体量、高度进行严格控制。综合考虑上述因素，以可利用建设用地进行测算，结古镇中心城区适宜的人口规模为10万人。

鉴于结古镇震前人口已过10万人，且一直以来对周边地区有很强的吸引力，预计随着结古镇各项设施的完善和提升，重建之后城市人口规模还会有一定幅度的增加。为了不破坏结古镇中心城区的生态环境和风貌特色，未来新增的人口不宜涌入中心城区，而应结合外部资源环境条件及基础设施改善，预先谋划好新玉树、大结古的发展格局，通过有机疏散、组团发展的模式，满足城市规模增长的需要。随着巴塘机场改扩建工程的实施、G214提级、西宁－玉树－昌都高速公路建设、西宁－玉树－波密铁路建设，巴塘地区将有可能形成一个区域性的交通枢纽，并依托该枢纽逐渐发展成为一个以物流、商贸、加工为主的工贸组团。另外，同福地区位于巴塘机场与中心城区之间，用地条件良好，高原风光独特，温泉资源丰富，有条件发展成为一个以旅游休闲康体为主的特色组团，并可以与东部的勒巴沟风景名胜区、南面的文成公主庙整合为一个自然、人文、宗教相融的旅游板块。

四、规划主要内容

总体规划遵循"安全第一、以人为本、生态优先、尊重传统、面向实施"的指导思想，重点提高综合防灾能力，加强公共安全保障；尊重当地宗教、文化、生活习俗和居民意愿，保护与传承康巴藏区特有的物质和非物质文化遗产；尊重自然，因地制宜，尊重科学，走低碳发展之路；保护和凸显城市山水格局、风貌、肌理和场所，延续和强化具有浓郁康巴特色的城市记忆；近远结合、城乡统筹、突出重点、指导重建。

（一）城市定位和发展规模

总体规划明确结古镇的城市定位为高原生态文化旅游城镇、区域性商贸物流集散地、三江源地区生态文明示范城镇。通过灾后重建，把玉树建设成为青藏川三省（区）交接部康巴藏区的中心城市、商贸物流中心，世界知名的特色生态文化旅游城。

根据生态环境容量，在保护城市风貌特色的前提下，确定结古镇中心城区适宜的人口规模为10万人，建设用地规模为12平方公里。

（二）空间结构和功能布局

以生态环境重建为前提，总体规划结合结古镇城市与生态山水格局的特点，提出"双'T'形轴带、三核五片、带状组团"的空间结构（图1）。城市布局综合考虑地形地貌、生态格局、城市安全、基础设施和环境品质等因素，采用带状组团式的拓展模式；各组团之间结合自然山体和冲沟等构成绿廊和绿楔，作为组团间的高品质自然景观空间和市民户外活动空间，同时也作为避灾疏散空间和防风、防尘、防沙隔离带，是山水相连的自然生态系统的一部分。城市依托河流和自然开敞空间形成"T"形的自然生态轴带。西段依托现有的跑马场、公园（林卡）和河流景观带等生态资源，东段结合扎曲河和巴塘河滨水空间，形成自然生态景观带。

以社会环境重建为基础，总体规划提出走"自下而上"的群众路线，充分

图1 结古镇空间结构规划

吸纳群众意愿，以提升公共服务水平、切实改善民生为重点。规划依托民主路、红卫路和胜利路建设"T"形的公共服务轴带。结合现有的行政办公聚集区向北向南拓展，形成新玉树的行政中心；依托认知度极高的格萨尔王广场，集中布局博物馆、康巴艺术中心、游客中心等大型公共设施，强化服务市民活动和旅游服务的功能；沿胜利路布局商业、商贸服务功能，提升设施水平，集中展示未来新玉树的城市形象；对现有的宗教设施进行修复和保护，整合结古寺及周边特色聚落，强化玉树宗教文化特色（图2）。

图2 结古镇土地利用规划

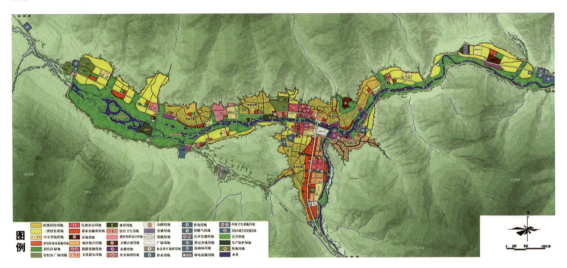

以文化旅游重建为提升，总体规划将结古镇区整体作为旅游景区进行规划。深入挖掘和萃取结古镇康巴文化，彰显汉藏文化交往历史，延续结古镇特有的城镇肌理，将结古镇规划成为具有浓郁高原文化特色的主题旅游城（图3）。规划沿民主路和红卫路形成综合旅游文化服务轴，南北为新玉树的商贸景观轴，东西为旅游文化服务轴；依托两河交汇的滨水地带建设具有浓郁康巴风情的特色旅游街区，形成新玉树市民活动、节日庆典和旅游集散的中心；保护玉树特色民族地域风貌和传统聚落肌理格局，结合片区功能和周边环境，形成结古寺宗教文化特色片区、胜利路商贸特色片区、母亲路（斜街）传统风貌特色片区、巴塘河－扎曲河滨水特色片区等特色街区。

五、规划特色

第一，始终坚持"自下而上"的价值观和工作方法。在现场调研阶段，项目组多次入户访谈，征求群众意愿，与宗教人士沟通听取建议，发放上千份藏汉双语的问卷，广泛征求群众意见。在规划编制过程中，多次在格萨尔王广场及各个社区进行大型公示和现场宣讲。还通过藏汉双语的多媒体在结古镇区进

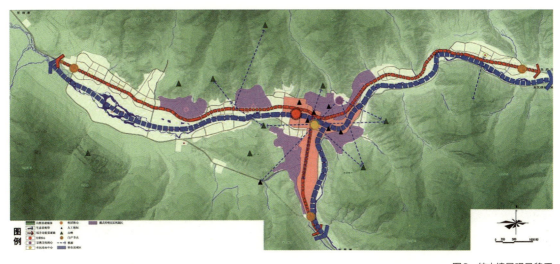

图3 结古镇景观风貌系统规划

行广泛宣传，征求意见。通过问卷调查、居民访谈等沟通式工作方法，规划公示、双语宣讲等宣传手段以及"五个手印"的工作流程等制度创新，让灾区群众最大限度地参与到规划和重建中，使规划真正成为协调各方利益、凝聚多方共识、重建社会环境的重要平台。

第二，因地制宜采用多元的重建模式。规划本着节地、尊重地方习惯、延续传统肌理等原则，提出采用统规统建、统规自建、联建、共建等多种重建模式，并提出相匹配的空间管制政策。如对城市公共服务设施、机关企事业单位职工宿舍等，采取统规统建的方式。对具有传统风貌特色的成片私人住宅，在充分征求群众意愿和各方意见的基础上，确定采用统规自建的方式。

第三，"一图一册"，总体规划和重建项目册同步进行，实现项目投资与空间布局的良好结合。在规划编制过程中，确保用地布局方案阶段就与重建项目册充分衔接，将发展改革委汇总的各个行政系统的重建计划、项目和资金安排进行空间落地，明确用地和建设标准。从提升城市功能和提高设施利用率的角度出发，对不同部门的重建项目进行空间落位（图4），并提出增加对城市功能至关重要的建设项目，如康巴艺术中心、游客服务中心等重要公共性项目，将其补充到灾后重建投资项目册中。规划通过与重建项目册的良好衔接互动，有效保证了重建投资和用地空间的相互衔接，保障了宏观目标和微观操作的有机结合。

第四，"两总合一"，总体规划和总体城市设计同步进行，突出城市地域风貌特色。首先，规划采用城市设计方法对结古镇的特色资源要素和城市空间形态进行了深入研究，明确和保护结古镇的特色山水格局，即"三山环抱，三水交织，三谷汇聚"的"卍"字形空间格局，并以此组织城市总体结构。其次，规划对城市特色人文场所进行分析研究，确立了包括五大特色场所在内的人文

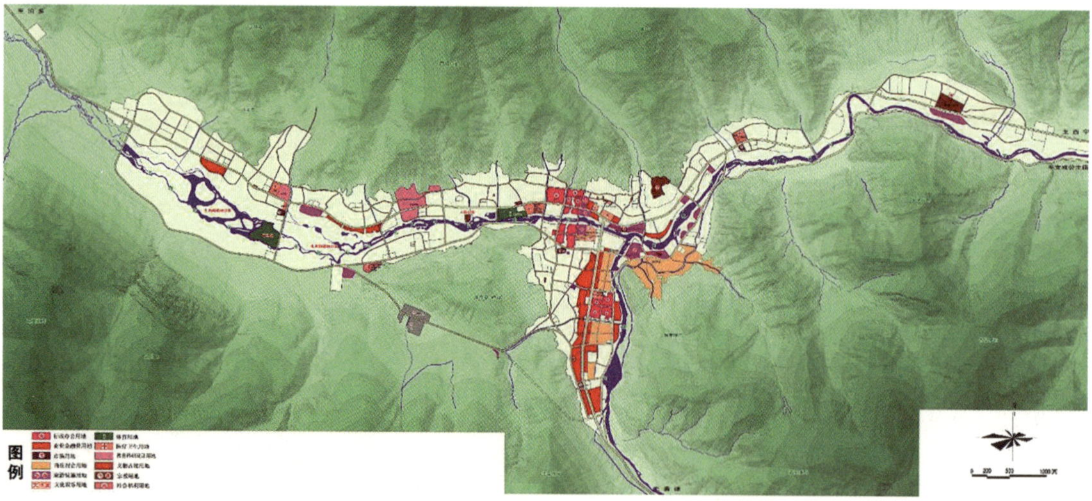

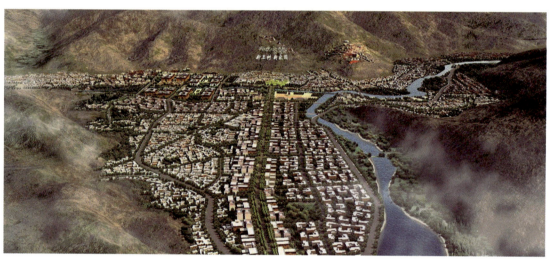

图4 结古镇公共设施规划

空间体系。最后，规划提出了"民族风貌、地域特色、时代特征"的三大设计原则，作为城市总体风貌控制的依据和标准（图5）。

图5 结古镇鸟瞰意象

六、规划实施效果

自重建开展以来，各项建设工作均按照结古镇总体规划有序实施。截至2014年，结古镇灾后重建已基本完成，城市建成区面积达到12平方公里，城市空间结构和用地布局得到全面落实，近10万居民乔迁新居，城市活力初步显现。以总体规划为依据，全镇完成灾后重建项目175项，总建筑面积约420万平方米。民生类公共设施比震前增加3.4倍；33个住房片区，260万平方米住房建设全面完成；55公里市政道路全面通车；700余公里各类市政管线全面完工；保留震前树木2000余棵，新增绿化面积220公顷，全面实现了提升、改善的灾后重建目标。

玉树结古镇（市）总体城市设计探索和思考

作者：鞠德东[1]

一、工作背景

玉树灾后重建的特殊性。玉树结古镇位于青海省南部，青海、西藏、四川三省交界地区，是玉树藏族自治州的首府，城市居民以藏族为主，占总人口的95%以上。特殊的民族文化、宗教文化、地域文化特点要求灾后重建过程中必须充分考虑城市特色。因此，结古镇灾后重建规划设计伊始，项目组就提出了开展结古镇总体城市设计工作，并提出了城市设计的思路要贯穿重建的全过程。

结古镇灾后重建的城市设计工作体现了鲜明的层次性、动态性、持续性和过程性的特点。震后初期，在不到两个月的时间内，中国城市规划设计研究院（以下简称"中规院"）项目组牵头各家完成了《玉树县结古镇（市）城镇总体规划（灾后重建）》和《玉树县结古镇（市）控制性详细规划（灾后重建）》。随后开展了各类城市设计导则的编制以及部分地块建筑工程方案的设计，设计工作涵盖了从宏观、中观、微观的多个层次，对城市空间的塑造、建筑风貌的管控和城市活力提升起到了至关重要的作用，下面结合城市特色风貌塑造进行介绍。

[1] 鞠德东 中国城市规划设计研究院历史文化名城研究所所长，教授级高级城市规划师。

二、结古镇的特色解读

（一）独特的自然山水格局

结古镇位于高山河谷之中，周围群山环绕，是一处典型的高山河谷型城市。城市北有普措达泽山，南望希夏尔雅神山，东临昂弄苯巴神山，西有郭德隆宝神山。神山之间沟谷地区几条河流汇聚，自西向东的扎曲河和自南向北的巴曲河在结古镇内交汇后，向东汇入通天河。几处神山的余脉绵延至镇区，与三条河流交汇，这样的山水格局恰好形成一个苯教雍仲的"卍"字形，可以看出，结古镇的城市选址体现了苯教文化的烙印。这样的自然山水特点也形成了结古镇三山环抱、三水交汇、三谷汇聚的独特山水格局（图1）。

图1 结古镇山水环境图

(二)鲜明的历史文化特色

结古镇地处康巴藏区,和很多藏区历史聚落的发展一样,宗教文化在其中起到了至关重要的作用。在城市长期的发展过程中,地域文化和宗教文化相互影响、相互交融、难分彼此,影响着城镇空间的每个角落和当地居民的日常生活。结古镇作为康巴藏区重要的历史城镇,也体现了鲜明的宗教文化特色、地域建筑特点和城镇发展特征,和很多藏区历史聚落的发展一样,结古镇的历史文化始终成为影响结古镇发展的重要因素。如何识别、保存、延续、利用体现结古镇历史文化脉络的关键空间载体,成为总体设计中一项重要任务。

1. 宗教文化特色

宗教文化始终成为影响结古镇人文场所特征的重要因素,具体有三大神山、寺院、玛尼石经堆群、活佛行宫和纪念场所五大特殊空间构成。结古寺是宗教文化的重要空间载体,成为市民重要的精神寄托,也是结古镇吸引大量市民聚集的重要因素。三大神山是城市人文活动的重要场所,围绕三座神山的转经道体系是当地居民日常生活不可或缺的公共空间系统。玛尼石堆布局在每一个村落当中,围绕玛尼堆形成的区域是市民重要的活动空间和公共中心,形成了"玛尼堆+村落"的独特人文居住模式。此外,城市中还有格萨尔王广场、嘉纳玛尼石经堆等历史文化空间(图2),形成了结古镇重要的中心,是本地历史文化的记忆场所,也是市民和游客活动的中心。

2. 地域建筑特点

玉树地处康巴地区,其传统建筑体现了鲜明的地域特色,碉房是主要的民居形式,反映了康巴藏式建筑主要的形态特征。康巴地区典型的碉房形式有"崩康""高碉""邛笼"等（图3）。碉房多为2~3层，有泥木结构、石木结构、混合结构等多种结构类型。民居的墙体多向上收分，形成坚固稳重的建筑形象，可以说收分墙体和木柱网共同构成了康巴碉房民居在视觉和构造上的稳定。屋顶大多为平屋顶，也有多雨地区采用坡屋顶。建筑平面布局通常有矩形、L形，功能上底层一般用作牛马圈或用来堆放农具、柴禾等，二楼为经堂、宴客厅及主人居室，三楼为粮仓等，房顶为晒坝。康巴民居的外墙、门窗、檐口装饰形式丰富，不同地区各有特点，玉树地区的传统民居建筑总体呈现出顶部华丽、底部简洁、外面素朴、内部华丽的特征。

图2　结古镇嘉纳玛尼石经堆

图3　玉树传统民居

3. 城镇聚落发展特征

在几百年的发展过程中，结古镇的发展历程经历了三个发展阶段。

第一个阶段是"结古寺+村落发展"阶段。结古寺在普措达赞神山的落成带来首批居民的聚集，在结古寺周边和母亲路周边形成两个传统的村落，初步形成了结古镇的雏形。

第二个阶段是"村落+玛尼堆的商业街市组团"阶段。结古镇是四省交汇的重要陆路门户，商贸的聚集进一步促进了人口的聚集，也形成了服务周边区域的商业市街。大量的人口聚集带动了许多新村落的形成，每一个村落的聚集均有一到两个玛尼堆作为村落的公共中心。玛尼堆是本地居民日常祭祀、转经、聚集和精神活动的场所，这种村落加玛尼堆的单元式发展形成了结古镇特色的空间模式。

第三个阶段是"围绕古寺村落聚集形成市镇"阶段。随着商业的进一步发展，大量的外来人口开始聚集，多样的城市公共服务功能持续建设，使得结古镇成为整个地区的公共服务中心。

三、特色如何塑造

（一）自然山水格局的延续和强化

在山体保护和利用中，一方面，重点加强对山体生态环境的保护，严格控制建设用地对山体的侵占，对不同类型、不同尺度的山体提出针对性的利用和要求：周边的大型神山作为城市的背景；楔入城市的几个主要山体，结合其区位和现状特征，加强结古寺山体的生态恢复、当代山的观景点建设和佳吉娘山的生态环境保护。另一方面，城市组团充分体现依山就势，形成山城相依相融的空间格局，在城市设计中充分彰显"卍"字形顺时针旋转的山水特征（图4），将城市中心区结合山水交汇处进行设计，重要标志性建筑和广场空间集中设置，山水格局和城市布局相互呼应、相得益彰，山水格局得到强化。同时，在建设用地选择上，注意对背景山体的保护，禁止用地建设上山从而导致破坏山城关系，对必要的穿城而过的过境道路，提出避免破坏山体的规划要求。

水系保护和利用重点是保持巴曲河和扎曲河的滨水生态空间，恢复河流生态湿地、适当扩大滨河绿地空间，结合河流不同区段的景观特质和滨水空间的功能特征，将两河滨水景观带建设成为集多种城市功能于一体的最具活力的城市滨水地区。同时对结古沟以及众多的排洪沟进行生态修复，结合两侧的社区建设，形成兼具防洪、生态和景观与一体的城市开放空间（图5）。

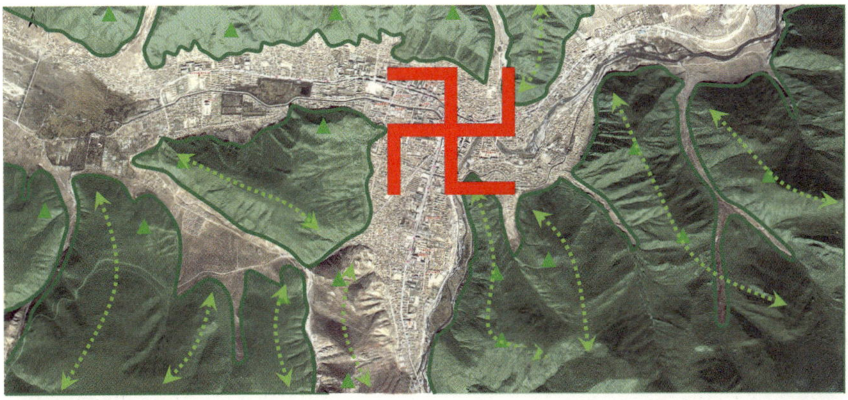

图4 "卍"字形自然山水格局

图5 "T"字形自然水系格局

（二）整体空间形态的控制

结古镇地处高原高山之间的谷地，城市规模不大，场地狭长，整体空间形态的控制对城市整体风貌的形成显得至关重要，规划主要从平面布局形态和立体空间形态两个方面对结古镇的整体形态提出了总体设计控制策略。

在平面空间形态上，规划设计综合考虑地形地貌、生态格局、城市安全、基础设施和环境品质等因素，确定采用带状组团式的拓展模式；各组团之间结合自然山体和冲沟等构成组团间的绿廊和绿楔，作为各城市组团之间的高品质自然景观空间和市民户外活动空间。最终形成了"双'T'形轴带、三核五片、带状组团"的空间结构和形态，形成体现城市与生态山水格局有机融合的带状多组团结构（图6）。

在城市立体空间形态方面，规划提出了要营造以低层建筑、多层建筑为主，整体舒缓的竖向空间形态，符合小城市尺度的空间特征。关于建筑高度方面，在规划设计之初，有不同意见的争论。有人提出，玉树地震后要建设现代化的城市，建筑高度要改变过去的低层建筑的面貌，要建设高楼大厦，体现现代感。但是，经过认真研究，项目组认为结古镇的空间形态还是要充分体现高原谷地城市特征、藏区城市形态特色和小城市的空间特征，整体上还是要以低

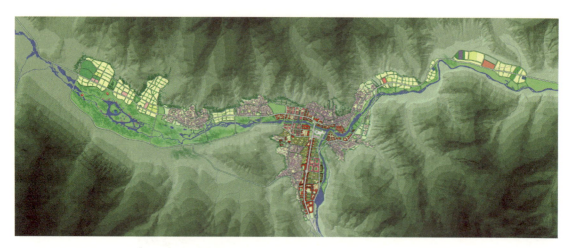

图6 结古镇总体城市设计平面意向图

层、多层建筑为主。

在具体设计中,总体城市设计综合考虑了带状城市的结构特征、群山环绕河流穿城的山水格局、城市天际线特征等方面的总体要求,以及城市历史演变、传统空间肌理和空间形态特征,提出了结古镇城市核心区以低层建筑、多层建筑为主,东西两翼的外围组团布局少量小高层建筑的总体高度控制要求。将整个城市建设区分为4个高度控制区。其中:一类高度控制区主要为传统民居肌理保护区及部分滨河、临山区域,建筑高度控制在6米以下;二类高度控制区主要为统规统建的住宅区,建筑高度控制在6~15米;三类高度控制区主要为胜利路林荫道两侧的商业及行政办公建筑区和州政府行政办公区域,建筑高度控制在15~20米;四类高度控制区主要包括州政府办公主楼、历史文化博物馆等标志性建筑,建筑高度控制在25米以下;此外,还划定了特殊高度控制区,主要指的是结古寺区域,其建筑高度需特别研究加以确定(图7)。

通过平面布局形态的控制和高度形态的控制,保证了结古镇整个城市空间的基调,建筑高度得到管控,保证了整个城市和山水环境的协调和得体。从实施效果来看,对整体高度控制上的正确把握为结古镇城市整体形态的塑造和空间效果的把控起到了关键作用(图8)。

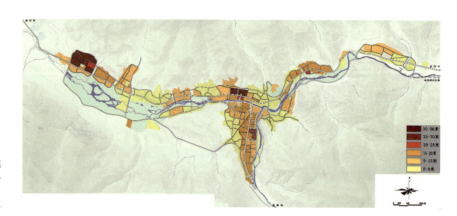

图7 结古镇总体城市设计平面意向图

图8 结古镇中心区总体空间形态意向图

（三）城市建筑风貌的基调把握

对结古镇这样的藏区城市来说，建筑风貌的把握至关重要，风貌问题不仅是关于城市特色问题，更是在重建过程中当地居民和国内外玉树人民共同关注的焦点问题之一，建筑风貌需要充分体现当地特色的民族宗教文化，又要彰显新时代的精神。

按照"新玉树、新家园"的要求，在充分把握结古镇城市特点的基础上，总体城市设计中明确了结古镇城市整体建筑风貌的文化内涵和设计意向，即"民族特色、地域特点、时代特征"，目标是将结古镇建设为具有浓郁的康巴民族特色和高原地域风貌，并展现"新玉树"时代精神城市意象。这"十二字方针"也在建设实施过程中成为管控修建性详细规划、建筑设计、景观设计的主要标尺。在青海省玉树地震灾后重建规划委员会第一次会议上，也明确提出了要求，提出"公共建筑宜做出特色，同时注意建筑的性质、所处的环境和城市规划要求，有针对性、有重点的突出时代特征、民族特色和地域特点"。其中，民族特色主要指的是建筑设计要重点体现藏民族建筑特征，充分考虑藏民族在经济、文化、艺术、生活方式、宗教信仰以及社会生活等方面的特点，主要体现在本土建筑、康巴风情和民俗宗教等方面；地域特点指的是建筑设计中要重点体现高原地区建筑的地域性特征，充分考虑建筑与地理环境、山水格局和城市空间肌理的结合和呼应；时代特征指的是建筑设计中除了继承传统之外，还要结合新的功能要求、空间模式的改变和新技术的应用等方面，充分体现建筑的时代特点和创新精神。

在具体设计中，多数建筑会同时具有上述特征，但是对于不同的区段、不同功能类型、不同尺度的建筑，建筑风貌需要表达和强调突出的重点有所不同，需要强调的是，上述三者之间是相互交融，而非相互排斥。比如，对新建办公类公共建筑而言，需要在地域特点和时代特征方面侧重一些；对于统规自建居住组团来说，强调民族特色和地域特征会多一些；对统规统建住宅组团来说，三个维度都要强调一些，寻求一些平衡。

重建后的效果表明，这种对建筑风貌基调"三原色"的把握，较好地解决了风貌方向问题，也是一个容易理解、容易操作的设计准则，对结古镇风貌把握和特色塑造起到了至关重要的作用（图9）。

图9　结古镇中心区建成实景图

（四）文化空间场所的挖掘和保护

如前文所述，结古镇的城市空间演变体现了鲜明的地域性特征，城市的历史文化体现了藏民族地区典型的文化特点。针对其特征，总体城市设计在历史文化空间场所的设计中重点保护、发掘、利用结古镇的历史格局、人文景观遗存、文化活动场所和传统文化内涵，建设独特的城市人文景观，同时树立结古镇独特的城市形象和文化内涵。

一方面，设计中充分保护结古镇历史文化遗迹，恢复历史文化场所。提出重点保护、恢复结古寺，严格控制结古寺及其周边的空间环境；重点保护玛尼石经堆，强调其作为居民日常宗教活动和社会交流场所空间的功能，保护活佛行宫等重要历史文化空间场所。另一方面，设计中对于体现藏民族宗教活动特征的历史文化路线进行重点保护，通过对转经路线的梳理，形成特色历史文化线路和观光游览线路。主要包括环玛尼石经堆转经路和环神山转经路等。

此外，城市设计结合城市特色片区和寺院的保护，尽可能延续传统街巷空间尺度和肌理，保留藏式建筑传统院落和建筑风貌。

（五）城市景观格局整体构建

结古镇周边高山环绕，临近的山体延伸到城市边缘，形成重要的山体制高点，如加吉娘山、当代山等。镇区内部巴塘河穿过，城市内部天然形成多条重要的视觉通廊。对结古镇特有的山水环境和城市空间尺度而言，山水互见、山城互望的要求更直接，景观体系的构建更重要，需要精心考虑城市重要观景场所、地标建筑布局和重要视线通廊的控制（图10）。

图10 结古镇景观系统规划图

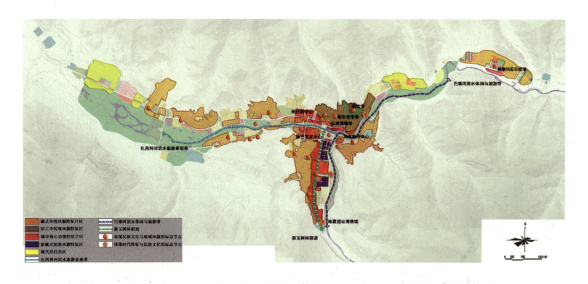

1.特色景观带的建设

规划结合结古镇河流生态景观和城市特色功能轴，建设三个充分展示城市自然和人文景观特征、打造充分体现"新玉树、新家园"形象的特色景观带，包括扎曲河滨水旅游景观带、巴塘河滨水休闲与旅游景观带和新玉树林荫道景观带。

1）扎曲河滨水旅游景观带

扎曲河位于达日休和沃却肖山之间的宽阔谷地，地势相对平缓，水面曲折，湿地发育良好，是城市重要的生态缓冲区。规划依托扎曲河滨水区域建设，规划以"高原城市林卡带"为主题，结合两侧的文化娱乐、行政办公、商业服务、旅游休闲和居住等功能，形成多样化的滨水空间和景观。规划严格保护扎西科河的生态湿地环境，加强对生态湿地的生态恢复和湿地区的树木种植，形成城市西部的生态涵养区，有效改善城市的微气候。同时，在湿地景观区内建设体现康巴风情的赛马场,结合自然湿地的保护,营造以观光、野外活动为主的公共活动空间。

2)巴塘河滨水休闲与旅游景观带

巴塘河从得窝隆巴神山西侧和北侧流经山脚下,一面临山一面临谷地,河面较为宽阔。规划将其南部建设为生态湿地林卡,中部结合旅游街区的建设形成城市旅游休闲景观特征区段,东部形成生态景观区段。

3)新玉树林荫道景观带

规划结合胜利路形成城市综合功能景观带。该条景观带北起民主路,向南经过县行政办公区、金融商贸区等,规划两侧功能以商业、行政等功能为主,形成城市活力独具、生活氛围浓郁的商业景观轴(图11)。

图11 新玉树林荫道设计意向

2. 景观视廊体系

结古镇的城市景观体系主要包括主要标志物、山水视廊和主要观景点等要素构成,城市设计中从景观视觉方面分别提出了布局和控制要求。

1)主要标志物

城市标志物主要包括山峰制高点以及位于城市公共核心、滨水空间及其他重要地段的标志性建筑物,城市的地标建筑主要集中在双"T"形轴带的核心区。

2)山水视廊

这些山水景观视廊均为结合城市公共中心、公共活动轴和标志物重点控制形成。从格萨尔广场向周围神山的眺望视廊、从结古寺向城市和临近的重要山体是结古镇最重要的山水景观视廊。其中,扎西大同向结古寺的视觉通廊是城市一条重要的历史视廊,可以看到结古寺在最初选址时就很好地呼应了城市的山水格局,体现了城市空间秩序和宗教文化情感。

3)主要观景点

城市观景点主要结合视廊及标志物进行设置,主要分为山体观景点、滨水观景点和城市广场观景点等。其中山体观景点最主要的有3处,分别是当代山观景点、加吉娘山观景点和结古寺观景点。这三处观景点也是周围山体楔入城市的三条脉络尽端的制高点,站在这三处观景点眺望结古镇,大部分结古镇尽收眼底。因为结古镇在山间河谷蜿蜒布局,难有一处制高点可以尽览其全景,而这三处制高点结合起来,基本可以通览结古镇全貌。事实证明了这三处观景点的重要性,而今,当代山上已经建设了专门的观景平台和步行游览道,成了游览结古镇的一处必到之处。

四、特色如何管控

(一)整体风貌的分区指引——分片区的设计导则

规划结古镇城镇空间形态特征、建筑风貌特点和特色功能布局,将整个结古镇分为五类特色风貌片区。

1. 藏式传统民居特色风貌区

该区域包括扎西大通村传统民居区、团结村传统民居区等。主要指的是原有街区空间肌理完整,充分体现了藏式民居的原生态特色,这些区域是玉树城市特色空间的典型代表,也是传承城市记忆、体现地方文化、展示城市特色的重要空间载体。

城市设计中提出延续传统街巷空间肌理与尺度,保持沿山展开的空间形态与布局,延续藏式民居传统院落及建筑风貌,保留玛尼堆、打谷场等特色公共活动场所,完善开放空间系统、道路、市政等基础设施(图12)。

2. 新玉树林荫道特色风貌区

该区域位于城市"T"形功能轴的南部轴带,是由机场进入结古镇的南大门区域。沿街两侧建筑功能主要以办公、商业、金融等公共设施为主,形成未来城市公共功能最集中的区域,也是新玉树精神和形象展示的重要空间。

规划提出结合胜利路建设展示玉树形象的林荫道,保证两侧建筑空间界面的连续性,形成良好的街道空间场所;同时,建设多条通向扎西大通街区和巴塘河的步行通廊,加强保留遗址点区、县政府西南侧广场区和北部步行街出口区的建设,形成林荫道上的重要空间节点。

3. 玉树行政中心特色风貌区

该区域位于核心区西侧,扎曲河从地段中间穿过,南部东西两山拱卫,景

图12 结古寺风貌分区设计指引

观条件极佳。主要功能为行政办公建筑，形态以院落式空间为主，规划希望形成体现地方风格的建筑形象和建筑风貌。

该区域内形成"十"字形的开放空间骨架，包括行政广场轴和扎曲河生态景观轴；强调该行政景观轴线空间形态的自由与灵活，突出轴线上南部入口广场、中部生态水景区域和北部政府前广场的节点空间形象，为市民提供良好的空间活动场所；将扎曲河水系向北引入行政办公区域，形成水系景观轴；加强办公院落空间与十字景观之间的沟通与联系，建立完善的开放空间网络和景观体系。

4. 市民活动中心特色风貌区

该区位于结古镇城市核心地段，主要包括以格萨尔王广场为中心，周边相邻的各类城市公共设施，是城市中功能混合程度较高的区域。

规划提出格萨尔王广场周边建筑应体现康巴藏式建筑风貌，建筑高度应严格控制，保障格萨尔王雕像对整体空间环境的控制；在空间上加强和结古寺、康巴风情商街、滨河开放空间和东侧的旅游服务中心区域的联系。

5. 巴曲河滨水休闲特色风貌区

该区域位于巴曲与扎曲河汇流区及以东区域，拥有城市最为珍贵的滨水空间，与结古寺有极佳的对景关系。主要包括居住、商业、教育、医疗等综合功能，用地功能具有一定的混合性，形成充满活力的城市空间。

规划保留原有清真寺等历史建筑，尊重地方文脉，尊重红卫组团的城市肌理，与其建筑进行合理衔接；提出打开城市滨水空间，形成连续的滨水空间，有效地为市民服务；加强本区与格萨尔王广场的空间联系，修建步行桥；增加垂直通向河流的步行空间，加强滨水区与其腹地的关联；保障用于旅游的马道通畅，保障通往玛尼石经堆步行空间的联系。

（二）重点类型区域的详细指引——自建区建筑设计导则

结古镇的 12 处统规自建区面积为 380 公顷，占整个镇区规划用地面积的 76.4%，自建区构成了结古镇的风貌基本面，其风貌特色在很大程度上决定了结古镇整个城市的城市风貌特征。但是，在总体城市设计落地实施的过程中，我们发现，各家援建单位的规划设计单位对康巴建筑风貌的理解五花八门，缺少对地方传统民居的深入研究，所提供的方案要么是传统的简单照抄、做法粗糙、不合传统特点，要么是现代建筑加上地方传统建筑符号简单堆砌，提出的建筑风貌方案难以体现"民族特色、地域特点和时代特征"。

为此，规划技术组对康巴建筑进行了实地考察，对玉树州、甘孜州、阿坝州、迪庆州 4 个主要康巴地区的 15 个县进行了传统建筑风貌的现场考察，在此基础上，提出了结古镇统规自建区建筑风貌控制的系列导则，在自建区整体风格、建筑风貌特征等方面提出了详细要求，同时结合院墙建设和装饰构件设计还进行了更加深入的导则设计，给整体建设风貌设计工作和具体实施工作提供了依据和指导。

导则的总则部分明确了总体设计 4 条基本原则，即整体协调统一，分区富于变化，和而不同；尊重场地，因地制宜，体现山地建筑风貌特征；外素内华，下素上华，体现民族特有气质。有机生长，近远结合，可持续发展。在具体分区方面，导则依据历史文化底蕴、区位、功能等因素将 12 个自建区分为历史文化风貌区、传统风貌区、商住风貌区、多元风貌区、山地风貌区、滨水风貌区 6 个特色分区，提出整体风貌、院落空间、街道空间、单体建筑等方面的总体管控要求。分区导则中对各个分区的整体风貌特质、材质、色彩、形态以及单体建筑的檐口、墙体、门、窗等构件做法均提出了详细的指引。

如团结和红卫历史文化风貌区，这是结古镇现存历史最悠久的居住片区之一。是结古寺转经道的主要路径区，沿途有结古老市场、嘉松仓住宅、萨迦佛殿、喇嘛佛殿、嘛呢石经堆等多处宗教、商业、居住历史建筑和遗迹。导则中提出该片区要体现结古镇传统夯土民居风貌（图 13）；再如哲龙达和民主北山地石城风貌区，该区域地形坡度较大，导则提出将其塑造为富有康巴地区民族和地域特色的"山地石头小镇"，凸显康巴传统片石砌筑式山地民居聚落风貌，重点体现山地建筑形态特征。要求建筑沿坡而上，依山而建，强调体量前后进退、上下层叠的群体效果。

针对结古镇统规自建的特点，规划技术组的风貌小组依托地方民俗专

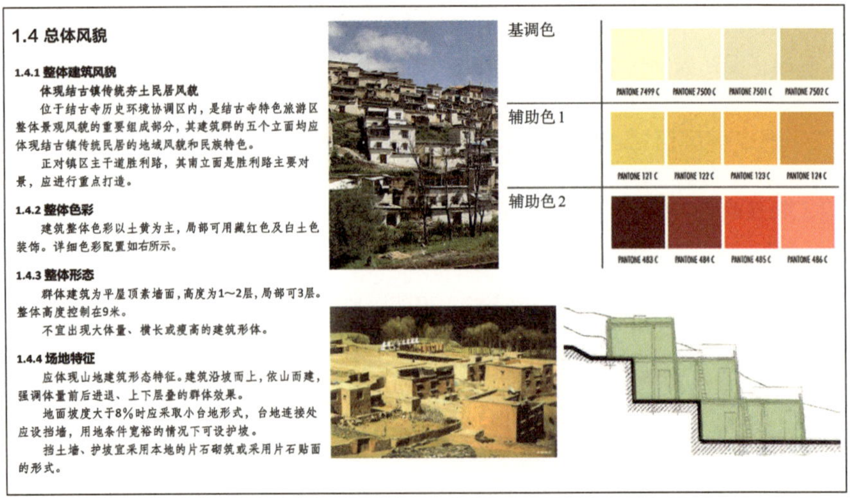

图13 团结自建区风貌设计指引

家，经过充分研究，提出了自建区院墙风貌塑造的设计导则和指引，对各个院落的院墙设计提供了设计借鉴。此外，还对建筑装饰构件的传统做法进行归类，形成装饰构件图库，为进一步提升建筑传统风貌特点提供了很好的指导作用，获得了社区居民的广泛认可（图14）。

图14 建筑装饰构件图库

装饰部位	编号	样式	示例图
屋檐	B11	二层玻璃尕层 白玛切藏	
	B12	二层玻璃尕层 白玛 吉祥图案	
	B13	一层玻璃尕层 白玛切藏 吉祥图案	

（三）重点地段的设计引导——新玉树大街设计导则

街道空间是人们直接感受城市空间景观的重要区域，很大程度上决定了人们对一个城市的整体印象，是城市塑造的重要区域。在落地实施过程中，城市设计工作组对结古镇"3+12"的特色街道空间进行了整体设计和指引，其中重点突出了新玉树大街的整体风貌管控。

新玉树大街位于结古镇区南北向，是从南部进入城市中心区的一条最重要的城市街道，也是从巴塘机场进入城市的门户地区，区段位置十分重要。街道两侧功能多样，包括了商业建筑、居住建筑以及各种类型的办公建筑。各个建筑建设主体多元、诉求多样，如何保证街道建筑的整体效果，又要体现各个建筑的特点，避免千篇一律、手法单一，是一个关键的问题。

城市设计对该大街的定位、功能及风貌特征、整体形态等进行了研究，提出要将新玉树大街建设成为以时代特征为主导，民族特色和地域风貌交相辉映，城市形象鲜明，总体建筑风貌协调统一的现代城市景观风貌大街，成为展示新玉树现代文明形象的窗口（图15）。

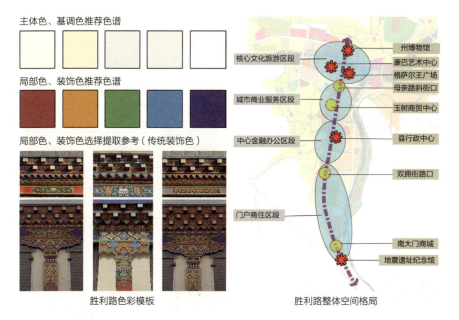

图15 新玉树大街总体设计指引图

导则中明确了整体现代分段多样、相邻建筑协调呼应、传统元素现代演绎、建筑形式服从功能、近人尺度上素下华五个方面的设计原则，提出了包括总体风貌控制、街区控制、建筑控制、其他专项管控（夜景、道路景观等）"4把尺子"的控制内容和手段，对每一把尺子的具体引导要求和"尺度"把握也做了详细的设计。与控规导则相比，进一步明确了大街两侧各区段、街坊、建筑单体设计提供了设计方法和风貌基调，确保总体设计目标进一步落实。

以商业服务区段为例（图16），总体设计风格要求商业建筑为多元丰富、充满活力的新藏式现代风格；办公建筑以简洁明快风格为主；寺院宾馆应体现浓郁藏式建筑风格，体现宏伟、华丽的藏式建筑特点。街景界面横向连续、竖向分层。

在建筑街角和路口空间设计中，要求本区段重要的十字路口要通过建筑体量的呼应及高度的变化形成街道序列的高潮点。母亲路斜街与胜利路的交口处

图16　新玉树大街商业段风貌控制指引

建筑整体应向格萨尔王广场一侧跌落，以增强与广场的视觉联系。母亲路斜街端头可设置一处高起的构筑物，以增强母亲路商业街入口的标志性（图17）。

图17　新玉树大街建筑设计指引

通过新玉树大街城市设计导则的引导和实施，各个区段的建筑设计整体上有了呼应和协调，各自的特点也得到了充分的彰显，整条街道形成了统一中有变化的风貌特点（图18）。

五、总结

（一）在工作环节上，城市设计工作贯穿规划及实施全过程

在结古镇灾后重建工作中，城市设计和风貌塑造工作坚持采用了自上至下、由宏观到微观、从设计到实施的全程贯穿的规划设计方法。在规划设计、方案设计和建设实施的各个环节，贯穿城市设计理念，全面展示康巴文化特

图18 新玉树大街建成效果

色、凸显地域风貌。在总体层面注重山水格局保护、城市肌理传承和特色要素保护,重点在于定特色促共识、明格局控形态、保肌理塑场所等方面,将总体设计要求反馈到总体规划中;在控规层面,进一步凸显特色,深化总规、细化风貌规划体系、建立弘扬城市历史文化特色、确立特色风貌建设实施的框架、确立重要片区及重大项目,为单体项目实施提供设计指引。一方面,细化框架——细化"点、线、面"的景观风貌体系,锁定城市的关键控制区域、廊道和节点,进入政府决策,重点项目实施的先导。另一方面,制定规则,对39个片区提出设计指引,成为后期项目设计和实施的导则和指南;在项目工程设计层面,城市设计工作贯穿省州县的各级技术审查,对设计方案进行总体把控,确保城市设计要求得到贯彻。

(二)在管控手段上,强调"技术规则+设计指导+管控机制"合一的实施管控方式

在具体操作过程中,一方面,通过示范项目的设计和风貌打造导则的编制,形成建设实施的法规和准则,确保城市设计要求具体化成为规划设计条件发放依据、设计审查依据以及建筑方案设计的指导。在城市设计完成后,根据项目建设需要,形成一系列设计导则和设计指引文件,将技术规则形成法定文件。包括特色片区设计导则、自建区建设导则、胜利路设计导则、滨水区景观设计导则、康巴建筑设计工法细则、院墙打造细则等文件,较好地指导了后续的建筑设计。

另一方面,在具体方案的设计方面,规划技术组通过十大建筑的项目示范、规划设计的技术审查、日常的工作对接和设计指导等多种方式,为设计单位如何把控"民族特色、地域特点、时代特征"等风貌设计要求和其他设计管控要求进行密切对接、深度指导,保证了整体思路的落实和设计水准的提升。

此外,通过省、州、县技术组和风貌打造领导小组的设置以及相应法规的

出台，强化实施保障机制，对项目实施进行动态监控。包括成立省、州、县三级的规划技术组以及玉树县风貌打造领导小组等技术机构，对各类项目进行技术审查，在机制上确保了设计要求得到落实和动态调整。

（三）在施工环节，加强工法试验、动态反馈确保风貌实施效果

在城市设计的指引下，各个项目的建设设计方案在风貌设计方面有了较大提升，基本满足总体风貌塑造的要求。但是，在具体工程建设中，仍然还会出现很多问题。有的问题是设计方案在具体实施时的效果把控问题，有的是方案设计中没有充分考虑的问题，这些问题都需要在实施过程中由设计单位、施工单位、规划技术组等各方针对实际问题进行施工材料选择、工艺工法试验，唯有如此，才能确保工程实施的效果达到预期。比如各个统规自建区风貌打造中的墙面、檐口、水泥雕花、窗花做法和实验，每个区域都经过反复实验，尽可能使设计方案能完整落地。

玉树结古镇(市)控制性详细规划编制与探索

作者：王 仲[1]

一、规划编制背景

2010年6月9日，国务院批复《玉树地震灾后恢复重建总体规划》，明确了玉树结古镇灾后重建的功能定位、人口规模、用地布局、投资总框架等，标志着灾后重建由谋划正式步入实施阶段。重建项目逐渐开展选址、设计及施工准备，援建地区和央企陆续到位，一批民生类和基础设施项目在条件极为薄弱的情况下亟待开工。为落实总规确立的发展目标、定位、规模和总体城市设计确定的城市特色风貌定位，将重建项目册内容精准落位，有效地指导灾后重建项目的选址、设计、施工，在《玉树县结古镇(市)总体规划(灾后重建)》和《玉树县结古镇灾后重建总体城市设计》的基础上，进一步深化和细化规划控制要求，从平面布局、空间设计和形态控制等方面全面引导灾后重建项目的实施，重建规划编制组开始着手编制控制性详细规划。控制性详细规划的规划范围与总体规划保持一致，即对结古镇中心城区全覆盖，最大限度地保证对结古镇范围内的所有重建项目实现有效的控制和引导。

2010年8月7日至12日，规划公示稿在结古镇格萨尔广场公示，结古镇群众纷纷前来观看（图1）。之后，经州人民政府常务会议2次审议后，8月17日，玉树县人民政府正式批准《玉树县结古镇(市)控制性详细规划(灾后重建)》并公布实施，是玉树灾后重建各类建设项目最为直接的规范和指导性文件。

二、规划需要面对的问题

（一）用地边界难划定

控制性详细规划涉及用地权属重新划分、功能再次确认，震前就是商贸重镇的结古镇，土地是居民最主要的财产和经济来源，土地重新使用实际上就是对结古镇居民最主要财产权益的再次分配。基于结古镇民族地区的特性和复杂

[1] 王 仲 中国城市规划设计研究院城市更新所主任规划师，注册城市规划师，高级城市规划师。

图1 公示控制性详细规划公示稿

的土地关系,通过规划变革原有的土地产权关系极为困难。虽然大多数居民非常认可控制性详细规划的总体布局方案和设施布置,但在涉及自身使用土地重新使用时,短时间内难以理解和接受。在最短时间内,形成一个具有公信力的土地重新使用方案,需要基于结古镇民族地区的特性和复杂的历史因素,通过一个科学而公正的规划使广大民族群众充分认可。

(二)项目落地难落实

面对灾后重建的大规模建设和群众自身强烈的发展意愿,用地紧张与灾后重建需求之间的矛盾突出。灾后重建选择原址重建的方式进行,最大限度地照顾了原有居民的情感寄托,维护了居民的土地财产权益。但结古镇受四周山体限制,建设空间十分有限。且城市周边地质灾害隐患多,适宜建设用地只有不到10平方公里,加上城市内部微地形复杂、河流水系丰富,现实可建设的用地更加紧缺。作为重建需要首批启动的学校、医院等公共服务项目和道路、水厂等基础设施项目,在项目选址和用地红线划定阶段就举步维艰,一方面,发改委重建项目库尚不稳定,投资规模和项目规模在不停调整,项目落地依据不充分;另一方面,援建单位希望项目建设用地充裕,满足甚至高于国家标准;同时,项目可建设用地十分局促,且原有居民尚未得到安置。如何在最短时间内确保首批项目落位可实施,需要在满足国家和省级强制性规范的基础上,根据当地实际情况确定切合实际的公共服务项目占地标准,现场精确划定项目红线,既要避免因征地问题造成群众事件,也要避免因征地问题造成工作延误。

(三)设计指导难推进

按照玉树重建的组织实施机制,四大央企分别负责结古镇东西南北四大片区的项目重建任务，此外北京市负责新寨片区和结古镇市政道路基础设施重建任务。各央企和北京市多方动员，组织了大量设计单位参与到首批启动公共服务的设计中，但由于对玉树基础情况和特色风貌缺乏理解，普遍没有达到预期效果。重建紧迫性要求用最快时间提供一批项目设计成果，为了达到较好的重建效果，在方案技术审查会之外，也需要控制性详细规划更为明确地传达规划管控要素，并更为直接有效地指导建筑方案设计。

（四）建设实施难管控

通常10万人口的新城建设需要8~10年时间，原址上的城市更新更是需要30~50年时间，面对如此规模的重建任务和尚不稳定的重建项目库，而规划需要在3~4个月的时间内基本完成项目的落位、指标控制、空间划分、风貌引导等工作，时间极为紧张。而震前玉树规划编制和管控十分有限，几乎没有规划管控办法和标准。控规不仅需要根据城市建设的需要，建设动态的更新和完善体系，及时根据建设需要调整和完善规划用地、指标等，同时需要建立适应灾后重建需要的规划管控体制，在灾后重建多方参与的环境下约束各方的建设行为，使规划不流于形式。

三、规划主要内容

控规确定结古镇中心城区建设用地为1198.0公顷，其中居住用地为516.3公顷，公共设施用地为183.3公顷，道路广场用地为154.3公顷，市政设施用地为30.0公顷，绿地为222.1公顷。规划按照结古镇中心城区常住人口10万人配置公共服务和市政基础设施。

（一）城市功能结构和用地布局

规划功能结构为两轴两带，五心多核。其中两轴为城市功能发展轴，包括民主－红卫发展轴和胜利路发展轴；两带为自然生态旅游景观带，包括扎曲河和巴塘河自然生态旅游景观带；五心为五个主要城市功能中心，包括行政办公中心、旅游休闲中心、文化娱乐中心、商贸服务中心和生态农业中心。多核指位于各个功能中心的特色功能核，如商贸服务核、旅游服务核等。结古镇中心城区的土地使用优先满足提升城市功能和安置受灾群众的需要，以居住、商贸、文化娱乐、休闲旅游等功能为主，沿民主－红卫发展轴和胜利路发展轴成"T"形带状展开，总体上形成横向以居住、行政办公等为主，纵向以文化娱乐、旅游休闲、商贸等为主的功能布局（图2）。

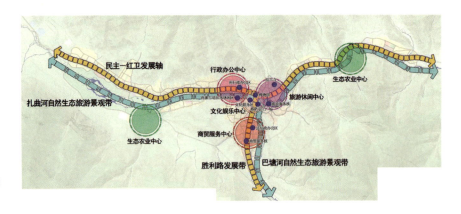

图2 城市功能结构和用地布局

(二)街坊细分与土地使用控制

为了对重建项目进行更直接的规划控制引导,街坊控制主要从平面、空间和形体三方面来实施,通过街坊分区控制图,实现对街坊分区"三位一体"的规划控制。平面控制要求重点确定建设项目的空间落位、功能布局和技术指标;空间控制要求主要确定城市设计的管控和引导要求;形体控制要求进一步确定建筑体型的管控要求。

结古镇由四家央企和北京市分别对口援建,根据各援建主体的任务分工,将结古镇中心城区分为 A、B、C、D、E 五个片区(图3)。根据风貌相对统一、功能相对一致的原则,将5个片区进一步细分为 39 个街坊,作为规划控制的基本用地单元。

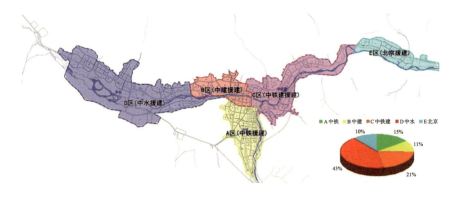

图3 各援建主体的任务分工

(三)居住用地布局

本着"安全第一、以人为本、生态优先、尊重传统、面向实施"的五项重建指导思想,最大限度尊重当地习俗和生活方式,重建过程中注重保障广大群众的利益,尊重山水格局、城市肌理和原有土地产权。结合自然水系、利用泄洪通道和自然山体形成各组团之间的楔形绿地,结古镇中心城区将沿扎曲河、巴塘河两岸形成带状分布的 15 个居住组团(图4)。

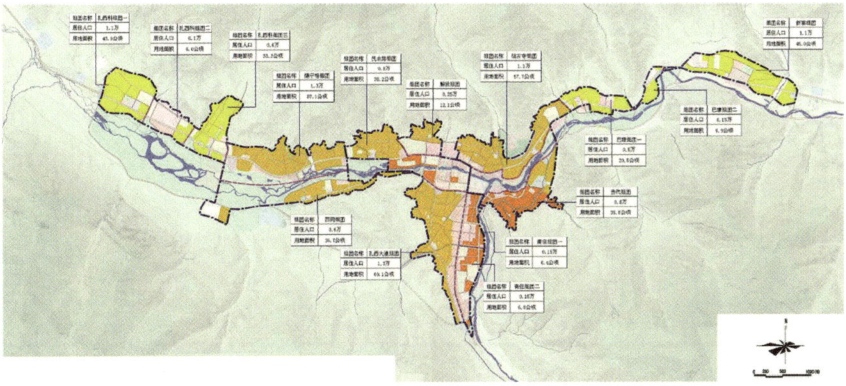

图4　居住组团分布

四、集约节约利用土地

面对众多重建项目与有限建设用地之间的矛盾，土地高效利用是解决问题的核心。规划将通过规划管理、平面布局、空间形态和使用模式等方面的措施，实现集约和节约利用土地。

（一）规划管理：促进行政办公等公共设施集中建设

具体来说，包括州县党政机关集中建设行政中心，不搞分体建设；中央、省驻玉树的垂直单位除有特殊要求外尽量联建办公；州县文体设施不搞分级建设等措施。

从震前土地利用的现状可以看出，行政办公、企事业单位等公有产权用地105.1公顷，其中行政办公用地60.07公顷，土地使用方式较为粗放，建筑密度、强度较低。以某单位为例，震前用地面积达到1.76公顷，而建筑面积仅有0.6万平方米，建筑密度约0.23，建筑高度以一层为主，仅在临街布局了一栋4~5层的建筑，土地使用极为低效。

本次规划行政办公、企事业单位等公共设施用地90.8公顷，在原有公有产权用地的范围内缩减了约60公顷，另外在外围组团规划新增45公顷，通过集中建设和布局调整，实现公有产权用地节约15公顷左右。

行政办公用地的节地效应最为突出。震前原有行政机关用地62.2公顷，通过集中建设行政中心等措施，规划仅需27.3公顷，比震前节约35公顷左右。

案例一：通过集中办公实现节约用地

州扶贫开发办公室震前单独占地，其用地面积达到1.12公顷，建筑密度约37%，建筑层数以2~3层为主。规划将州扶贫办办公用房安排在州政府综合业务用房3号楼（建筑面积1.15万平方米，共安排9个部门），可实现集约办公，从而有效节省行政办公用地。

节约的行政办公用地可满足提升城市功能的需求。震前原有医院、学校等企事业单位用地43.5公顷，为了提升城市功能，完善各项公共服务设施，规划公共设施用地63.5公顷，新增近20公顷，其中利用原有企事业单位用地26.9公顷，在外围新增建设用地36.6公顷。新增的用地指标完全可以通过节约的行政办公用地来平衡（图5）。

图5 原状与规划行政办公用地比较

通过上述措施，节约出来的用地主要用于三个方面：①新增公共服务设施、落实新玉树的建设目标、支撑未来旅游产业的发展；②新增市政道路、改善现状城区拥堵的交通环境；③新增居住及商住用地、提升城市居住水平（图6）。

图6 节约用地的利用途径

案例二：节约土地，完善其他功能

1）节约行政办公用地，补给居住用地

州委党校震前用地面积2.84公顷，规划用地面积1.47公顷，缩减1.37公顷；州检察院用地置换至东侧空地，置换出居住用地0.52公顷；通过上述两个单位用地的调整，可增加居住用地1.53公顷，增加医疗卫生用地0.12公顷（图7）。

2）注入新功能，提升城市品质

通过对原藏医院的布局调整，将其位于城市核心位置的用地转为提升城市

图7 州委党校缩减面积，增加居住用地

品质的新功能康巴艺术中心。该项目占用原藏医院用地0.6公顷；占用私宅涉及11户，涉及用地面积0.27公顷；主要承载州歌舞团、州剧场、县剧场等演艺功能。通过藏医院的布局调整，在提升功能的同时，尽量少地干扰原住民。

（二）平面布局：优化功能布局，加密路网，增加商业空间

通过开辟"唐蕃古道"滨水休闲区等商贸、旅游设施，在胜利路商住组团等地区加密路网，增加商业空间等措施，实现在有限的用地空间上完善商贸、旅游等功能。

加密路网是在不增加建设用地的基础上增加商业空间的有效途径。以胜利路商住组团为例，震前内部沿街界面长度约820米，规划通过开辟商业内街和步行空间，可使沿街商业界面长度达到原来的约2.2倍，同时也可增加就业岗位约500个。

（三）空间形态：符合总体设计前提下，适当提高土地开发强度

一户一宅的院落式居住形态是结古镇震前主要的居住模式，这种居住模式虽然反映了地方的生活习惯和历史传统，但从土地利用的效率来看，确实不够集约，如骑兵连北侧的居住组团，现状建筑以1~2层为主，地块容积率仅为0.67。总体规划和总体城市设计明确了城市中具有传统肌理特征的片区，并对原有肌理予以保护和传承。但在其他片区，则可在满足总体城市设计确定的城市整体形态和风貌的基础上，适当增加容积率，通过部分小高层的建设，提高土地的开发强度。如位于党校周边的巴塘组团，规划其居住区以多层为主，建筑限高36米，容积1.6，相对原有居住模式，大大提高了容积率，提高了土地集约和节约利用的水平。

（四）使用模式：提倡土地混合使用和空间综合利用模式

通过将各行政单位集中办公和部分地区商、住、办公功能混合等方式，实现土地使用功能的多元化，从而节约和集约使用土地（图8）。

图8 总体空间形态设计图

混合使用包括垂直混合和水平混合两种模式。垂直混合指在同一建筑物中实现竖向上的功能混合,如地下停车、裙楼商业、高层办公的功能综合体,以及不同行政单位在同一办公楼不同楼层的分布等。水平混合指在同一地块或院落中,由不同功能或主体共同使用的模式,如在同一地块中,不同单位共同围合形成一个院落等(图9)。

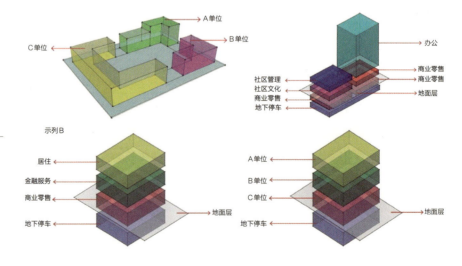

图9 使用模式方式

五、开展针对性专题研究

研究报告是规划技术组面对玉树灾后重建重大工程项目时采取的技术解决复杂问题、技术影响政府决策的方法创新。通过亲临一线获取一手调研资料和数据，并结合以城市规划学科为基础多学科综合的手段，充分统筹和调动中国城市规划设计研究院（以下简称"中规院"）的技术优势，实现对多专业融合、多部门合作的复杂问题的有效解决。取得的研究成果不仅支撑了各级政府和部门的科学决策和政策制定，同时也为地方政府建构完善的城市规划、建设、管理法规和标准体系，提供了直接的技术支持。

（一）适时提供专项报告，影响决策制定

定期工作报告机制是驻场工作组向国家决策部门反映重建实情，辅助重要决策的主要渠道。报告跟踪重建实时进展，及时发现问题和隐患，反映给决策部门和其他援建单位进行协调与沟通。截至2013年8月，工作组共完成定期报告27期，其中反映的大小市政衔接、重建建筑质量等问题得到相关领导批示，移交相关部门处理。《居民回迁安置报告》《商住房安置报告》和《商业用房安置报告》依据《结古镇震后土地处置权益办法》这一灾后重建核心法规，采用ARCGIS技术手段，对镇区人口进行模拟布局，提出安置建议。此后报告内容向群众全面公示，成为居民安置的重要技术依据，直接影响补偿和安置标准等重要政策的制订（图10）。

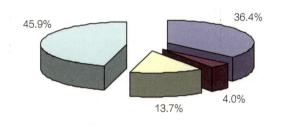

图10 中铁建片区地质灾害危险性区域院落和加固房比例

（二）针对重大争议，技术为决策提供科学依据

2011年3月，针对重建中是否保留道路红线后退的争议，工作组第一时间制定了《关于玉树灾后重建建筑后退红线距离问题的建议报告》，进行扎实的技术研究，并制定了沿主要街道的红线后退标准。研究报告得到政府、专家及各援建部门的认可，进而转化为城市建设管理的法规性文件，在灾后重建过程中全面落实。2011年4月，针对当时重建中存在严峻的树木砍伐问题，技术组要求优化道路设计方案，但道路设计单位予以拒绝。技术组通过大量基础调研和资料汇总，确定了树木的位置和数量，迅速制定《结古保树专题报告》，呈交省指和州县政府。政府部门立即下发《关于重建过程中重视保树的紧急通知》（图11）。

报告分析了按规划标准道路退线和不退、少退两种情况下对道路两侧住宅自建区院落的影响，如民主路考虑不退红线，由此可以减少占用院落7个，占

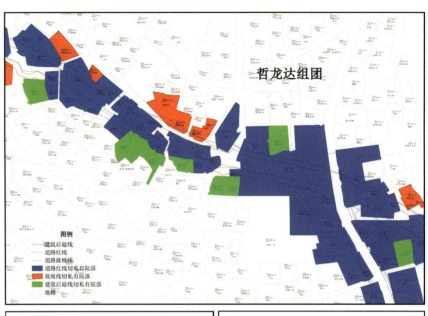

图11 针对重大争议迅速提出方案

民主路道路建设占用院落总量的2.8%；同时对加固房的影响也将减小8处，占加固房拆迁总量的12.3%。

根据相关要求，道路设计部门修改8条道路设计方案，仅此一项为结古镇多保留大型乔木273棵。此后，林业部门制定了相应的保树条例，确保了玉树的生态重建。

以红卫路树木位于道路中心线附近为例（图12、图13）。

（三）反映一线民情，应对突发事件

2012年10月，针对涉及百姓民生的居民撤帐入住问题，工作组及时开展调查，先后走访了赛马场等4个帐篷区和扎西大通等12个统规自建区的100余户居民，了解了一线的民情和生活状况，形成《玉树灾后重建后期居民生活情况访谈报告》，根据调查结果，提出了分步骤、分层次、分阶段的入住工作政策建议。报告得到相关领导的高度重视，撤帐入住政策有所调整，得到群众广泛欢迎。

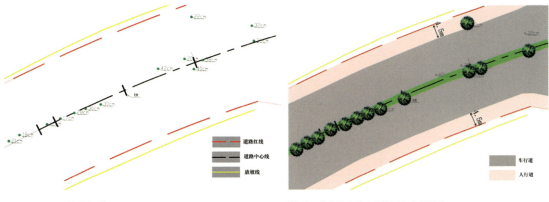

图12　现状道路与树木情况　　　　　　　　图13　优化为在中心线设置中央分隔带

六、规划方法与特色

（一）以集约用地为基本原则，科学公正规划

力求"政府不占百姓一分地"，规划对原行政办公用地进行大量压缩，行政事业单位办公用地占建设用地总面积的比例由震前的50％压缩至震后的25％，比例缩小一半。提倡土地混合使用和空间综合运用，采用商、住、办综合体开发模式。空间上，在符合总体城市设计的前提下可适当提高土地使用强度。

（二）平衡纷杂利益，项目全面落地

结古镇重建涵盖中类项目210个，小类项目1024个，各种利益诉求纷乱庞杂，规划以技术为手段，针对性地抵制、引导、鼓励各类建设意向，化解各方冲突，平衡各方利益，全部重建项目完成平面落地、空间落位。

（三）从技术服务到技术管理，全程技术管控

"一个漏斗"的规划技术总负责机制。2010年8月，青海省灾后重建现场指挥部成立以中规院为核心的"规划委员会技术组"，形成"一个漏斗"的技术总负责机制。"一票否决权"的技术审查机制。2011年3月，以中规院为核心的玉树州规划技术组成立，建立具体项目设计工作的指导、把关、审查平台，对于技术审查管理行使"一票否决权"和"省州县一体化"规划巡查与督导机制。2012年6月，针对重建进入决战之年和收官之年的需要，省重建现场指挥部成立省指规划管理组。

（四）"设计导则+设计辅导"，全程技术指导

"三位一体"的设计导则。即平面控制、空间控制和形体控制三总控制要

求一体,其中"平面控制要求"确定项目的空间落位、功能布局和技术指标,"空间控制要求"确定城市设计的管控和引导要求,"形体控制要求"确定建筑型体的管控要求。全程设计辅导,通过面对面设计辅导的方式,是设计单位快速掌握场地设计要点,加快设计进程。截至2013年3月,165个结古镇规划设计方案已全部完成审查和备案工作。

七、规划执行与管控

《玉树县结古镇(市)控制性详细规划(灾后重建)》经州政府于2010年8月批复实施,是结古镇各类建设项目最为直接的规范和指导性文件。截至2013年6月,结古镇共落位重建项目436个、地块265个,除2个预留发展地块外,其他95.4%的建设用地已全部实施。4年来,结古镇实现一张图到一个城市的重生,城市规划师伴随她共同完成一次技术与社会的实践。

(一)项目落位、规模核定、土地权益和意愿锁定

在项目落位、规模核定方面,中规院依据国家发展改革委项目库,并参考震前规模及国内相关建设规范标准,建立可落地的项目库。根据用地功能和风貌特色将结古镇划分为39个街坊分区,并分别制定街坊分区导则,提出功能控制要求、形体控制要求、空间控制要求,并在用地和空间上落位国家发展改革委项目库。

在土地权益和意愿锁定工作方面,中规院开展9大工作流程。一是详细核实现状确定产权,以国土资源局二调地籍图为基础、片区管委会反复核查、补录数据,完成片区现状地籍图;二是了解基层意愿明确需求,与基层组织进行讨论沟通,了解地方对社区发展的意愿和群众的户型意愿;三是明确设施布局设计总图,在保障安全、完善配套和改善提升的原则下,重点落实道路、防灾、市政、社区配套和商业文化旅游等设施,明确公摊比例;四是多方反馈征求意见,以州县和片区建委会负责人、群众代表交流讨论方案,征求地方专家意见;五是划定院落位置细化方案,遵循最小干预原则,确认公摊比例、保持最大化的邻里关系,重新划定院落;六是群众意见确认征求意见,结合居民反馈意见对院落划定方案进行调整;七是选择户型,让居民结合自身情况选择适宜的户型;八是选择建设方式,确定由援建单位统一施工或居民自己施工的方式进行,施工单位与住户进行对接;九是加强监督管理,对住宅后续加建部分明确管理办法,对房屋的安全性和总体风貌进行有效的控制。

（二）规划设计条件发放

在结古镇城市建设用地范围内，州技术组针对各项目下发包含"空间控制、平面控制、形体控制"的规划设计条件。针对175个重建项目编制并下发设计条件，包括公建82个、住宅12个、集中商业8个、统规自建12个、统规统设联建7个（图14）。

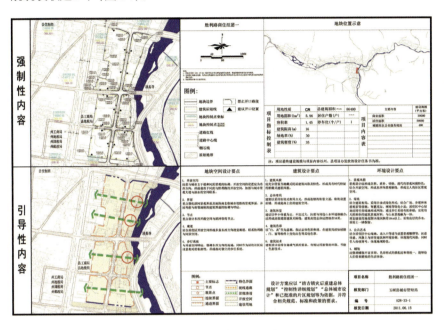

图14 规划设计条件

（三）开展初步方案审查、优选方案审定、最终方案备案

以中规院为主体的州技术组对规划设计方案提出技术要求，并进行总体把关。在方案审查过程中，严格执行审查例会制度，对于备案项目实行随到随审的原则。在工作过程中，及时与各设计单位、建设单位协调对接，最大限度地加快审查进度、提高审查效率。除各行业部门自行审查的项目外，共完成省级审查项目41项、州级审查项目83项、县级审查项目51项；按照片区分，城东片区50项、城南片区51项、城西片区39项、城北片区29项、新寨2项及其他4项。

八、实施效果

2010年8月，玉树州人民政府正式批复《玉树县结古镇（市）控制性详细规划（灾后重建）》（以下简称《控规》），控规全面深化城市总体规划的相关内容，落实省发展改革委的《灾后重建总体规划》重点项目布局，成为结古镇灾后重建中城市规划管理的法律依据。

灾后重建包含国家投资、单位和个人捐建、个人和企业重建、寺院重建、新增发展项目等多种类型，项目数量不断增加，且很多企业重建项目内容和建设规模调整频繁，给《控规》实施和规划管理带来难度。虽然工作难度极大，但州县规划技术组在州县党委政府的指导和强力支撑下，抵御住了各方面的压力，维护规划的严肃性，主要体现在以下几方面：

一是与政策充分衔接。用地规模不变，在《控规》实施和维护中，与《结古镇灾后重建土地处置权益》《结古镇住房建设管理办法》《结古镇商住房建设和分配办法》等法规和规范性文件充分衔接，体现并执行政府的决策精神。

二是用地规模不变。面对用地紧张和重建需求之间的矛盾，州县规划技术组配合发改部门严格核定项目建设规模，强调设施混合兼容和垂直发展，尽可能节约用地，行政机关和事业单位比震前减少占地40%以上。现《控规》建设用地规模维持原量不变。

三是结构布局不变。原"T"字形城市骨架和城市组团结构以及功能分区不变，各组团内部优化用地布局，解决安置和发展需求。

四是道路系统不变。延续城市总体规划中道路系统的"四横十六纵"道路系统格局，除因为保树要求对个别道路的局部断面进行调整外，大部分道路按照规定的道路红线宽度实施。

五是绿地"绿线"不变。严格执行国家"绿地"绿线控制的有关规定，禁止一分一厘的占用。通过大量的群众和基层解释工作，为子孙后代留下一片绿地的重要性和三江源生态保护意识已基本为群众接受。

六是大类用地性质不变。所有规划微调在用地性质大类内进行，禁止居住、公共设施、市政、仓储、对外交通等大类土地性质之间的调整。

七是规划指标不超。对《控规》中容积率、建筑高度等强制性指标严格控制，建筑密度、绿地率、停车位等设计条件指标结合设计需要按程序完成修改申报，满足国家绿化条例等相关国家规范。

截至2010年5月1日，结古镇12片统规自建区、4个统规统建居住区、8个统规统建商住组团、7个统规统设联建区、195个机关和事业单位项目、17个企业重建项目、10个捐建项目已全部落实建设用地和空间布局，实现全面规划落位，为灾后重建的全面展开铺平了道路。

项目落位过程中，除个别项目结合切实需要对用地进行微调外，总体保持规划的延续性和稳定性。经与2010年8月《控规》对比，现《控规》仅对11%地块边界和用地性质进行微调，85%以上用地保持不变。其中，地块性质和边界调整主要结合项目规模核减和项目整合工作，机关和事业单位中，87%的项目共用建设用地，从而有效集约用地（图15）。

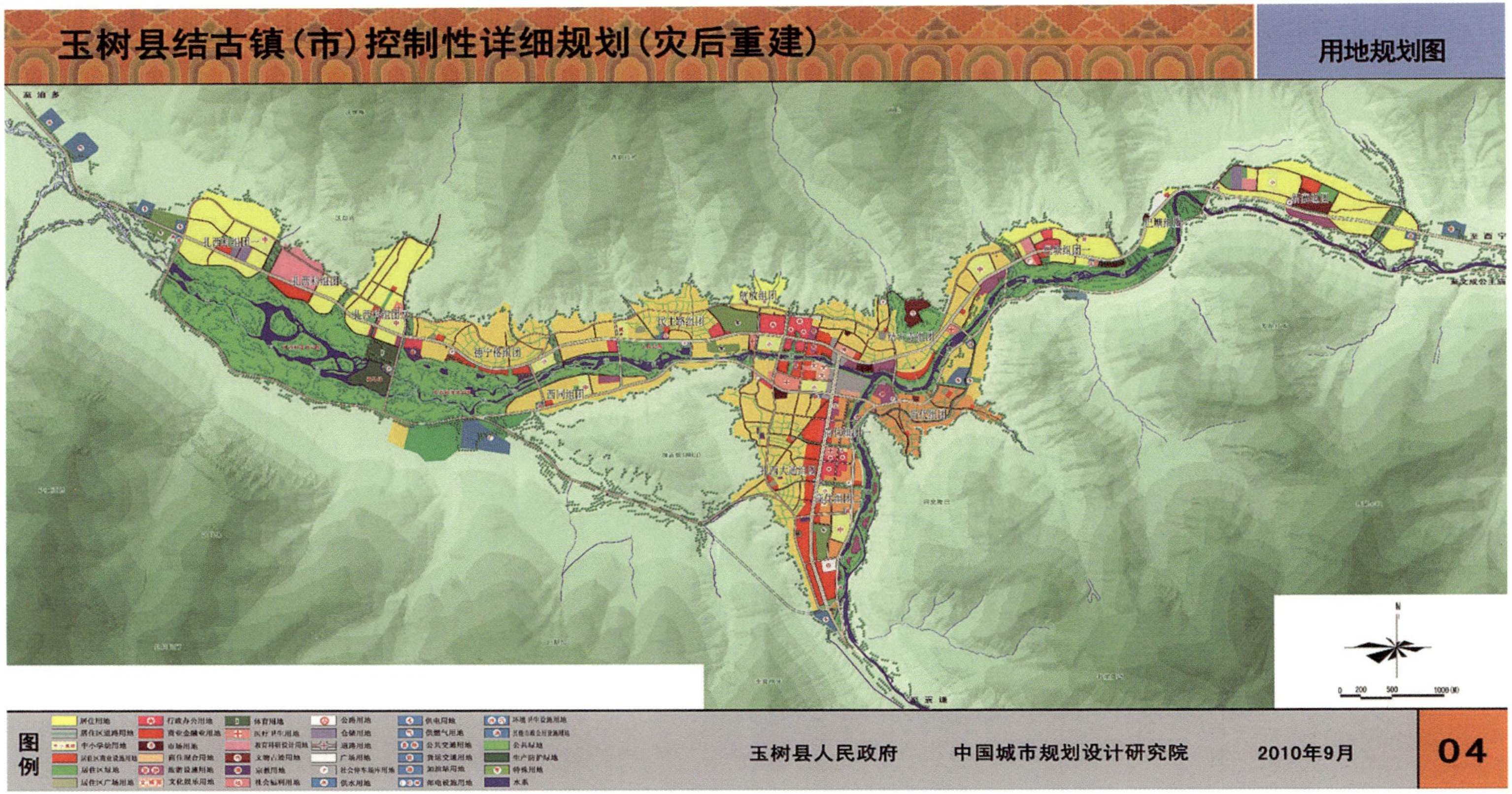

图15 玉树县结古镇（市）控制性详细规划（灾后重建）图

第二章

灾后住房重建模式创新探索

玉树灾后重建中的住房重建规划方式探索——以统规自建区为例

虹幡流云——玉树德宁格统规自建区规划设计回顾

新藏式院落的探索与创新——胜利路商住三组团项目规划设计回顾

玉树灾后重建中不同住房重建建设模式的韧性协作

玉树灾后重建中的
住房重建规划方式探索
——以统规自建区为例

作者：杨 亮[1]

一、背景

2010年4月14日，青海省玉树县发生7.1级强烈地震①，结古镇成为极重灾区，受灾人口10余万人，约占玉树全州受灾人口的50%；地震损毁民房约21万间，80%以上的房屋倒塌或成为危房。灾难发生后，党中央、国务院第一时间做出灾后重建的部署②。为及时指导玉树灾区灾后重建和未来长远发展，使其在三年时间内基本达到恢复重建标准，完成建设社会主义"新玉树、新家园"的任务，住房和城乡建设部委派中国城市规划设计研究院（以下简称"中规院"）承担玉树灾后重建规划工作。玉树施工条件不佳、生态环境脆弱、民族宗教复杂，又受到重建时间、重建资金、多元援建主体协调困难等现实制约问题，工作任务十分艰巨。

其中，灾后住房重建规划涉及占地面积约500公顷，关乎灾民的切身利益，是重建工作的重中之重、难中之难。在玉树灾后重建中，居民安置方式共有五种③，具体到住房建设模式上，按照建设主体分为统规统建、统规自建两大类。统规统建由政府组织编制规划并进行建设；而统规自建则是由政府组织编制规划，居民自行按照详规进行建设，其中又细分为统规联户自建和统规个人自建④。根据住房建设模式的不同，玉树灾后重建规划中确立了14个统规自建区和19个统规统建区。从居住形式上看，统规统建区以多层住宅为主，其

---

[1] 杨 亮 中国城市规划设计研究院历史文化名城研究所高级工程师，长期从事历史文化名城和历史文化街区保护、城市更新、城市设计等工作。

---

① 此次地震受灾人口246842人，受灾面积35862平方公里，涉及7个县27个乡镇，造成2698人遇难，270人失踪. 结古镇是此次地震的极震灾区，80%以上的房屋倒塌或成为危房，受灾人口达10万之多。

② 《国务院关于做好玉树地震灾后恢复重建工作的指导意见》中指出："在对地震灾害损失进行全面系统调查评估和资源环境承载力评价的基础上，充分听取灾区群众意见和建议，组织专家对重大问题进行深入论证，科学编制灾后恢复重建总体规划和各专项规划"。

③ 包括统规自建院落式安置，统规统建或自建小别墅式安置，统规统建组团安置，异地货币购房安置和直接货币安置. 资料来源：《关于全面推进结古镇居民住房建设的实施意见》[R]. 2011.

④ 关于全面推进结古镇居民住房建设的实施意见[R]. 2011.

中的居民基本不保留原有的院落；而统规自建区以院落住宅为主，其中的居民可在原居住地就近安置，并保持传统的院落居住模式。最终，规划确定统规自建区用地面积约380公顷，占结古镇灾后重建住宅用地的76.4%，牵涉到7000多户居民[①]（图1、表1），是灾后住房重建规划中的重要部分。由于各统规自建区震前就是院落式居住区，所以其涉及的土地产权问题最为复杂，重建工作难度很大。

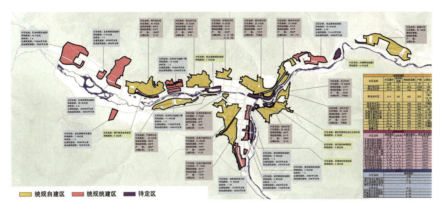

图1 统规自建区空间分布图
（图片来源：中规院玉树工作组）

统规自建区基本情况表　　　　　　　　　　表1

自建区名称	所属建委会	规划面积（公顷）	总户数	建设单位（简称）
德宁格	扎西科	46.9	1046	中水电
下西同	民主南	23	339	中水电
民主村	民主	32.5	565	中建
扎村托弋北	民主	4.9	144	中水电
扎西科河南	民主南	2.7	111	中建
哲龙达	解放	8.6	572	中建
扎西大通南	扎西大通南	27.1	760	中铁工
扎西大通北	扎西大通北	37.8	1112	中铁工
结古寺一	团结	33	319	中铁建
结古寺二	团结和解放	13.3	954	中铁建
红卫片区	红卫	14.6	324	中铁建
当代一	当代	30.8	745	中铁建
当代二	当代	24.1	256	中铁建
新赛	新赛	——	600	北京

① 中规院玉树工作组，结古镇统规自建区督导工作总结[R]. 2011.

二、住房重建面临的困难

(一) 土地产权重建困难

土地产权重建是灾后住房重建规划的基础,其一般包括震前产权厘清和产权利益再分配两个步骤,而玉树的土地产权重建则面临着很大困难。

首先,厘清震前产权的工作艰巨。震前相关的土地产权基础资料并不完善,且房屋基础在地震冲击下多有损毁,实体凭据无法辨认。如若不通过政府力量进行妥善处理,可能会导致重建工作混乱无序、迁延日久。玉树灾后重建应将不规范、不合法的土地制度纳入现代国家土地管理制度中,使其符合我国"土地公有制"的基本条件,才能为物质重建打下良好的基础。但对于政府而言,震前的土地凭据和契约虽存在其不合法性,但却代表着当地特有的社会信用体系,相关土地的权属如何认定?对于规划师而言,面对的不是国内其他土地制度较为完善的城市,而是更为复杂的土地关系和利益冲突。规划师如何配合当地政府进行土地产权的革新与重建,以确保将玉树震前的混乱土地产权关系明晰化。

其次,土地产权利益再分配困难。玉树震前土地产权情况极为特殊,人多面广、情况复杂、利益诉求多样使得土地产权利益再分配成为极其复杂的工作。由于灾后重建规划最终确定了原址重建的重建方式,灾后重建必须在原有混乱的土地产权基础上建立新的土地权属格局。而这也就意味着打破了根植于土地权属之上的体制制度、经济利益和社会网络,极易引起当地居民的强烈不满。在灾后重建规划中,如何通过整合有限的土地和资金资源进行相对公平的产权重建,使得公共利益和私人利益达到相对平衡的状态,并得到居民的认可?

由此可见,不规范的土地关系给灾后重建带来极大的难度。而土地产权的重建,也正是此次玉树灾后重建的核心问题,其不仅仅是简单的物质重建,而是人和人的社会关系重构的巨工程[①]。

(二) 一般规划方法的不适宜性

土地产权的不规范和法律依据的空白使得规划失去了根本的依据,使得我国城乡规划中的一般方式存在着诸多不适。由于玉树居民对土地权属问题极其敏感,灾后住房重建规划稍有不慎便可能落入无法实施的窘境。在住房重建规划设计的前期阶段,各援建方也组织设计单位进行了一些居住区方案设计,但

---

① 中规院玉树州规划技术组.结古镇灾后重建住房(自建)建设工作进展汇报[R].2011.

是由于规划师对当地复杂土地产权条件的重视不够,并未对产权地块予以充分考虑,导致方案没有得到当地居民的认可,从而不具备可实施性。以2010年8月某设计单位所编制的民主统规自建区(图2)、当代统规自建区规划方案(图3)为例,方案并未对地形现状予以充分考虑,忽视了最为重要的山地特征。同时,片区内原有居民的院落居住模式被多层居住模式所取代,震前较为自由、灵活排布的城市肌理被规整、呆板的板式住宅所取代。最重要的是,方案几乎无视震前居民院落位置,对居民的土地权益干预极大。尽管方案的道路交通、公共设施、绿地景观等系统尚可,但由于居民的强烈反对,仍然无法落地实施①。

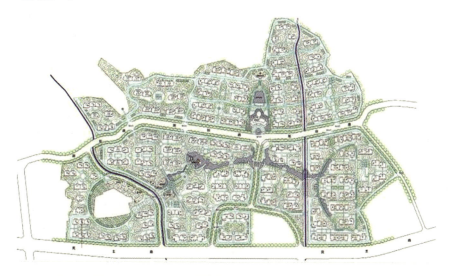

图2 2010年8月民主统规自建区规划方案

图3 2010年8月当代统规自建区规划方案

(图片来源:玉树灾后重建规委会第五次会议第二批建设项目第二次审查意见,2010年7月)

---

① 2010年7月25日,中规院规委会工作技术组对此方案给出审查意见:应充分理解总规、总设要求,尊重肌理、财产权益、特色风貌和生活方式的选择,采用最小规划干预的规划原则,重新进行方案设计。

这意味着我国城乡规划中常见的以城市地块作为研究对象，粗略布置住宅、公共设施、公共绿地空间位置和规模，从而指导居住区建设的办法在玉树灾后重建规划中并不适用。规划师需要克服传统的思维模式，回归城乡规划的本源，充分考虑当地居民的真正需求编制规划方案。

三、统规自建区的规划实施探索

（一）"1655"工作模式的建立

1.工作内容

面对玉树统规自建区住房重建的巨大困难，中规院规划项目组选取最为艰巨的德宁格统规自建区进行示范，协助当地政府建立"1655"工作模式，即"一条路线、六位一体、五级动员、五个手印"[①]。

"一条路线"即自下而上的群众路线。群众路线并非是玉树灾后重建中政府或规划师的主观要求，而是玉树复杂土地权益背景下实现快速大规模灾后重建的唯一途径。玉树灾民固有的土地观念根深蒂固，对于外界力量（诸如政府、规划师）强加的改变十分反感。但在居民头脑中，切实有着重建家园的憧憬和梦想。如果能按照群众的想法建设，必将大大减少重建规划的阻力。在德宁格统规自建区的规划中，"自下而上"的群众路线串联起灾后重建的各类要素，贯穿于工作步骤中。来自民间的力量介入将使得灾后重建规划更加落到实处，也使规划更加符合地方居民的需要。

"六位一体"即六个规划主体合一的工作框架。具体包括省相关部门、州县政府、建委会[②]、基层群众、援建方和设计单位在内的工作协调机制。青海省相关部门重点协调解决重大问题以及从上级部门角度提出相关要求和协调解决策略；玉树州县政府主要是从地方实际出发，制定各项政策，明确项目建设的相关要求、提出因地制宜的策略；片区建委会的主要任务是做群众工作，协调设计团队进行规划反馈和落地实施；基层群众是建筑的最终使用者，也是规划的重要参与者；援建方是房屋建设施工的主体，在过程中需要积极参与规划的过程，配合设计单位进行相关工作。而设计单位作为串联各方的"主线"，应紧密联系各方，加强对各方意见的充分协调，最大程度的凝聚各方力量，体

---

① 鞠德东,邓东.回本溯源,务实规划——玉树灾后重建德宁格统规自建区"1655"模式探索与实践[J].城市规划,2011(增刊):61-66.
② 玉树灾后重建工作中，州、县政府为了尽快推进拆迁工作、居民安置工作以及其他群众工作，进一步加强片区基层管理，在结古镇镇区划分成立了10个灾后重建建设委员会，全面负责基层群众工作。

现各方意愿,有效保证规划设计和项目建设的顺利进行[①]。有六方主体各负其责,紧密沟通协调,才能高质量地完成规划工作。

"五级动员"即自上而下的五级组织机制。具体包括以州委书记为主的州级领导、以县委书记为主的县级领导、以建委会为主的基层组织、以社区带头人为主的群众代表以及广大社区群众[①]。在德宁格规划设计工作之初,州、县地方政府就多次召开动员大会,明确项目意义和工作基本方法,通过对群众进行规划的宣传和教育,引导其树立主体意识,并建立相关的议事、领导、对接机制,为规划的顺利进行打下良好的基础。另一方面,基层社区针对规划工作时间紧、任务重、工作难度大的特点,迎难而上,创造性地提出强化基层组织、最大化动员基层力量以及建立项目协议书等多种机制和方法[②],以确保基层群众工作的顺利进行。

"五个手印"即群众充分参与规划的五个环节。"五个手印"代表着规划工作的五个重要程序——震前产权认定、规划公摊面积、院落划分方案、户型选择方案、施工建设方案,每个程序的成果都需要当地居民按手印表示认同,只有全部居民都在阶段成果上确认无误,规划才进入下一个阶段(图4、图5)。玉树地震,摧毁的不仅仅是诸多的物质实体,更是对原有玉树社会信用体系的打击。从根源上讲,灾后住房重建规划更是一种现代社会价值观的输入,而居民短时间内极有可能无法全盘接受,由此带来的意愿反弹等问题对于重建进度的影响无法估量。所以,通过基层组织建委会宣传政策、说服群众工作的同时,必须重建起一套信用机制,为政府与居民之间的对话形成某种"契约",以法律形式确认每一环节的阶段性成果,尽量减少居民主观上的意愿反复。

2. 工作实效性

按照"1655"工作模式,德宁格统规自建区在2010年9月30日开工建设,成为结古镇当年唯一开工建设的统规自建区。仅用了1个多月的时间,首期开工的16户住宅便完成工程封顶。截至2011年,德宁格统规自建区前三个手印确认率为100%,后两个手印确认率也分别达到93.4%和95.1%,开工比例达到81.5%,主体完工比例为76.1%;截至2012年9月,99%的房

[①] 鞠德东,邓东.回本溯源,务实规划——玉树灾后重建德宁格统规自建区"1655"模式探索与实践[J].城市规划,2011(增刊):61-66.
[②] 强化基层组织,是指片区负责人桑丁主任针对工作人员不足的问题,通过片区的3名党员带头积极发展该片区其他党员和积极分子,在短时间内将人员扩大到12名,大大加强了基层工作力量。最大化动员基层力量,是指通过和社区内有威望的群众代表紧密联系和多次沟通交流,建立和群众畅通的沟通渠道,提高了工作效率。建立项目协议书,是指片区负责同志将与群众沟通的意愿和需求形成项目协议书,通过群众按手印的方式加以确认,保证了工作的严肃性和群众的权益。

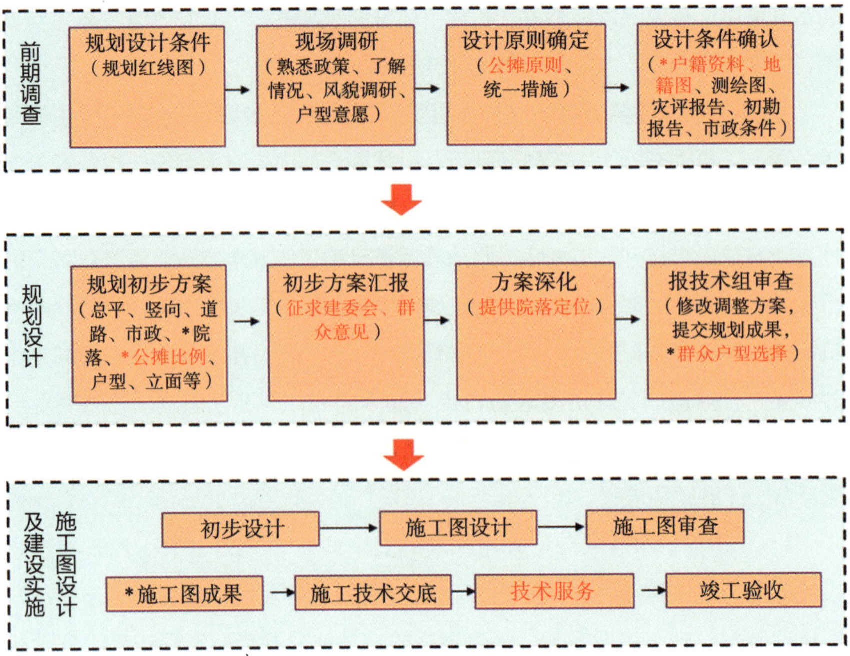

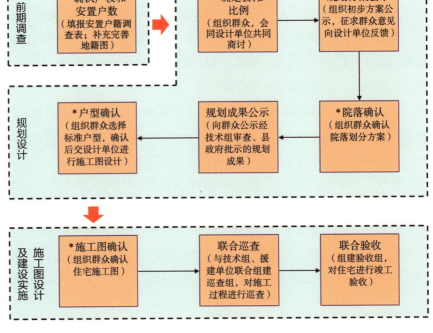

图4 设计单位工作流程（带*的部分为"五个手印"的重要环节）

图5 建委会工作流程图（带*的部分为"五个手印"的重要环节）

[资料来源：鞠德东，邓东.回本溯源，务实规划——玉树灾后重建德宁格统规自建区"1655"模式探索与实践[J].城市规划，2011（增刊）：61-66.]

屋主体结构完工，大部分房屋已经完成风貌打造工作，小市政设施建设完成90%。德宁格统规自建区规划的成功实施，为在困境中的自建区规划建设提供了可借鉴的模式，寻找到了一条快速有效的道路。同时，这也意味着规划师从规划技术层面实现了土地产权的重建和土地利益的再次分配，并得到了群众的广泛认可，真正实现了以技术手段解决复杂问题的初衷。

（二）"1655"工作模式的广泛应用

在德宁格统规自建区的规划工作取得重大突破之后，2011年，玉树州委、州政府规定统规自建区的规划均遵循"1655"的工作模式，全部规划方案都需进行"五个手印"的群众确认。同时，将原有的十个片区管理委员会调整为十一个灾后重建建设委员会①，全面负责灾后住房建设规划的基层群众工作，并正式委托中规院成立州规划技术组和住房督导组，全面负责结古镇统规自建区的建设督导工作。在督导过程中，中规院设置了4个住房督导组，全面对接援建单位、建委会和统规自建区（图6）。在十四片统规自建区的建设中，"五个手印"的规划方式得到了检验和发展。

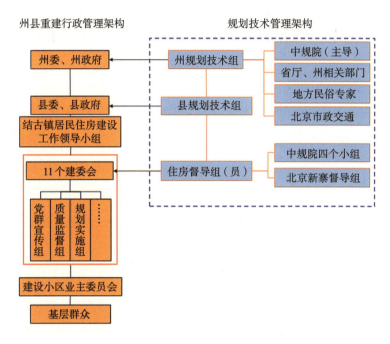

图6 统规自建区管理机制示意图
（资料来源：玉树结古镇2011年住宅工作组织框架）

1."五个手印"规划方式在实践中的变化

在"五个手印"的规划编制方式中，公摊方式确定②是公私空间划分的重要环节，过程较为烦琐，群众较为敏感，确权难度相对较大。在规划方式的推广中，这一环节的变化最为丰富。具体分为大公摊、小公摊、货币公摊、协议公摊、无公摊五种形式。

1）大公摊

大公摊的方式是德宁格自建区"五个手印"规划方法中最早使用的公摊方

---

① 即扎西科建委会、民主路北建委会、民主路南建委会、解放建委会、团结建委会、红卫建委会、当代建委会、扎西大通北建委会、扎西大通南建委会、新寨建委会、西杭扎南建委会。

② 对应第二个群众手印，公摊确认手印。

式，即原则上自建区范围内的绝大多数居民参与公摊[1]，且公摊比例一致。共有德宁格、民主北、扎西大通南、红卫、当代一和当代二六片较大的统规自建区采用此公摊方式（表2、图7）。

采取大公摊方式的自建区公摊比例　　　　　　　　　　　　表2

自建区名称	德宁格	民主北	扎西大通南	红卫	当代一	当代二
公摊比例	15%	8%	13%	12%	14%	16%

（资料来源：建委会干部访谈记录）

图7　当代一、民主北公摊面积确权手印照片
（图片来源：中规院玉树工作组）

2）小公摊

小公摊的方式是大公摊方式的演变，即将自建区分为若干小的片区，对每个小片区内的住户确定统一的公摊比例，共有下西同、哲龙达、扎村托弋北等三片统规自建区采用此公摊方式（表3、图8）。与大公摊相比较，小公摊的方式只须保证分片区内居民公摊比例一致即可，对于规划师而言降低了空间布局上的难度。

采取小公摊方式的自建区公摊比例　　　　　　　　　　　　表3

自建区名称	下西同	哲龙达	扎村托弋北
公摊比例	8%，18%	13%~16%	12%，18%

（资料来源：建委会干部访谈记录）

图8　哲龙达、扎村托弋北、下西同群众公摊面积确权手印照片
（图片来源：中规院玉树工作组）

 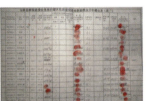 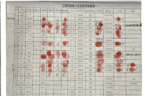

3）协议公摊

所谓协议公摊，就是在设计单位明确了规划公共设施的位置之后，建委会将统规自建区以位置、亲缘等因素分为几个居民小组，明确每个居民小组需要

---

[1] 为了保护弱势群众，确保居民住宅可以完整放在院落内，在德宁格和民主北统规自建区规划中，震前宅基地面积小于200平方米的住户不参与公摊；在当代自建区中，震前宅基地面积小于100平方米的住户不参与公摊，这样的住户极少，约占总住户量的1%左右。

分担的公摊总量[①]。再从中各选出几名较有威望的群众作为代表，由他们与同组居民进行协商，确定每户的公摊量及补偿措施，并交付建委会付诸实施。扎西科河南、团结一、团结二统规自建区的居住人口多为在结古镇长期居住的居民，整体素质较高，亲缘关系比较密切，邻里之间相对熟悉。此三片区通过协议公摊的方式较好完成了群众确权工作。协议公摊实际是一种矛盾下移的处置办法，将原本存在的政府—居民之间的沟通矛盾转为居民之间的说服与协商。在同一利益诉求的群体之间，矛盾的解决往往较为顺利（表4、图9）。

团结、扎西科河南群众访谈记录节选　　　　　　　表4

团结一片区群众：之前几次建委会也来说过公摊的事情，我也明白政府修路对我们这个地方好。但我家这房子是贷款买的，钱还没还上。后来舅舅提出我们几家共同分摊这块土地，实在不行可以补一些钱，于是我就答应了。
扎西科河南片区群众：我们这一片六十几户人基本上都有点亲戚关系，就算没有亲戚也都是老邻居了，公摊的时候有人带头我就服从政策。有些人一开始不同意，后来亲戚都帮忙说"政府重建是为了我们好"，我也就同意了。

（资料来源：笔者整理）

 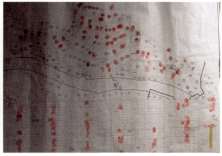

图9　扎西科河南和团结组团群众确权图
（图片来源：中规院玉树工作组）

4）货币公摊

货币公摊与前三种公摊方式的差别较大，其增加货币作为公摊载体。在实行货币公摊的办法之前，该片区采取土地公摊的方式，群众确权工作十分缓慢。扎西大通北建委会以片区地形复杂，整体平移房屋公摊难度大；加固房屋较多，政策规定避让；实现最小干预，维持邻里不变为由，对货币补偿方式在群众中广泛征求意见。经95%以上群众同意后，扎西大通北自建区采取货币公摊方式[②]。具体方式可概括为：全部摊钱、部分补偿，征地补钱、未征摊钱，征大补多、征小补少，地大摊多、地小摊少，先摊后补、摊补平衡。在扎西大通北统规自建区规划方案确定后，原宅基地位置受道路以及公共设施影响的居民让出部分宅基地，而未被占用宅基地的居民向宅基地受损失的居民交纳一定的补偿金额，被占用的宅基地越大，其获得的单位面积补偿金额越高（表5）。

---

① 赵斌.玉树结古镇灾后重建规划研究[D].西安：西安建筑科技大学，2012.
② 扎西大通北建委会，《玉树县扎西大通北统规自建区小区规划市政设施（道路）征用居民宅基地公摊办法》.

使用此办法之后，片区确权工作迅速加快，不到一周就完成了95%左右的公摊确权工作。

扎西大通北自建区货币公摊标准 表5

征用面积等级	范围值（平方米）	补偿标准（万元/亩）
一级	100以上	30
二级	50~100（含100）	25
三级	20~50（含50）	20
四级	1~20（含20）	15

资料来源：玉树县扎西大通北统规自建区小区规划市政设施征用居民宅基地公摊办法。

5）无公摊

在结古镇所有十四片统规自建区中，新寨最为特殊。截至2012年8月30日，新寨自建区只编制了控制性详细规划，并没有编制指导建设的修建性详细规划。规划建设主要是对原有道路和市政设施的优化提升，对居民原有居住院落改动不大。规划采取边设计边施工的办法，在明确道路和市政设施走线的基础上，对宅基地在相应位置的居民直接采取货币补偿和异地安置的办法处理，不存在公摊的情况。当在施工中遇到群众阻工等困难时，建委会、规划师、群众代表采取三方办公的方式进行现场协商，研究解决方案（表6）。

新寨建委会藏拉主任访谈记录节选 表6

藏拉主任：新寨没有编写修规，也就没有地区统筹的考虑，当我们把路、房子都修好了，得出来的东西就是修规了……我们的规划师基于现状的优化提升，与原状改变不大。遇到困难时，设计师现场就可以给出合理的解决办法……土地公摊是个不错的办法，但是实施起来往往不知所措，一户可能影响到很多户。但是重建时间很紧张，玉树的问题都是土地的问题，我们新寨院落不动就不会存在土地的问题，矛盾也就不会那么大。

（资料来源：笔者整理）

2. 规划方法作用评价

1）利益分配的均衡性

在规划中，利益分配的均衡性最直接地反映到居民各自公摊的土地面积上，其衡量标准是同片区各户居民分摊比例的相似性。

五种公摊方式中，大公摊确保了同一自建区内居民的公摊比例一致，利益分配最为平均。小公摊确保了自建区的某个片区公摊比例一致，但对不同片区的居民而言，利益分配并不均衡，如果不同片区的公摊比例相差过大，则对承担较大公摊比例的居民极不公平。以下西同统规自建区为例（图10），由于道路绿带建设的缘故，片区以下西同路为界，南侧公摊比例为8%，北侧公摊比例为18%。结果下西同路北侧的群众意见很大，某几户居民认为规划存在不公现象，坚持不肯退让道路绿带（表7、图11）。

表7 下西同群众和建委会干部访谈记录节选

下西同居民：我们和扎西家隔了一条路，凭什么我们就要比他们多摊20平方米的院子？我坚决不同意。

下西同居民：旁边的民主村都是所有人统一公摊一个比例，我们这里有多有少，我认为不公平。应该统一一个比例，那样我就没意见。

民主南建委会索主任：下西同路北的公摊比例是18%，老百姓认为他们的公摊比例比路南大，至今在绿化带中不肯搬走，我们也没有办法，只能先建周边的房子。

（资料来源：笔者整理）

图10 下西同自建区平面图
（图片来源：上海大境建筑事务所）

图11 路北占用道路绿带的居民住宅
（图片来源：笔者拍摄）

协议公摊是团结建委会在采取"大公摊"方式推进停滞的情况下提出的替代方案，利益分配的群体由一户居民放大到一组居民，建委会只需保证每组居民利益平衡即可。而在各组居民中，其利益分配则有可能存在不公现象①。公摊比例较高的居民认为自己损失较大，从而出现不支持规划方案或者反复修改意愿的现象。另外，对于受道路或小区设施、绿地等因素减少院落面积较多的居民，协议公摊中采取了异地安置加货币补偿的办法，不少居民因此失去了自身的院落，在无形中产生了分配不公的现象。以扎西科河南片区和团结一片区中（图12、图13），受道路和公共设施影响而进入统规统建区的居民分别为70户和240户，这部分居民对规划表示强烈的不满（表8）。

图12 扎西科河南震前现状图
（图片来源：中国市政工程西北设计研究总院有限公司，扎西科河南自建区详细规划与建筑设计）

图13 扎西科河南片区规划平面图
（图片来源：中国市政工程西北设计研究总院有限公司，扎西科河南自建区详细规划与建筑设计）

---

① 例如，某些临居住区道路的居民公摊比例较大。

扎西科河南和团结一建委会干部访谈节选	表8
团结建委会文德书记：我们这里绿地和公共设施影响到240户居民，这些人以地换房进入琼龙组团安置。他们感到很委屈，意见很大，因为对于我们这里的人，院子太重要了。 民主南建委会索主任：扎西科河南这个片区有70多户进了集资房，他们认为规划很不公平。我们只能说这是政策规定，对事不对人。	

（资料来源：笔者整理）

货币公摊是扎北建委会在土地公摊推进停滞的情况下找到的替代办法，对宅基地征用户和非宅基地征用户实行不同的公摊载体，而土地的最高补偿价格为30万元/亩，虽远高于结古镇震后土地补偿标准中规定的9.7万元/亩，但远不及震前的土地交易价格[①]，宅基地被征用的居民损失较大。一方面其得到的补偿金额可能远远无法弥补相应的土地损失；另一方面，"先摊后补"的补偿办法并无健全的监管机制，被占用宅基地的居民未从建委会收到应补偿的款项，而宅基地无损失的居民也并未向建委会缴纳资金。这种情况的发生，会严重影响到政府在居民中的公信力，从而引发部分群众不配合重建的行为发生（表9、图14）。

扎西大通北群众和建委会主任访谈记录节选	表9
才丁多杰主任：当时群众都同意把钱补给沿路的居民和让出宅基地的居民，但是等到道路建设完毕之后，很少有老百姓真正出钱。我们成立了业主委员会管理公摊资金，但很多居民不认账，我们也没有办法，所以没法给人家补钱，现在沿路的老百姓意见比较大，对我们建委会的人是又打又骂。 多拉：我的院落不临小区路，所以道路没切到我的院子。震前就是6分地，现在还是这么大，我觉得没占到自己家的院子还挺好，但有些人的院子被占的比较大，比较吃亏。一开始听说要补给他们钱，但是现在具体的规则还不知道，也没有交过钱。 尕金：我震前有4分多地，后来建委会说这片土地要修路，切到自家院子，还说之后按2万每分地来给我补偿。我想修路是好事，况且还能补偿一些，就同意了。公摊后还剩下不到4分地。但是至今也不知道钱怎么给我，已经很久没消息了。	

（资料来源：笔者整理）

图14 扎北自建区居民尕金及其房屋
（图片来源：中规院工作人员拍摄）

而新寨采用的"无公摊"办法，实质上与我国一般地区的城市化建设区别不大。均是个人利益让位于公共利益，私人院落让位于整体公共设施的规划建

---

① 震前同类地区土地交易价格为180万元/亩。

设,对居民的利益侵害较大,且居民之间的利益分配也并不均衡,规划的后续实施会比较困难。

2)规划方案的合理性

对于规划方案而言,本身的技术合理性极为重要,其空间布局必须满足规划原理,使居民拥有较为安全、便利、舒适的居住环境。各统规自建区震前均存在不同程度的道路系统不完善、公共设施缺失、居住环境较差等情况,规划师必须在技术层面提出解决办法,对现状进行适当的干预,从而起到改善提升的效果。

在五种公摊方式中,大公摊采取的空间组织方式是在保证规划合理性的基础上对居民院落进行面积缩减和位置平移,尽量减小邻里之间相对位置的改动。小公摊与大公摊的主旨相同,但是比大公摊有着更强的灵活性,规划布局限制因素较小。二者在总图设计初期均需要落实大量的群众工作,并且要对方案进行反复地修改校正。此种方式形成的规划方案合理性较好,但对规划师和建委会工作人员的工作能力要求较高。以采取大公摊方式的民主北统规自建区为例,其整体结构较为清晰,道路交通设置合理,层次分明;院落布局按台地错落布置,较好地延续了震前的传统肌理;另外,公共服务设施和绿地空间也可以满足服务半径需求(图15)。

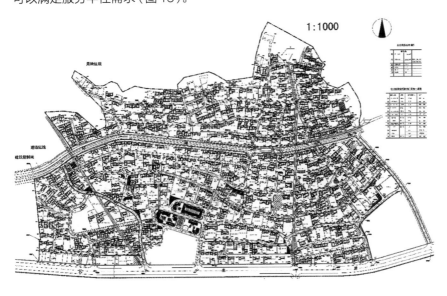

图15 民主北统规自建区规划总平面图
(图片来源:中国市政工程西北设计研究总院有限公司,民主北统规自建区详细规划与建筑设计)

而对于货币公摊、协议公摊的两种方式,规划师进行空间布局的出发点是尽量保持原有院落,对路网和公共设施进行优化提升,以减少规划设计反复和群众确权的工作量,尽快完成总图设计和手印确权工作。以采取货币公摊的扎西大通北统规自建区为例,从片区的震前现状图和震后规划图(图16、图17)可看出,规划则过分依赖震前的空间布局,只是将道路进行连通与拓宽,规划并不存在清晰的空间结构。从道路交通系统上看,小区道路与基地中部胜利路

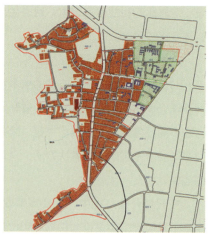

图16　扎西大通北震前现状图

图17　扎西大通北规划总平面图

（图片来源：中铁工程设计院有限公司，玉树结古镇扎西大通住宅区规划设计）

形成了数个距离较近的三岔路口，存在较大的交通隐患；公共绿地不成系统，且分布不均，对于居民疏散避灾存在一定的隐患。规划方案缺乏片区复杂的地形条件的考虑，特别是对片区内市政管网布局缺乏合理安排，为后期工作埋下了巨大的隐患。在施工中，该片区的道路建设与小市政设置问题层出不穷，举步维艰。截至2012年9月，扎北建委会小区道路总长9200米，仅完成200米，占计划任务的2%；而小区市政管线共计21100米，仅完成3100米，完成计划任务的14.7%。

3）重建进度的推进性

对于统规自建区的建设过程，灾后重建进度的保障也十分重要。具体而言，就是确保在规定时间节点内较高质量地完成群众意愿的锁定、规划方案的编制和工程建设的实施。

大公摊的方式在对于确权工作初期进度较为缓慢，群众抵触情绪严重。但在建委会和设计师长期的说服教育和规划宣传工作之后，群众逐渐对重建规划有了较为清晰的认识，确权工作稳步推进，最终完成了绝大多数的群众确权工作。小公摊的方式由于同一自建区内的公摊比例不同，公摊比例较高的居民往往对结果不满，怀疑规划存在着一定的偏袒和针对性，从而拒绝进行手印确认。群众工作虽能推进，但却比较缓慢。总而言之，此两种方式形成的规划方案，若能切实经过群众的确认，则因规划方案不合理造成的群众阻工和意愿反弹情况就不多。但在工作过程中，某些建委会采取不正当的手段减少工作量，采取沿路居民多摊、非沿路居民少摊的方式，导致各户的公摊比例并不一致，从而使得部分沿路居民始终无法自愿同意院落划分方案。以当代一统规自建区为例，建委会采取强势主导的方式，对于一些道路两侧对公摊表示不理解的居民，直接使用强制锁定的办法确定意愿。但由于最后形成的方案并非居民的真正意愿，直接影响到了方案的施工。

协议公摊的方式可以较为快速地锁定群众意愿，但是由于其本身存在着一定的不公平性。群众在方案编制过程中存在着较为普遍的意愿反弹情况。在方案付诸实施时，也有少部分居民不同意原确认过的院落方案而阻碍施工。

货币公摊的方式在群众意愿锁定的初期进展十分顺利，但是因为少数人的利益得到了严重侵害，部分居民自始至终都不同意相应的公摊方式。以扎北自建区为例，在采取货币公摊之后，尽管公摊比例确认手印很早就达到了95%，但剩下的5%[①]最终也未能得到锁定。面对这种情况，政府只好采取强制锁定群众意愿的方式，强行确定规划方案并开工。而在实施阶段，群众意愿反弹和阻工的事情时有发生，也严重影响到了重建效率。

新寨自建区采用的"无公摊"方式不存在群众意愿锁定的环节，但是由于缺乏修建性详细规划，道路设施、市政设施、居民住宅的落位均缺乏一定的指导性，而且建委会、规划师、施工队每一步的放线、施工建设都要与相关居民商议，其工作极端烦琐和杂乱。这种工作方式必然会带来公共设施落位不合理、市政基础设施建设混乱等问题，同时也直接导致了新寨片区的建设速度远远低于其他统规自建区。截至2012年10月，新寨统规自建区仍有44户住宅未开工，是全结古镇唯一存在未开工建设住房的统规自建区，且整体尚未达到居住要求，居民入住率仅为2%[②]。

4）小结

综上所述，在利益分配的均衡性上，大公摊最好，其次是小公摊，再次是协议公摊、货币公摊，最后是无公摊。在规划方案的合理性上，大公摊和小公摊最好，其次是协议公摊、货币公摊和无公摊。在重建进度的推进性上，大公摊和小公摊规划方式的难点在工作的初期，即如何使居民了解规划的迫切性和公平性；而协议公摊和货币公摊规划方式的难点则在工作后期，即在保证大多数居民利益情况下，如何处理少数人因自身利益损害严重而拒绝配合施工的情况；无公摊规划方式的则要在全规划过程中面对复杂的土地权益纠纷，对重建进度推进性最差。

3.规划实施效果

总体而言，在"五个手印"工作模式的推广过程中，群众工作机制进一步得到完善。建委会通过群众代表对居民进行群众说服工作，使得规划师无须面对动辄数十人的群众，而是协助建委会工作人员对居民小组的群众代表进行沟通。此外，建委会群众工作技巧日趋成熟。采取"以点带面"的工作模式，通过对片区内有威望、有群众地位的率先说服，使其对其余群众产生垂范作用，

---

① 玉树州规划技术组，《结古镇统规自建区住房建设督导报告》。
② 中规院玉树规划技术组，《结古镇灾后重建项目实施进展情况报告》。

加快了群众工作进程。在沟通过程中，工作人员从宗教、政策、生活、个人利益等多个角度出发，使得群众对规划方案加以认同，从而提高规划工作的效率[1]。

在多方的共同努力下，自建区住房建设成果显著，各自建区的手印确认率几乎都达到90%以上[2]。截至2012年10月，统规自建住房计划建设7783套，累计开工7739套，开工率99.43%。其中，已经封顶3838套，占总量的49.3%；完成风貌打造并交付使用3080套，占总量的39.6%[3]。比起初期时的举步维艰，统规自建区的建设已经取得了重大成功。

四、总结与思考

在玉树的规划实践中，灾后重建工作作为政治任务的特殊性，当地居民强烈的"地权意识"共同催生了统规自建区的规划方式。需要反思的是，脱离了这种特殊的外部环境，那么城市规划就不应该从空间使用者的根本需求出发而进行大拆大建吗？答案显然是否定的。早在19世纪末，现代城市规划的起源之时，众多理想城市的模型均源于人类对于城市空间的需求，接纳而非排斥多元化的城市主体和城市空间。我国城市正由大规模扩张逐步向存量更新的方向转变，伴随着全民物权意识和历史文化保护意识的增强，城市关注点也逐步由做大规模变为提升品质。在城市更新行动中，面临着大量历史文化街区、城中村、棚户区等整治提升问题。一方面，它们产权情况复杂，基础设施薄弱，人居环境不佳，亟待改善；另一方面，其为城市弱势群体提供居住保障，形成与出现往往是特定历史时期和事件的产物，表现出丰富的活力和城市多样性，有些地区甚至代表了某种重要的文化片段。所以，应回归到规划真正的本源，关注两个重要的对象：一是历史要素沉淀的空间环境，二是空间利益主体的需求。此外，更应秉持多元与包容的规划理念，坚持"上下联动、多方参与、共同实施"的"微更新"实施模式和理念。

---

[1] 笔者对建委会工作人员访谈记录整理。
[2] 根据建委会上报数据统计。
[3] 中规院玉树规划技术组，《结古镇灾后重建项目实施进展情况报告》。

虹幡流云

——玉树德宁格统规自建区规划设计回顾

作者：房 亮[1] 周 勇[2] 张 迪[3]

一、现实困境

统规自建区指的是在玉树灾后重建中以院落式居住模式原址重建的区域，居住区内对道路市政设施、社区配套设施、安全避灾设施等实行统一规划，对居民住房根据个人意愿自主建设或者委托援建单位建设的重建模式。

玉树德宁格统规自建区项目位于青海省玉树市结古镇西北部，南接扎西科河旅游景观带，与下西同组团隔河相望，建设用地属于山前缓坡地带，呈扇形展开。规划总建设用地面积为46.94公顷，总建筑面积约75720平方米。自建区范围内共有宅基地单元约1003个，其中按照灾后重建政策，实际需规划设计总户数为932户。

玉树德宁格统规自建区项目是玉树结古镇灾后重建过程中自建区的起点，项目情况复杂，现实困境严峻，因其项目区位场地条件较为严苛，加之重建过程中居民住户拥有很大的自主权，决定了本项目特有的复杂性和特殊性，具体表现为四个方面。

首先，地形变化复杂，项目所处区域属于浅山缓坡地带，整个场地呈扇形面展开，原始场地存在70~100米的高差，场地坡度多为8%~15%，设计建设难度大（图1）。其次，土地产权复杂，玉树是没有完全实行新中国成立后土地改革政策的地区，错综复杂的产权关系与院落房屋落位、小市政、公共设施建设之间的矛盾，导致重建工作无处着手（图2）。再次，问题繁杂交织，原址重建涉及院落划定问题、公摊确认问题、户型锁定问题、邻里关系问题、商住利益问题等大量社会、民生、技术难题，规划设计很难付诸实施，工作推进缓慢。最后，设计诉求多样，成百上千的住户生活方式不同、生产方式不同、户型需求不同、建设需求不同，设计难度极大，因此以人为本的规划设计和贴近需求的建筑方案才能满足百姓的生活诉求。

1 房 亮 中规院（北京）规划设计有限公司建筑设计所副总工程师，长期从事建筑设计工作。

2 周 勇 中规院（北京）规划设计有限公司建筑设计所所长，教授级高级建筑师，长期从事建筑设计、城市更新、城市设计等工作。

3 张 迪 中规院（北京）规划设计有限公司建筑师，长期从事建筑设计、城市更新、室内设计等工作。

图1 项目场地

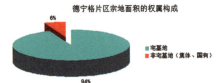
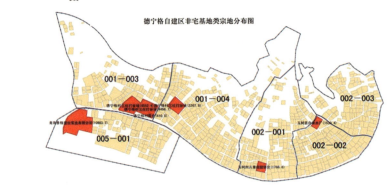

图2 宗地构成

二、解题思路

项目面临的现实困境和灾后重建的特殊要求，决定了以往规模生产、简单复制的住宅小区规划设计模式难以奏效，技术工作有序离不开工作模式的创新，其核心是自下而上的工作方法，具体来说，一是"六位一体"，规划项目组针对自建区的特殊性，提出省相关部门、州县政府、片区、基层群众、援建方和设计单位"六位一体"的工作机制，最大程度的凝聚各方力量，保证规划设计和项目建设的顺利进行（图3）。二是基层动员，项目组深入基层，开展动员工作,在规划方案正式提出之前就充分动员包括片区管委会负责人以及社区负责人等在内的各种力量,做好规划准备工作。三是群众沟通,项目组多次与群众面对面交流,向群众讲解规划设计理念,同时通过调查问卷、个体访谈和群众座谈等方式充分听取群众意见和建议,并及时将其反馈到方案中,最大化地吸纳群众对新家园建设的意见和想法(图4)。

围绕自上而下的核心原则,规划设计工作主要聚焦三个层次,首先在总平面设计阶段,确定公共设施落位及占地规模,初步锚固总体布局,保证安全宜居、配套完善及民生产业的可持续发展,重建片区安全保障,改善配套设施,提升业态品质,激发空间活力;其次在院落划分阶段,传承原有片区发展的自然肌理,对接院落公摊方式和补偿方式等协调政策,明确私有院落的范围与形态,量化为改善整体及局部环境所占用的宅基地,使院落划定方案公开、公正、透明;最后在建筑设计阶段,项目组挖掘传统建筑特色,研究不同类型院落生长方式与过程,引入生态节能建筑的细部构造,提供菜单式户型库,居民可根据个人意愿选择、调整、优化,切实保证居民传统生活模式与新诉求。

图3 多方动员

图4 群众工作

三、点睛之笔

（一）化不利为有利

项目地处浅山缓坡地带，基地由于受山势影响，高差较大，坡度、坡向情况较为复杂，对规划布局影响很大。规划初期项目组展开翔实的场地调研，对周围的地理环境、场地概况、交通情况以及环境因素等进行勘察，尊重原有院落肌理，依托地块扇形展开的总体布局，利用地形的高差，形成完整的规划空间结构。首先打通一轴，营造中央公共活动轴和景观主轴，形成公共活动序列空间。结合传统民居聚落的肌理特点，规划设计将建筑体量依中央活动轴、坡度走向和地块边界变化灵活布置，从山顶开始，一路蜿蜒而下，形成一系列形态丰富、功能各异、灵活多变的公共空间。其次沟通多带，合理布局院落组团，建设多条曲折蜿蜒景观步行带和通廊，建筑界面连续统一，空间丰富连贯，视线步移景异，营造传统聚落的空间氛围，串联内部商气，提升地段价值。最后多点建设，在重要节点区域植入特色功能板块，形成强力吸引点、活力点，打造特色空间节点，为人们增加公共交流的场所，提升居住品质，改善人居环境（图5）。

（二）云彩间的虹幡

中国传统文化强调"意与象""情与景""神与形"的关系，《周易·系辞》中"立象以尽意"认为"意"是内在抽象意义，"象"是外在具体形式。本项目在整体风貌意象选取工作中，秉承宜简不宜繁、宜藏不宜露、宜抽象不宜具象的设计原则，挖掘地方文化资源，解读地域精神特色，最终确定总体意象为

图5　空间结构布局

"云彩间的虹幡"。选用红、黄、绿、蓝、白五种色彩渲染不同街块中的建筑外墙面,组成五彩"经幡"的片区整体意象。贯通南北的步行通廊将每条"经幡"划分成若干小段,段与段色彩变化明确,形成横向展开的不同组团聚落。沿放射状的步行通廊布置商业设施,强化纵向的步行廊道,纵横两个方向延伸的脉络编织了一个清晰的规划结构。

(三) 建筑设计

建筑设计层面延续"云彩间的虹幡"总体立意,结合并尊重地域性文化特色、传承和创新的地域性建筑,雕塑形体,丰富意象。具体工作思路体现在三个方面,一是紧扣风貌导则要求,充分理解领会建筑风貌导则和实施细则的各项要求,在设计过程的每一个环节均予以响应。二是建立素材构件库,针对建筑风貌细则要求要点元素,学习地方营建传统,搜集整理地域文化要素,建立素材构件库。密斯曾经说过"上帝存在于细节之中",建筑细部是最接近人体尺度的,给人最直接的建筑感观的构成元素往往是建筑的灵魂、设计的亮点、时代精神的传承。素材构件库的整理研究,既为建筑设计提供有力支撑,又满足群众菜单式选择的需求,为建筑方案奠定强有力的设计基础。三是运用专业软件推敲,在充分理解风貌导则要求、规划理念以及整体意象的基础上,运用专业软件进行建筑材质、色彩及细部设计推敲与多方案比选。

通过一系列的建筑设计工作,最终确定"新而藏"的建筑风格,局部采用传统符号强调文化特色。建筑形体强调"点"的概念,运用不同色彩的建筑"点"组成五彩经幡,营造地域特色。在生态节能、平面布局和空间构成设计中,充分遵循地区自然气候条件和人们的生活习惯,最大限度的利用自然资源和太阳能资源,体现生态节能设计理念。宜居宜业,提出未来发展模式,第一阶段建设住宅部分,满足居民的基本生活需求;第二阶段加建附属用房,满足居民发展生产的条件;第三阶段利用院落沿街面开发家庭商业、旅游、接待服务,满足居民商业发展需求;第四阶段进一步扩大商业规模,增加经营模式,改善居民生活质量,满足居民居住、生产、商业等一系列发展过程(图6)。

四、做精落细

在德宁格统规自建区的规划设计过程中,中国城市规划设计研究院(以下简称"中规院")项目组严格遵循"自下而上"的技术路线和"五个手印"的工作流程,通过多种方式充分征求群众意见,让群众全程参与规划设计工作,充分保证了群众参与权、监督权、知情权和决策权的实现,大大减少了工作的阻力。同时通过"手印"这种朴素的契约形式,对每个工作环节都产生了必要的

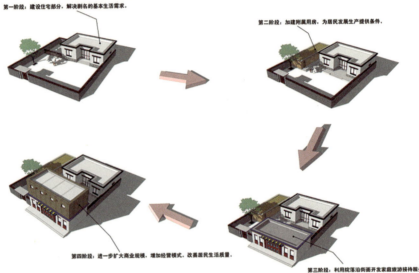

图6　建筑设计理念

制约，减少了无效地来回反复，保证了重建的进程。在"五个手印"的相关工作中，项目组驻场同志克服了高原缺氧、条件简陋等不利因素，以高度的社会责任感、高昂的敬业精神、高超的专业水准，逐户摸底、反馈、确认老百姓意愿，其中涉及的工作量和工作难度是常人难以想象的。

（一）群众沟通

德宁格自建区的规划设计工作是一种全程驻场贴身式的服务，各个工作环节都要求项目组全过程的实地参与。从基础资料的收集、基层群众的意愿调查开始，规划布局后的公摊比例需要向群众宣讲、答疑，征求群众的意见，每户的院落布局和居民面对面讲解，每户的户型选择和住户一对一沟通确定。项目组凭借过硬的技术素养和积极主动的态度，有效协调项目设计及施工过程中与居民理念的矛盾和冲突。

项目组经过和群众征询意见、充分沟通，结合玉树本地住房建筑特点、相关面积补偿政策和群众不同的生活习惯要求，形成若干典型标准80平方米重建户型供群众选择，并对标准户型进行衍变优化调整，形成多种多样的户型及房屋摆放方案。有一个单元院落，宅基地面积较小，不足180平方米，院内为两户人家，按政策每户都应建设80平方米建筑，存在建筑与院落面积严重不匹配的现象，户型项目库无法满足居民需求。项目组通过和住户多次沟通，依据居民生活习惯定制设计二层建筑，增设户外楼梯，保证两户居民生活习惯和私密独立，居民对户型设计非常满意。这只是项目组群众沟通工作中许许多多事项的一个案例，项目组以精湛扎实的专业素养、积极务实的工作作风、严谨求实的职业精神，由点及面逐渐赢得了群众的信任、理解与支持，既保证了社区群众合理的权益，又确保设计工作的顺利开展。

（二）现场试验

项目组在项目落地施工前，反复调研玉树建材市场状况，充分了解本地建材企业生产能力，整理总结出若干经济合理、切实可行、地域特色浓郁的建筑外饰面装饰元素及施工解决方案。并善于通过与施工单位间的密切配合，安排技术水平有代表性的施工人员，在熟悉高品质标准要求的基础上，不断试验调整施工工法、色彩搭配及构造组合，实现了概念方案与实施措施的灵活互动、互相促进，确保了德宁格居住片区鲜明的时代气息、民族风格与地域特色（图7）。

图7　工法试验

(三)传统工法

项目组虚心向民间匠人学习研讨,特别是民居建筑的外饰面装饰语汇、传统营造做法,通过自身的理解消化,直接运用于片区的住宅设计施工中,继承、发展、应用传统工艺,不断革新建造做法,从而实现了现代技术与传统形式的完美结合。

五、虹幡永忆

玉树德宁格统规自建区是玉树结古镇灾后重建过程中自建区的起点,项目具有重要的示范意义。中规院技术组在2010年7月率先启动了自建区住房重建项目的探索,并通过德宁格统规自建区的工作,摸索总结出"1655"的重建工作模式,进而推广至结古镇所有12个自建区项目,从而保证了灾后重建工作的顺利开展和推进。

德宁格统规自建区宛若一轮绚烂的虹幡,又似一道灵秀的流云,在山间缓缓展开,成为灾后重建居住区项目浓重的一笔。

新藏式院落的探索与创新

——胜利路商住三组团项目规划设计回顾

作者：周 勇[1]

"4.14"玉树地震过去已十年有余，回忆当年参加灾后重建规划设计工作的经历，很多事情和场景仍历历在目、生动鲜活。其中，胜利路商住三组团是我玉树记忆最为深刻的一页，原因很多：它是我入职中规院后的第一个付诸实施的藏区建筑作品，也是我个人接触的第一个玉树灾后重建项目；第一次在结古镇现场调研就切身体验了高原反应的生死穿越，撤回西宁后第一次独自封闭工作深化方案的特殊体验；以及第一个通过灾后重建规委会的安居住房方案，随后成为结古镇第一个开工建设的受灾群众安居住房项目……

面对灾后重建工作时间紧、任务重等不利条件，历经这一系列的"第一"，过程不乏坎坷、艰难。然而，通过联合项目组院内院外、山上山下同志们的通力协作、共同努力，规划和建筑设计方案在充分吸收地域传统住宅布局模式和空间肌理的基础上，创新设计理念、探索空间模式，获得了地方政府、受灾群众的高度认可，也为兄弟单位提供了较好的设计示范，对于灾后重建后续工作的顺利开展至关重要。

胜利路商住组团位于结古镇南部片区，西邻胜利路，东接巴塘河景观带。规划总建设用地面积2.29公顷，总建筑面积约3.7万平方米，安置受灾群众172户。回顾项目的规划设计工作，心怀敬畏、创意为魂、传承立本、人本适用是作为核心原则贯穿始终的。

一、心怀敬畏

玉树州属高原高寒气候，平均海拔近4500米，平均氧含量仅为平原地区水平的一半，自然条件严苛；结古镇为玉树州的首府，自古以来就是唐蕃古道上的贸易重镇，商贾云集、驿埠交通；另外，这里也是少数民族聚居地，藏族文化独特，宗教问题敏感。藏地高原、文化异质、政教融通，对于生在中原、身为汉族的我来说，都是神秘而陌生的。面对全新的自然、社会和文化环境，

[1] 周 勇 中规院（北京）规划设计有限公司建筑设计所所长，教授级高级建筑师。

唯有心怀敬畏，留心观察、用心体会、虚心求教、精心构思，才有可能做成事、做好事。

青藏高原气候恶劣，生态系统脆弱，一草一木皆来之不易。对于建设场地中146棵既有树木，第一次到现场调研时项目组即敏锐地意识到：玉树之树不仅承载了祖辈改善生活环境的强烈愿望和顽强精神，也是场地生命之源的象征、生命延续的见证。敬畏自然的理念和行动贯穿了项目整个过程：项目伊始，通过规划设计人员的积极呼吁和协调，相关部门随即锚定每一棵树木的点位，精确落位到现状地形图中；项目组驻场同志和院领导又多次查看现场，甚至连夜详细核定每棵树木的种植和胸径，分类分级制定保护和利用方案，规划设计总图及单体建筑平面相应结合树木位置反复调整、优化；随着规划设计工作的深入，规划及建筑设计方案巧妙地处理树木、建筑与开敞空间的关系，形成形式多样、尺度宜人的绿化系统。此外，在得知场地中存在排洪暗渠的信息后，项目组现场负责同志第一时间会同青海省水利厅领导连夜寻访水源、探查水质，随即确定保护恢复、合理利用的设计思路（图1）。规划设计方案随即根据排洪暗渠的线形修改建筑和场地布局，并将其改造为明渠形式，结合内街形态打造集防洪、景观于一体的生态水系。工程竣工后的商住组团即绿树成荫、溪水潺潺。

图1 规划设计人员积极呼吁和协调相关部门保护建设用地中的现状树木

保树、引水仅仅是敬畏之心的一个缩影，这种谦和的态度倡导规划设计充分尊重、合理利用建设场地既有的自然、人文要素的前提下，实现人居环境的改善和提升。可以说，心怀敬畏的态度是灾后重建的前提，它融入项目工作的方方面面，一以贯之。

二、创意为魂

玉树州属于康巴藏区，对于风貌浓郁、特色鲜明的地域建筑传统来说，灾难的降临近乎一次灭顶之灾；而灾后重建工作又是举全国之力，定时定点完成的超级任务。在这样的超大规模、效率至上的国家建设行为中，如何传承历史文脉、彰显地域特色、体现时代精神，同时避免简单复制、粗暴模仿的"快餐建筑"，无疑是摆在建筑师面前的一道难题。另外，结古镇有限的建设用地资源与迫切的安置需求之间的矛盾，决定了相当比例的安居房需采取现代集合住宅的形式。如何塑造尊重文脉、彰显特色、现代时尚的新藏式民居，一度成为灾后重建规划设计工作的焦点和难点（图2）。

图2 缺乏特色的现代住宅小区型方案，地方群众和业界专家都不满意

在对地方传统院落式住宅，以及以其为基本单元的城市肌理充分研究的基础上，项目组提出"新藏式院落"空间模型（图3）。与惯常意义上的集合式住宅相比，"新藏式院落"具有小尺度、复合型、小单元、生长性、低冲击的特征，更加符合当地百姓的日常生活习惯，更能满足其多样化的空间使用需求，更易于塑造形体丰富、特色突出的现代藏式建筑风貌。此外，院落单元之间可以自由组合，并按照街坊模式灵活布局，对场地的适应性强，对环境扰动冲击小，切实保证建设进度。

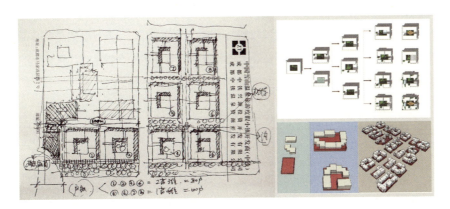

图3 项目构思草图及"新藏式院落"空间模型

建筑设计方案通过围合界面的疏密变化、材质色彩的不同搭配、空间尺度的精确定义，以及场所家具的合理配置等策略，构建了丰富的室外空间体系。

多样院落是其中的亮点之一，通过逐层退台、局部悬挑等多种手法，营造了一个由地面院落、平台院落，再到空中院落的立体院落体系（图4）。不同院

图4 由地面院落、平台院落、空中院落共同构成的立体院落体系

落空间的形态尺度、私密程度按照位置的不同随之变化：地面层由商铺围合的内院是城市与街坊的过渡空间，具有半公共的属性，这里是街坊邻居交往活动的场所；位于一层屋顶之上的半封闭、半开敞的院落，具有半私密的属性，是邻里单元居民休闲活动的处所；再向上就是不同标高的住宅屋顶院落，它们大小不等、形状各异、高低错落，是纯私密的家庭成员居家活动的空间。层级分明、属性递进、功能完备的院落体系不仅满足了居民的日常生活需求，同时提供了亲近自然、感受四季的室外空间。

多样商街是设计方案的另一大亮点。首先是水木商街，规划设计充分利用场地既有的现状树木和排洪沟渠，结合底层商业空间打造水岸林荫步行街，形成主题鲜明的城市公共空间。其次是立体商街，沿城市道路的组团南侧组织商业步行天街，设置室外休闲区域和家具设施。一南一北、一高一低的两条商街在场所主题、空间形态、功能业态上差异互补，营造了一个特色化、人性化的城市商业休闲街区。

三、传承立本

建筑风貌不仅是冰冷的技术问题，更是培育归属感、赢得认同感、激发自豪感的感情问题。如果一味追求"形似"，拙劣模仿传统，简单符号堆砌，效果难免不伦不类，华而不实的装饰贴皮也背离了灾后重建工作经济实用的出发点。唯有虚心向地域建筑传统学习，汲取精华、剔除糟粕，在用心传承的基础上精心创新，力求塑造反映新时代精神、体现藏地玉树特色的建筑风貌，这是一个最根本的认识。

康巴地区传统藏式民居的共性特征如下：建筑材料多就地取材，合理搭配；单体形态简单，通过灵活组合形成丰富的体量变化和空间形态；注重效果对比，外素内华、上益下拙、主辅有别。基于深入系统的学习研究，"传统规制、地域材质、外素内华、纯粹色彩"的风貌设计原则逐渐清晰，随后在设计方案中逐项落实、深化。

"传统规制"是指在立面及造型设计中注重经典比例的借鉴、轴线关系的照应以及空间序列的营造，结合不同户型的巧妙组合，形成了丰富的建筑形态和起伏有致的天际轮廓线。"地域材质"是指建筑用材尽可能选用产自本地的、经传统工艺初加工而成石料、木材或金属构件。"外素内华"是对藏地营建传统的尊重，特别是在起居厅、经堂等公共属性的户内空间，点缀了浓郁的藏式元素（图5）。最后选取典型、纯粹的本土建筑色彩，本白、藏红、墨黑三色的搭配组合，赋予了整个建筑群独特的个性与魅力；细部装饰灵感来源于藏式建筑的经典语汇，加以抽象简化、演绎重构，开窗方式及位置的变化形成了强烈的虚实对比关系。

图5 室内设计方案遵循"外素内华"的总体思路

建筑风貌的塑造选择了追求"神似"的方向，现在看来都是一条极具挑战的"高阶路线"，真为当年的自己捏一把汗。

四、人本适用

作为体现康巴文化特色、顺应地域气候、承载幸福生活的示范住区，需要在"新藏式院落"空间模型的基础上，以人为本，营造有温度、高颜值、重品质的人居空间。

现场调研阶段，项目组就深入社区，广泛倾听群众意愿，及时整理归纳住宅户型的设计思路和原则；初步方案成型后，在地方政府和社区工作人员的帮助和支持下，通过政策宣讲、发放问卷、入户访谈、方案公示等多种形式，全方位展示设计理念，反复征求各方意见，并及时调整、优化方案细节，获得地方群众特别是藏族同胞的充分认可。户型设计充分尊重地方居民的宗教信仰及生活习惯，增设相对独立的经堂空间，就是一个典型的例子。此外，为解决统规统建区安置群众居住和营商的双重需求，建筑设计方案采取集合住宅和二层商业空间的上下叠置的方式，不同属性的功能联系紧密又相对独立，同时实现了上居下店、前店后厂等一系列个性化的要求（图6）。

住宅设计方案积极响应地域高寒的气候特征，广泛采用被动式生态节能策略，从而保证了良好的室内舒适度。如将卫生间、厨房等辅助功能房间布置在建筑的西向及北向，同时在满足房间采光标准的前提下，注意控制开窗面积及比率；起居室、卧室等主要功能房间则布置在南向及东向，并在外侧加设阳光暖廊，充分利用太阳能。屋顶平台除会客、聚餐、观景等居家休闲功能外，亦可用作晾晒场地、空中花园，兼具实用与美观双重属性（图7）。

图6　尺度宜人、功能复合的活力商住街区　　图7　形态丰富、特色鲜明的建筑风貌

五、综合效益

2010年8月22日，以"新家园的种子、新生活的细胞"为核心定位，胜利路商住组团设计方案率先通过玉树地震灾后重建城乡规划委员会第五次会议专家评审，打响了玉树县结古镇受灾群众安居住房开工建设的第一枪！

在整个重建过程中，为了保证设计的实施落地，项目团队常驻工地现场，搭建技术管理平台，沟通、协调社区群众、建设单位、主管部门、施工监理单位等多方主体；同时，规划设计工作充分考虑居民生活习惯，尊重其个人意愿，精心引导公众全程参与，以技术手段解决复杂问题，保证项目按时、保质、足量实施落地。截至2013年9月，作为统规统建区示范项目，胜利路三组团已完成建设并交付使用（图8）。项目的设计理念、工作模式在灾后重建安居房规划建设工作中被广泛推广，胜利路商住一、二组团，以及西杭商住组团、琼龙组团等均参照胜利路经验规划建设。

图8 建成后的胜利商住组团实景照片

六、结语

　　十年转瞬即逝，因为和胜利路三组团的生死之交，对于我来说，一些未竟的事情就觉得格外遗憾：虽然前后多次到现场调研，但因强烈的高原反应始终没有机会细细感受场地条件，每次都是来去匆匆、天旋地转；由于无法驻场工作，也就没有机会贴身跟踪项目的落地实施，现场把握构造措施、材料搭配等细节问题；每过一段时间，驻场的同事都会从山上传回定点拍摄的照片，每次看到施工现场的变化，心里的感受都异常复杂，既欣喜又无奈。

　　愿玉树长青，水木芳华！愿百姓福康，文胜商祺！

玉树灾后重建中不同住房重建建设模式的韧性协作

作者：易芳馨[1]

[1] 易芳馨 北京师范大学社会发展和公共政策学院，新加坡国立大学博士。

一、前言

自上而下方法和自下而上方法是政府决策和公共政策实施的两种主要方法。在自上而下的方法中，政策由中央政府制定和实施；但在自下而上的方法中，基层参与者在政策制定和实施中发挥着更重要的作用。自上而下和自下而上方法的一个关键区别在于（用户/受益人）参与灾后重建项目的能力。参与能力在很大程度上影响灾后重建项目的绩效。政策制定者认为社区成员通过自下而上的方式参与建设是确保灾后住房重建成功的关键因素。

"韧性"是从生态学和物理科学中借用到社会科学和公共政策中，以应对经济危机、气候变化和国际恐怖主义等不确定性。韧性的概念已经成为"全球治理的普遍用语"，其具备的抽象性和可塑性足以涵盖高级金融、国防和城市基础设施领域。我们如何建立区域和组织的韧性？有哪些政策可以提高城市和区域的韧性？什么样的政策实施方法可以最好地促进韧性？上述问题在政府机构、城市规划者、智库和社会科学家的文献中仍然没有得到充分的解答。

灾后住房重建的实施方式可以分为五类，即业主驱动、子公司驱动、参与式驱动、承包商就地驱动和承包商虚无驱动。发展中国家政府的灾后管理往往包括提供和分配财政以及其他公共资源。大多数现有政策的目标是只向穷人提供公共资源，或者根据他们在灾害中的损失程度向不同的群体提供相应的公共资源。如果灾后管理的目标包括各种各样的紧急援助和金融援助来使弱势群体恢复，那么必须要回答这两个问题：如何达到目标？在不同受灾群体恢复能力不均衡的情况下，如何分配资源？

本研究旨在以中国玉树灾后住房重建为研究对象，讨论了自上而下和自下而上不同的住房重建的模式。事实上，在玉树灾后住房重建中，实行了三种主要模式，分别是统规统建、统规自建、联户援建。文章对其中的模式进行了归纳，为自上而下和自下而上的规划方法及自上而下和自下而上的方法之间的适当协作可以提高灾后住房重建的绩效。

二、项目背景

玉树灾后住房重建案例在灾后管理文明史上具有重要意义，值得深入研究。第一个原因是，地震发生的地理位置和该地区的政治复杂性给住房重建带来了很大的困难。地震发生在青海省玉树断裂带，该地区位于青藏高原东北部，海拔4000多米。那里的氧气密度远低于海平面，而且地震灾区属于藏区，当地90%以上的居民都是藏族人，信奉藏传佛教。许多当地居民不会说，甚至听不懂普通话。灾害地点的复杂性和灾后重建的紧迫性对灾后治理和管理提出新的要求。第二个原因是，中国政府长期以来一直被西方世界视为一个集权的国家。调查玉树灾后住房重建的案例，可能会提供一个不同的中国政府形象。

玉树灾后重建工作不同于现有文献中所调查的其他案件，有其自身的特点。2011年，玉树藏族自治州（以下简称"玉树"）发生7.1级地震。玉树位于青海省西南部的青藏高原上，是中国三大河流（长江、黄河、澜沧江）的发祥地。这座城市的平均海拔在4000~5000米之间。大地震发生后，灾后重建立即展开。但由于地处偏远、高海拔、缺氧环境以及少数民族高度集中的独特社会文化背景，灾后住房重建进程难以推进。

对当地受灾家庭的住房重建和分配尤其困难。由于我国土地权属不明确和玉树政治形势复杂，灾后住房重建实施面临诸多挑战：①总体形势混乱，物资短缺；②重建项目必须尽快完成，以促进恢复并满足使用要求。

玉树灾后住房重建采取统一规划/统一重建、统一规划/自我重建两种方式之一。统一规划/统一重建实质上是一种自上而下的方法。统一规划/自我重建是一种自下而上的方式。它们的地理分布如图1所示，详细信息如表1所示。按照统一规划/统一重建办法，在重新分配住房之前，在搬迁地点建造住房。

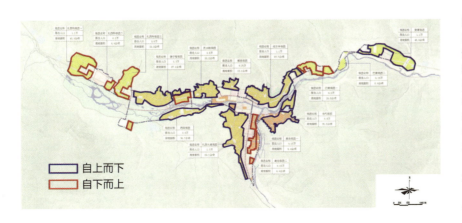

图1 自上而下和自下而上的灾后住房重建方式的空间分布

资料来源：中国城市规划设计研究院。

注：图中概述了灾后住房重建项目及其重建实施方式。

灾后住房重建实施两种方式的差异　　　　　　　　　　　　表1

实施方式	重建	面积	家庭数量	建筑密度	平均容积率	社区
自下而上	统一规划/自建	3.8km²	7269	27%	1.3	13
自下而上	统一规划/统一建设	1.2km²	7161	73%	2.5	19

注：FAR是重建区平均容积率的简称。

三、项目评估

目前的文献表明，由于公众对环境脆弱性的意识不断增强以及对不确定性的关注，韧性概念在政策执行中得到了认可。本文用六个主要的韧性属性来说明灾后住房重建实施的两种方式是如何协作并提高韧性的。这些特点构成了一个评估中国两种灾后住房重建方法优缺点的多层面框架。

（一）公众参与透明度

在这两种方法中，透明度用于评估利益相关者对政策实施的参与程度。透明度衡量的是这两种方式的透明度能力。目前，在灾后住房领域的文献中指出，"透明度和问责制可以最大限度地减少腐败"和"未能解决这个问题可能导致受益者的高度不满"。它曾是以社区为基础的灾后住房重建项目成功的关键因素之一。在自上而下的方法中，决策者是中央政府，将他们的计划传递给省级和地方政府。决策过程是封闭的，透明度较低，住房重建在一个等级垂直的政治体系中进行监督。自下而上的决策方式，由当地居民和受益人进行决策，具有很高的透明度。根据灾后住房活动的生命周期，主要参与者将主导项目启动、项目融资、设计、施工和项目后的修改添加过程。通过对这两种方式的比较，可以看出政府在整个过程中参与的方式是自上而下的，而不是自下而上的（表2）。

两种实施方法的主要行动　　　　　　　　　　　　表2

内容	方法	自上而下		自下而上	
行动		受益人	政府	受益人	政府
项目启动（主导项目改造总体方案的采购）		▲	▲	▲	
项目启动（主导项目启动）			▲	▲	▲
项目融资			▲		▲
设计			▲	▲	
建设			▲	▲	
项目后的修改添加		▲	▲	▲	

(二)参与密集度

我们用"智能性"这个术语来量化不同行为者和资源之间的联系和协调程度。因此,智能性被广泛用于评估行为者和活动的社会关系的政治性和进行性,并量化参与真正协商式民主对话以制定有争议的替代议程的能力。它用于量化过程中参与者之间的合作和协作。它也被认为是一个关系术语,旨在解决:国家在资源分配方面往往存在分配不均的情况,使低收入社区处于不利地位。"智能性"将注意力集中在社区内部和社区之间资源的不均衡分配上,并对通过当地技能和民间知识实现社区自决的可能性保持开放态度。

现有文献表明,这两种方法的社会智能性揭示了自下而上的方法比自上而下的方法更具包容性,因为不同层次的利益相关者都能很好地参与政策制定。由于智能性的概念侧重于解决不公平的资源分配问题,自下而上的方法可以确保更公平,从而比自上而下的方法更好地执行。由于设计、咨询、重建及评估过程均由本地居民及受惠人士参与,因此公共及第三产业的大量资源及投资,与社区在自下而上的方法上并立。它在决策方面具有包容性。事实上,用户/受益人可以通过多种方式参与灾后重建项目。但是,并不是所有类型的参与都可以用来显示用户参与决策和项目管理过程或作为劳动力工作时的参与程度。这些证据都记录在中央审计委员会工作记录的文件中,中央审计委员会作为主要协调机构进行这两种类型的重建。

通过文献分析,自上而下和自下而上的行动者之间的协调与合作是不一样的。参与自上而下重建的行动者之间的协调与合作是纵向的,很少有联系。但是,参与自下而上重建的各方的协调与合作是横向的,有多种联系。这种联系依赖于参与性进程,包括土地识别、家庭布局设计和公众听取整体参与性方法。

(三)住房建设速度

速度是评估系统对事件响应能力的关键属性。速度是评价恢复过程的效率,包括住房重建实施的速度和恢复的效率。通过对这两个项目的回顾,可以看出,相对于扎村托义社区自上而下的改造方式,德宁格社区自下而上的改造方式起步较晚,完成整个过程需要的时间更长。对比表明,自上而下的方法更关注恢复的速度。该方法的目标是以最快的方式和最少的投入完成项目,以便容纳尽可能多的居民。虽然住房的质量是有保证的,但建设足够的数量是重中之重。但我们观察到,由于所有重建的住房都是相同的设计,土地的使用效率更高。因此,自上向下的方法比自下向上的方法在效率方面表现得更好(表3)。

两个案例区灾后住房重建的实施方法比较　　　　表3

社区	德宁格	扎村托义
开始时间	2011.11	2011.9
结束时间	2014.9	2012.11
地形	土地	土地
土地面积/耕地（单位：公顷）	350	150
人口/家庭（户）	1098	3052
地震前劳动力（人）	1050	1514
地震后劳动力（人）	1252	3045
农民工与劳动力的比例	0.3	0.7

另一方面，自下而上的方法是一个居民定制的过程。这种办法使受益者/受影响的家庭能够积极参与和监测整个住房重建进程，特别是在作出规划的决策阶段。但要完成重建项目需要更长的时间。由于住房是居民定制的，更多的土地只能容纳更少的家庭。因此，自下向上的方法更耗时，经济效率更低。灾后住房重建中，恢复速度与考虑长期发展之间存在严重矛盾。中央政府授权的国家恢复计划限制了这两种方法的速度。这两种方法的差异还体现在重建过程背后隐藏的体制适应性。

（四）制度包容性——土地确权过程

衡量制度韧性的关键因素之一是稳健属性。稳健性是指应对和吸收不确定干扰因素和准备灾害的能力。政策实施的稳健性依赖于制度设置的稳健性。参与式社区规划过程中的土地识别与确认是具有创新制度的稳健性。与自上而下的方式不同，土地是国有的，用于灾后住房重建。为了明确公共设施和交通基础设施的土地所有权和土地分配，需要采取自下而上的方法。在机构安排的背景中，嵌入陆地边界识别程序在玉树灾后重建起到至关重要的作用。该过程遵循一个五步指令，如图2所示。自下而上的土地为私人所有，并保证重建前后土地边界的确定，以促进灾后重建的制度能力。如图3所示，在2011年至2012年期间，对1089户家庭进行了一项调查，发现德宁格社区居民的满意度较高，因为使用自下而上方法使得当地居民的参与度和接触较多。

韧性产生于现有秩序的转变，个人和机构的行为调整以适应新规范的要求。通过对土地边界识别的调查，显示了适应参与式社区方法需要的体制设置创新的稳健属性。虽然稳健性被广泛用于评价物理环境中的物理韧性，但在玉树的案例中，稳健性被用于表明制度如何适应新环境和不确定环境。由此产生了重组和自力更生的社会可以由依赖型社会向自主型社会转变的思想（图3）。

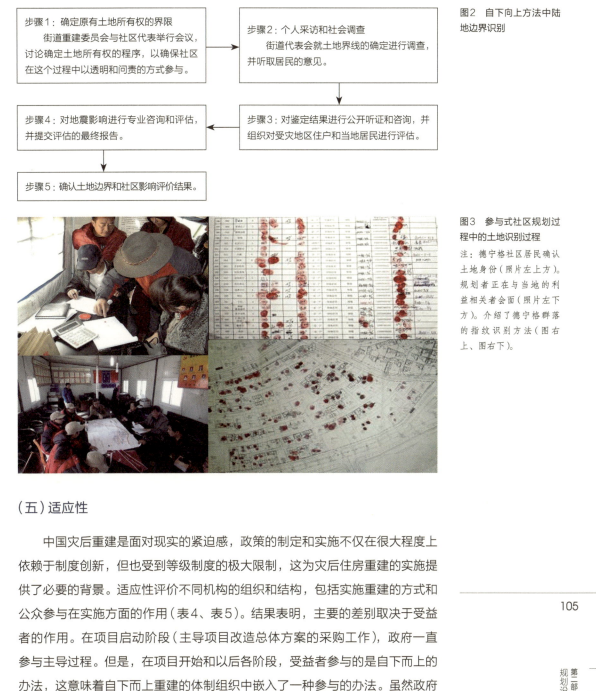

图2 自下向上方法中陆地边界识别

图3 参与式社区规划过程中的土地识别过程

注：德宁格社区居民确认土地身份（照片左上方）。规划者正在与当地的利益相关者会面（照片左下方）。介绍了德宁格群落的指纹识别方法（图右上、图右下）。

（五）适应性

中国灾后重建是面对现实的紧迫感，政策的制定和实施不仅在很大程度上依赖于制度创新，但也受到等级制度的极大限制，这为灾后住房重建的实施提供了必要的背景。适应性评价不同机构的组织和结构，包括实施重建的方式和公众参与在实施方面的作用（表4、表5）。结果表明，主要的差别取决于受益者的作用。在项目启动阶段（主导项目改造总体方案的采购工作），政府一直参与主导过程。但是，在项目开始和以后各阶段，受益者参与的是自下而上的办法，这意味着自下而上重建的体制组织中嵌入了一种参与的办法。虽然政府参与了这两种方法，但自下而上的设计过程中，受益者不仅从一开始就参加了一些协商会议和讨论。Tuan（2015）认为，灾后住房的有效性可以通过在设计和建造干预中解决更多的地方性响应和适应性来获得。文献中广泛讨论了整合降低风险的本地和创新知识的重要性。玉树自下而上的机构设置包括一个住宅改造的参与式设计设置。体制组织和自下而上的办法促进了地方意识和公众参与的结合。

玉树灾后房屋重建自上而下方式的制度分析 表4

行动	受益人	民间组织	政府	设计者	国有企业
项目启动（主导项目改造总体方案的采购）			▲		
项目启动（主导项目启动）			▲		
项目融资			▲	▲	▲
设计		▲	▲		
建设			▲	▲	▲
项目后的修改添加			▲	▲	

玉树灾后房屋重建自下而上方式的制度分析 表5

行动	受益人	民间组织	政府	设计者	国有企业
项目启动（主导项目改造总体方案的采购）			▲		
项目启动（主导项目启动）	▲				
项目融资			▲	▲	▲
设计	▲	▲	▲		
建设	▲		▲	▲	▲
项目后的修改添加	▲		▲	▲	

（六）重建恢复情况

经过近十年的灾后重建，绝大多数居民使用的是抽水马桶、自来水，集中采暖现已广泛使用。灾后重建自下而上的方法考察灾后恢复和灾后治理的学习和适应过程，为玉树灾后重建实践提供依据。本研究通过回顾与韧性相关的研究，阐明了以韧性为基础的政策实施评估的特点，以促进韧性对治理的作用。这些研究有望针对灾后住房重建的不同模式提出地方政策。这不仅为根据确定的韧性特征来审查研究中的决策过程提供了证据，而且还提出了灾害管理和基于韧性的规划和治理方法的关键要素。此外，本实证研究期望反映韧性概念与公共政策决策之间的理论争论。本研究旨在改进基于韧性的规划方法的政策实施，为城市规划政策和空间规制提供更有效的评价标准。

2017年7月5日至10日，对玉树地区50户居民进行了住房重建能力调查，考察灾后两种不同模式下住房重建的生计恢复情况。从"自上而下"和"自下而上"社区分别随机抽取25户家庭进行调查。调查部分采用了斯库恩的资产生计恢复框架，调查灾后住房重建的结果，包括对方案的满意度、生计恢复和对结果的感知。在灾后住房重建模式的满意度上，我们有一些有趣的发现。近100%的"自上而下"社区居民对灾后房屋重建感到满意。然而，在

"自下而上"社区中，即使100%的家庭完全参与到重建过程中，也只有60%的家庭对结果感到满意。通过与当地居民的进一步面对面交流，我们发现，虽然自下而上的方式带来了更多利益相关者参与灾后重建进程。由于质量标准和承包商责任水平的不同，改造效果也有所不同。然而，自上而下的流程可以保证项目的标准和身体韧性。

四、重建模式协作经验总结

对灾后住房重建两种方法基于韧性的评估表明，每一种方法都有其优点。自上而下的方法在速度和能力属性方面更具优势，而自下而上的方法在利益相关者参与、行动者合作和制度创新方面的透明度、智能性、稳健性和适应性方面更具优势。协作工作被认为是"自下而上"的，因为它们使利益相关者参与解决当地利益，这与"自上而下"的方法不同，"自上而下"的方法是由"政策精英"做出决定。自上而下和自下而上的比较表明，这两种方法在社会学习程度上存在重要差异。

然而，我们不应该将自上而下和自下而上的方法视为两个相反的类别。这两种方法的协作可以促进社会学习的程度，提高建设社会资本和整合的能力，这被认为是提高灾难恢复和韧性的关键变量。我们始终认为，两种方法之间的协作可以促进社会资本的积累，并在嵌入当地社会运作的社区和个人的适应和学习过程中发挥作用。它们是灾后重建政策实施韧性的关键。

五、结论和政策建议

"韧性"的概念已从生态学和物理科学借用到社会科学和公共政策领域，以解决社会经济和政治不确定性，如经济危机、气候变化和国际恐怖主义。如何建立社区和组织的韧性，以及什么样的公共政策可以提高城市和区域的韧性，这些问题仍然没有得到充分的研究。本文开发了一个六属性的分析框架来评估两种灾后重建方法，即自上而下和自下而上的韧性。研究认为，自上向下的灾后重建方式快速、经济有效，自下向上的灾后重建方式增加了当地居民和受益者的参与，增强了他们对灾后重建项目和政府的依恋。这是因为自下而上的方法在决策和体制设置方面更加透明和具有社会包容性。

基于以上讨论，我们认为应结合自上而下和自下而上的方法来提高灾后城市韧性。协作的目的是提高受益人（受影响社区成员）的社会学习和社会依恋程度，同时确保灾后住房重建的快速和经济效率，实现城市韧性。这种协作应在利益相关者的参与、信息透明度和责任制以及体制革新等方面发挥作用。自上而下的方式可以促进快速发展的速度（城市韧性的一个因素），但会导致社区居民的社会依恋较少。相反，自下而上的方式促进了社区居民的参与度，增强了他们的社会依恋。这两种办法的协作可以通过政策立法和体制革新来实现，以制定关于政府参与的新指南来创造一个更透明和平等的政策环境。这两种办法的协作需要得到一些支助，包括赠款、指导、培训和技术支助，以及在政策设计过程中适当的资源分配。

本文有以下贡献。从理论上讲，本研究将"韧性"的概念阐释到公共政策领域，特别是从韧性的视角来评价政策实施，以填补研究空白。韧性概念在社会科学和公共政策领域引起了越来越多的关注，它已经脱离了自然科学及其原始根源。在现有的文献中，韧性被显著地描述为政策影响和国家控制。人们普遍认为，刺激个人的战略和适应能力可以增强社会韧性。韧性被认为是一种结果，而不是一种过程，在这种过程中，人们不是为了"防止未来的灾难，而是为了防止此类事件的破坏性或不稳定效应"。然而，就系统对冲击的"响应能力"而言，国家的角色可能不会与韧性相矛盾。该研究提供了一个案例，说明政策如何在重建过程中发挥积极的重要作用，而不是起到推波助澜的作用。该框架旨在说明灾后住房重建的不同方式如何通过重建过程中的韧性建设促进社会的应对和适应能力。

其次，灾后住房重建不仅是一个重大的工程过程，而且是由灾后环境下的政策实施决定的。本文提出的框架认为，以效率、速度或平等等单一的标准不足以评价政策实施的结果。但是，韧性可以全面考虑政策实施结果。进一步将韧性概念引入到公共政策中，填补了政策实施文献的空白。这将用来说明如何在不同的政策方法中找到其不同概念形式的韧性。此外，本文无意讨论哪种方法更有韧性。相反，本文旨在论证"自上而下"和"自下而上"的协作方式，将有利于系统在面对不确定性的情况下，全面增强系统的韧性，推动系统在不确定的环境下走向新常态。

第二章

重点地区重点项目的规划设计与实施探索

玉树灾后重建十大建筑的规划、选址及实施回顾

玉树结古镇滨水核心区灾后重建规划设计与建设实施

玉树滨水核心区建筑风貌打造——"民族特色、地域风貌"在玉树滨水核心区的探索实践

玉树康巴风情商街及红卫路滨水休闲区灾后重建建筑设计——康巴藏区传统建筑风貌的现代设计演绎

玉树当代滨水商住区建筑设计——一次康巴藏式居住建筑设计的探索与实践

以人为本、联动发展的高原门户规划设计——以玉树巴塘机场地区规划设计为例

玉树灾后重建十大建筑的
规划、选址及实施回顾

作者：鞠德东[1]

一、工作背景：塑造精品，提供示范

玉树灾后重建工作时间紧、任务重、难度大。建筑设计既要充分尊重地方文化传统，体现地域建筑特征，又要继承创新，做到灾后重建"不留败笔、不留骂名、不留遗憾"。要根据中央提出的"新玉树、新家园"的要求，为玉树重建留下一批精品建筑。最初，大量项目的建筑设计方案始终无法把握到民族特色、地方特点和时代特征的具体表达方式，建筑方案迟迟无法通过，导致重建工作受阻。

为此，2010年8月，青海省委省政府把玉树州博物馆、康巴艺术中心、玉树地震遗址纪念馆、格萨尔王广场、玉树州行政中心、玉树州游客服务中心六个公共建筑项目作为结古镇重建的标志性项目，将其当作重点任务，邀请国内高水平设计团队，全力以赴，集中优势资源，完成高品质的设计，同时也为结古镇其他项目的设计提供示范。

此后，青海省灾后重建指挥部又陆续将嘉纳嘛呢石经城（最初含游客到访中心，后以游客到访中心为十大建筑之一进行重点设计）、文成公主纪念馆、两河景观带、湿地公园、康巴风情商街、巴塘村机场门户区等项目陆续补充进来，形成结古镇的系列重点工程项目，共计12项，若不包括两河景观带和湿地公园两项以规划和景观为主的项目，以"建筑"为主的项目总计10项。以下就十个以建筑为主的项目做重点介绍。

二、组织方式：学会牵头，大师领衔

建筑设计的具体组织由中国建筑学会牵头，邀请中国建筑设计研究院有限公司、清华大学建筑设计研究院、华南理工大学建筑设计研究院、天津华汇工程建筑设计有限公司、中科建筑设计研究院、深圳建筑设计研究总院、中国城市规划设计研究院、西南建筑设计研究院等国内知名设计院参与，组成由多位院士、建筑设计大师领衔的设计团队承担具体设计工作。

[1] 鞠德东 中国城市规划设计研究院历史文化名城研究所所长，教授级高级城市规划师。

建筑设计过程中,以中国城市规划设计研究院专家为主组成的青海省规委会玉树灾后重建技术委员会作为技术把关和统筹协调机构,邀请国内相关领域知名专家学者作为咨询专家团体,同时,组织青海省和玉树州地方民俗专家作为设计咨询的地方团队,有效保证项目设计工作的开展。

三、项目遴选:重要地区,重要公建

(一)项目遴选要求

重点工程项目的选择是通过总体城市设计方案的研究为基础加以确定,主要是结合所选项目的功能特点、区位特征、景观价值等多个因素综合加以考虑。在功能方面,涵盖了文化建筑、行政办公建筑、公共空间建设以及商业居住建筑等内容;在区位上,既有位于城市核心地区和城市门户地区的项目,也有位于城市外围地区的重要建筑;在景观要求上,所选项目多位于城市重要景观视线通廊交汇处和标志性区域,具有较高的标识性和景观价值。

在总体城市设计中,对于标志和节点项目已经提出了总体层面的布局,提出位于双"T"形轴带交汇的城市中心区域设置多个城市地标的要求,这个核心也就是结古镇巴塘河、扎曲河两河交汇以及民主路红卫路和新玉树大街的交汇区域,该区域是城市核心地带和景观汇聚的空间,周围有加吉娘山、当代山、得窝隆巴神山环绕,是城市"卍"字山水格局交汇的穴眼位置。另外,在城市南部和东部的口门区域,也设置了城市标志建筑设置的构想。因此,十大建筑的选择也依托了上述思路进行选择(图1)。

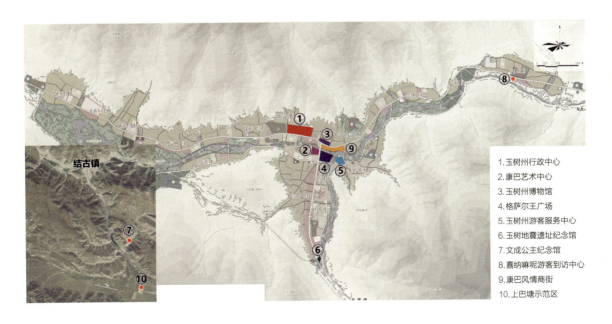

图1 结古镇十大标志性建筑分布图

1. 玉树州行政中心
2. 康巴艺术中心
3. 玉树州博物馆
4. 格萨尔王广场
5. 玉树州游客服务中心
6. 玉树地震遗址纪念馆
7. 文成公主纪念馆
8. 嘉纳嘛呢游客到访中心
9. 康巴风情商街
10. 上巴塘示范区

(二）项目基本情况

在10个建筑项目中，康巴艺术中心、玉树州博物馆、格萨尔王广场和康巴风情商街四个项目位于城市双"T"形结构交叠区域，是结古镇最为核心的地段，是构成结古镇中心区形象的重要地标。具体功能上，康巴艺术中心是一处包含玉树州剧场、县剧场等多种功能；格萨尔王广场是以广场空间为主，兼有城市规划展览馆等文化设施；康巴风情商街是位于格萨尔王广场北侧的滨水商业居住区，也是格萨尔王广场北侧的景观界面。

玉树州行政办公区是位于城市行政办公核心区的主要建筑，州委办公主楼和州政府办公主楼是规划中结古镇核心区最高的建筑，也是规模最大的一处公共建筑群，具有较强的标志性。

玉树州游客服务中心位于巴曲河、扎曲河交汇处的半岛之上，也是巴曲河东西视廊的重要焦点，突出的半岛形态为游客服务中心东、南、北三面提供了良好的建筑形象展示面域。该处区域既是滨河空间一处最为重要的控制节点，又和结古寺、当代山遥相呼应。

地震遗址纪念馆位于新玉树大街南端，城市南入口，是结合一处保存完好、较为典型的地震遗址而进行建设，该遗址原为一处宾馆，地震后建筑主体和立面因地震力的破坏呈现了扭曲的状态，规划确定结合该处建筑建设一处地震遗址纪念馆，作为纪念抗震救灾和灾后重建的场所。

嘉那嘛呢游客到访中心位于新寨嘉那嘛呢石经城的南侧，嘛呢石经城是玉树历史文化遗迹保存最为集中、保存历史风貌最为完整的区域，也是受地震影响相对较小的区域，周边民居和石经堆、寺院较好地体现了玉树老城的风貌和场所特征。

文成公主纪念馆位于城市外围，在勒巴沟内、文成公主庙东侧区域，在选址的过程中，也有过变化和反复，最初选择在文成公主庙的东侧100多米，也就是现在所处的位置，但是在中间设计的过程中，因为和文成公主庙的协调关系，曾经考虑调整到勒巴沟外的入口、巴塘河畔，经过几轮对比，最终还是确定放在现有位置上。

巴塘村机场门户区位于巴塘机场东侧的草原地区，是一处新建的区域，用来安置巴塘村范围内需要异地安置的近百户居民。

通过这些重点工程项目的规划和建设，既提升了城市的建筑设计品质，又有效控制了构成城市空间格局的关键节点，同时也对不同类型项目的建筑规划和设计进行了探索和示范，为其他项目的设计提供了很好的经验借鉴。

四、总体要求：城市设计，总体把控

建筑属于城市，作为标志性建筑也不应该脱离城市而过于凸显自我的存在，作为结古镇建筑项目最重要的标志，重点工程项目更要充分考虑周边场地和城市对不同项目、不同区段、不同功能对项目的要求。因此，在设计开展之初，中国城市规划设计研究院（以下简称"中规院"）技术组即从城市的整体层面，从城市设计的角度提出对各个重点项目的具体设计要求，明确建筑设计的原则和指导方向。城市设计的管控重点关注以下方面：

一是对公共空间的关注。这一点至关重要，这也是我们认为标志建筑设计中要把握的首要原则，我们首先关注"空"的部分，因为这是体现建筑"城市性"和"场所感"的重要原则。即便是在标志性建筑中也不应为了"标志"而过于凸显建筑自身，反而失去和城市的联系。建筑设计必须和城市公共空间形成有机的整体，同时，依托建筑自身的标志性和重要性提供更加有价值的公共空间场所。

二是对建筑设计的把握。在建筑设计的引导中，城市设计重点关注城市空间形体、建筑风貌等内容。通过城市设计前期的研究和对未来周边地段建筑的形态特征的综合分析，提出标志性建筑设计中形体设计的要求和引导。同时，结合项目自身区位和风貌分区提出建筑风貌设计中"民族特色、地域风貌、时代特征"需要重点体现的内容。

此外，城市设计还对各个项目的空间环境设计提出了意向和引导。

五、设计过程：多方合作，精心打磨

整个设计过程中，由院士、建筑设计大师领衔的建筑设计团队几上高原、建筑方案数易其稿，设计团队兢兢业业，展示了高超的设计能力、极高的敬业精神和高度的责任感。

其间，地方民俗专家、中规院技术组等多方共同参与到建筑设计方案的全过程，这种城市设计师和建筑师的相互配合和互动，对建筑设计方案的形成起到了很好的作用，既发挥了城市设计对于城市整体空间、历史文化和地段特质等方面理解的优势，又充分发挥建筑师对于形体和空间塑造的特长。整个设计过程，各方共同努力，多轮研讨，反复推敲，精心打磨建筑设计方案。

（一）玉树州行政中心

1. 城市设计要求

建筑位于城市设计中的"州行政分区"内，北临北环路，南接扎西科河，西临军分区，主要功能为州属行政办公及相关部门的办公区。

在城市设计中，要求空间形态要以院落式的组群布局方式为主，整体形成由临山向滨水逐步降低的高度布局形态；建筑风格应充分借鉴当地公共建筑及藏式民居的风格及特色，形成将民族特色、地域特色和时代特色相结合的建筑风貌，协调好与周边传统民居的关系。应重点体现民族文化内涵，又展现时代精神，空间形体上要形成与结古寺、市民中心鼎立的重要功能节点；规划以州政府办公楼确定为地段的主要标志性建筑；地段内主要形成十字形的开放空间系统，南北相结合通水廊道形成行政中心南北景观轴，结合南北景观轴形成3个主要空间节点；东西形成行政办公区内部步行林荫道，同时结合东西林荫道建设多条南北向步行通廊（图2）。

图2　州行政中心总体空间意向

2. 建筑设计和实施情况

建筑设计团队对传统给予充分尊重，在表达上提取了一部分当地建筑语汇和符号，具体分为三个层面：在城市层面，采用融于城市、依山势而上、高低错落的不同院落组成的建筑形态；在色彩层面，采用朴素的灰白色基调；在西部层面，进一步提炼建筑语汇，运用能够隐喻和强调其民族特征的符号。在一些建筑细节的设计上，也进行了深入研究，比如开窗方式，设计中对窗户的比例和装饰进行了重点研究，既延续了传统竖窗的特点，又满足了采光要求。在檐口处理上也充分吸收传统"边玛墙"的特点加以抽象，尊重传统的同时体现较强的视觉冲击（图3）。

在设计过程中，建筑规模几次压缩，建筑设计团队的工作带来了大量的反复。另外，在设计的过程中，规划技术组发现州委州政府院内有几十棵高大的

图3 州行政中心建成效果

杨树,对内地一般的地区来说,这些杨树可能并没有什么特别之处,但是在玉树地区,这些树却是极为难得,也是地方生态环境的重要因素。为了尽可能地保留这几十棵大树,规划技术组对场地内的树木进行逐一测绘,提出了保树要求,和设计师团队对保树方案进行多次推敲,建筑设计方案更是几易其稿,终将大树尽数保留。而今,树木参天,环境优美,新建办公楼和原有树木浑然一体,宛如天成(图4)。

图4 州行政中心院内保留的树木

(二)康巴艺术中心

1. 城市设计要求

康巴艺术中心位于城市设计中的唐蕃古道商街片区的东侧,北侧临扎曲河,东侧与格萨尔王一路之隔,地块南侧和西侧为图书馆和青少年活动中心等文化设施。该建筑和格萨尔王广场、州博物馆共同构成双"T"形轴带核心交汇处最重要的三处公共建筑之一。

城市设计条件中要求建筑风貌上要着重体现民族特色和地域风貌，要将其建设成为展示康巴歌舞、藏族民风民俗的集萃地和公共场所，体现浓郁的康巴民族特色和地域文化；同时，建筑应成为连接格萨尔王与唐蕃古道商街之间的重要城市地标，打造滨水旅游的重要节点；在空间布局上要注意延续藏式建筑院落肌理与空间形态，要突出地段东侧扎曲河标志性建筑的设计，形成格萨尔王广场对面的特色建筑标志；在公共空间场所组织上，要突出东西商业内街和南北向通河廊道的建设。东西向提出要加强场地内街建设，强调和东侧格萨尔王广场雕塑的视觉联系，南北向重点加强和扎曲河的步行空间联系，形成良好的视觉通廊。通过整体的引导，希望既强调标志性、又突出整体的场所感，和周围道路、河流和未来的重要建筑取得协调和呼应的关系。

2. 建筑设计和实施情况

建设设计方案很好的呼应上述要求，场地建筑设计做出了非常巧妙的设计。整体构思来自对结古镇文脉的传承和城市肌理的延续，提出要设计一个具有康巴藏族特色的城市聚落，而不是一个建筑，追求一种从藏族文化大地中生长出来的总体感觉。同时尝试用现代建筑设计方法和建造逻辑对传统的空间方式进行转译，在建筑体量上采用组合群体的方式，针对艺术中心的多个不同功能空间将建筑分成多个建筑体块，各个体块相互独立，总体上形成有机的整体；对城市设计中提出的东西廊道贯穿和视廊要求，建筑设计团队不仅充分达到了这些要求，在空间处理上更是非常巧妙地利用东西轴线的适当扭转，形成了丰富的视觉景观效果和丰富的空间体验（图5、图6）。

在建筑风貌和建筑材料的处理上，利用收分的形体处理和立面砌块的凹凸变化，体现出藏式建筑的韵味，又富有时代精神。重点研究了混凝土砌块墙的砌筑工艺和组合方法，反映了藏族建筑外墙丰富的肌理、粗犷的气质以及建筑色彩的运用，建成的效果获得了各方的高度赞扬和一致肯定（图7）。

建设实施后的康巴艺术中心及其广场空间已经成为一处重要的文化展演场所，室外的场地也是每天的康巴舞蹈空间，康巴艺术中心作为文化演出场所和室外康巴舞蹈的舞台背景，体现了建筑和城市浑然一体、人们的生活和空间场所相得益彰。

（三）玉树州博物馆

1. 城市设计要求

州博物馆位于城市中心区，背靠得窝隆巴神山，场地北侧是结古镇历史较为悠久的团结村，东边紧邻结古寺。建筑地处新玉树大道北端头，也是民主路、红卫路和新玉树大道三条道路交汇点的顶点，位置十分重要，包括州博物馆和西侧的牦牛广场。

图5 康巴艺术中心总平面图

图6 康巴艺术中心与格萨尔王广场之间的视廊

图7 康巴艺术中心外墙立面效果

城市设计中提出，该项目设计重点是场所而非实体，要形成一个纪念藏汉团结千年历史的玉树博物馆，重点要提供一个纪念性的公共空间而非建筑体量本身，建筑应与周围的村落肌理和自然山水环境和谐统一。具体设计要求还提出博物馆建设需充分结合胜利路林荫道景观轴线对景进行设计，要加强与北部背景神山之间的相互协调和呼应；在建筑风貌上要充分体现藏族文化特色和时代精神。

2.建设设计及实施情况

建筑设计方案从地域、文化、时代三个方面入手，以大气凝练的整体布局和造型来反映玉树身后的文化底蕴和气魄。具体构思从玛尼石经堆和藏族建筑中提炼出"台"和"坛"的建筑形式，以此为母题进行创作；在设计过程中，建筑设计团队巧妙地解决了胜利路轴线对着建筑西侧端头的设计难点，充分结合胜利路林荫道景观轴线对景进行设计，将建筑入口区结合经幢意向设计成标志空间，建筑形体形成整体性的连续界面，与北部背景神山之间形成很好的协调和呼应（图8、图9）。

图8　玉树州博物馆总平面图

图9　玉树州博物馆效果图

博物馆是玉树藏文化和外来文化交汇的场所，在建筑体型、立面肌理、空间特征等方面重点研究了康巴文化气韵和如何表达，设计中除了采用藏式建筑地域装饰、地域建筑材料之外，更是追求用建筑空间营造的场所感来表达康巴建筑的厚重自然和古朴粗犷的神秘气质。建筑入口设置开放式庭院，形成具有浓厚藏式意蕴的入口空间，同时体现了建筑场所感（图10）。

图10 玉树州博物馆建成效果

（四）格萨尔王广场

1. 城市设计要求

格萨尔王广场位于城市中心区、双"T"形轴带相互咬合的区域，与州博物馆、康巴艺术中心三足鼎立，是城市中心区核心区段最重要的三个建筑之一。该地段北邻扎曲河，东临巴塘河，西邻胜利路，是整个城市最重要的公共活动空间和广场空间。和其他重要标志性项目不同，格萨尔王广场是震前就已经存在的，需要结合规划新要求进行综合改造和提升。另外，增加格萨尔王文化展示馆、玉树州城市规划展览馆、玉树州档案馆等文化设施，以及一些商业和其他附属的功能性建筑。

在城市设计中，提出要丰富广场空间，地上地下联动开发；要传承城市文脉，强化历史记忆的空间场所；要保证其周边视线的通透性，沿主要视线通道不得有任何遮挡；地下空间与西部州图书馆和文化馆相联系，从而将滨水水街与格萨尔王广场联系成为一个整体。

2. 建筑设计及实施情况

在总体立意上，建筑设计方案定位为尊重当地文化、顺应自然环境，向地方建造方式学习，并和现代建筑语言相结合。在具体构思上，将建筑拆分，减少强调建筑师个性的夸张语言，力图做一个单纯的"配景式"建筑，功能性建筑是雕像的"配景"，广场整体又是城市的"配景"，建筑和雕像与自然浑然一体（图11）。

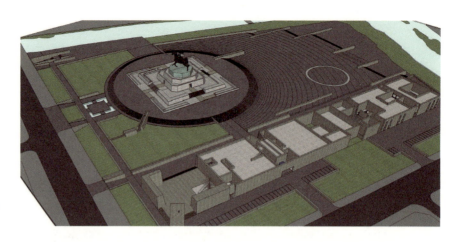

图11 格萨尔王广场总体空间意向

在具体的处理上,建筑团队将广场的东、北、西三面敞开,将展示功能集中布置于广场南侧简洁、纯净的建筑形体中,广场显得大气而庄重。过程中,规划技术组和设计团队就方案进行多轮沟通,包括地下通道的位置、场地内每一棵树木的落位和保留等。在方案后期,考虑到母亲路斜街和雕像、结古寺三者之间的对景关系,规划技术组对南侧城市规划展览馆的建筑形体提出切掉西端的一个角,以保证整体视线通廊的通畅。为此,设计团队再次修改方案,将广场西南侧的空间打开,将母亲路斜街、格萨尔王雕像、结古寺视廊打通,形成良好的空间效果(图12、图13)。

图12 格萨尔王广场总平面及视廊控制

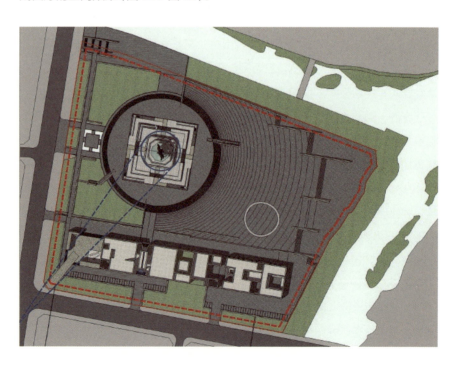

图13 母亲路斜街、格萨尔王雕像、结古寺视廊

（五）玉树州游客服务中心

1. 城市设计要求

玉树州游客到访中心位于两河交汇处，位于扎西科河和巴塘河交汇处半岛区域，南临国道214和当代村，北侧隔河与结古寺遥望，西侧隔河与格萨尔王广场相望。

鉴于游客服务中心的重要地段特点，城市设计中提出要将其建设成为"新玉树"国际游客接待与服务中心，既是突出展现地域风貌与民族文化的城市重要场所，也是代表"新玉树"形象和承载时代精神的重要城市标志。建筑设计要求充分考虑其良好的空间区位，兼顾对河口交汇处的空间和景观的呼应，同时考虑到与格萨尔王广场、结古寺等重要空间和建筑之间形成的视觉效果，建筑风貌设计要着重体现地域风貌和时代精神。同时提出了建设景观步行桥，加强与格萨尔王广场的联系；处理好水滨台地的高差，临水建筑采用康巴藏式风貌，形成连续而参差错落的景观效果。

2. 建筑设计及实施情况

方案的总体立意经过多轮讨论和思路的碰撞，最终定为神山圣水旁、草原花海中的"五彩花帐"。最终的方案采用玉树帐篷的意向，用现代材料和手法，采用三个大小不同，高低错落的帐篷群体组合的方式，较好地处理了建筑风格的表达，协调了各方向景观界面的需求。三朵"帐篷"成簇状，组合在一起，耸立在两河交汇处，较好地协调了和河流的关系，呼应了周边结古寺、格萨尔王广场和州博物馆等重要标志性建筑，成为山水之间的一处重要城市空间节点。建成后的游客服务中心，如城市设计预期设想中的那样，成了当代山、结古寺山上鸟瞰城市的重要标志点，也成为巴塘河、扎曲河边城市景观视廊的重要对景建筑（图14）。

图14 玉树州游客服务中心建成效果

(六) 玉树地震遗址纪念馆

1. 城市设计要求

该地段为城市南部口门区域，南部结合遗址博物馆和水系形成主要开放空间；加强街区内部东西向步行通廊的建设，有效联系胜利路林荫道和巴塘河滨水区，要结合遗址博物馆和北部广场形成片区主要空间节点。在城市设计中，提出建筑需体现从废墟中新生的"新玉树"精神，并蕴含康巴文化传统内涵和生死观念。建筑形式可通过新与旧、过去与未来的强烈对比，并融入城市未来生活和街坊肌理。遗址博物馆的建设应充分结合遗址保护和展示的先进建筑理念和设计手段，建设具有纪念和创新精神的空间场所。

2. 建筑设计及实施情况

该建筑是震前正在施工的一栋建筑，也是玉树地震后留下为数不多的建筑和地震记忆。

最初，设计团队提出通过镌刻逝者姓名的方式来表达纪念，因事关藏族习俗，中规院技术组和建筑设计团队一同经过反复研究，并征求地方民俗专家意见，最终建设设计中采用新旧建筑"一隐一显"的场地策略，决定将纪念馆设置于地下，与保留的遗址通过地上地下的视觉空间相互联系，将地面空间更多的留给城市，留给前来纪念的人们，提供转经和纪念的场所。地面上长长的石墙，不仅限定了空间，也隐含了地下建筑的入口，同时墙体四周的转经筒也成为来访人群和市民转经的活动场所。从建成的效果和群众的反应来看，这种新老建筑的关系处理和场所空间的设计还是很好地达到了预期的效果（图15）。

图15 玉树地震遗址纪念馆空间意向

（七）文成公主纪念馆

1. 城市设计要求

作为一处相对独立的景观建筑，建筑地处粗犷的勒巴沟及山体环境中，城市设计提出要将建筑融入周边环境的总体要求。同时，考虑到其西侧为重要文保单位——文成公主庙，新建建筑还需和历史建筑相协调，不能违反文保建筑的保护要求，不能影响历史环境特征。整体风貌特征强调体现地域特点和时代风貌。

2. 建筑方案和实施情况

在总体立意方面，通过设计团队和规划技术组以及地方领导、民俗专家等不同群体的反复沟通和相互理解，方案最终的立意以"唐蕃和亲、汉藏友好"为基点，传递民族友好的理念，建筑设计主题采用"大唐天路"作为整体构思。

在具体设计手法上，建筑设计团队沿着三个线索展开设计构思。一是"场地"线索，重点回应勒巴沟内、山坡上的宏伟场地气氛。二是"金顶"线索，团队分析了汉藏建筑关系及特征，确定采用唐代建筑风格作为屋顶形式设计的依托，传达建筑的文化内涵。三是"隐"和"显"的线索，确定了以场地为主，建筑为辅的整体思路。在这个项目中，项目选址在文成公主庙以东和勒巴沟沟口两处多次调整，设计师多次修改方案，最终的设计方案，采用"隐"的手法，将纪念馆结合山体进行半地下设计，较好地解决了新建纪念馆和文成公主庙之间的关系，避免新建建筑给文成公主庙带来影响；整个建筑的形体依山而上，尽量不破坏原有地形地貌特点，立面材料采用地方石材，与场地结合较好（图16）。

图16　文成公主纪念馆设计意向

(八) 嘉那嘛呢游客到访中心

1. 城市设计要求

该建筑地处结古镇东部，嘉那嘛呢石经城西南方，是未来服务旅游的一处小型游客到访中心，兼有社区服务等功能。城市设计中提出设计要充分考虑尊重场地内各类要素，彰显城市文脉，建筑设计中突出体现地域特点和民族特色。

2. 建筑设计及实施情况

作为嘉那嘛呢石经城中的核心公共服务设施建筑，游客到访中心建筑设计充分尊重地方风土民情、建筑空间机理和场地特征。在设计中，将游客到访中心和观景平台的建设融为一体，通过简洁的处理手法和具有地方意味的建筑材料，充分表达出游客中心的地域性特征。

总体立意和构思方面充分考虑了玉树的地域特点，采用"当代乡土化"的设计策略，既不刻意复制藏族地区已有的建筑形式和民族符号，也不去选用科技含量较高但造价昂贵的建筑材料、设备和施工工艺要求较高的建造技术，而是尝试探索现代建造技术和藏族传统建造工艺相结合的建造方式，利用老旧建筑材料，使得建筑更好地与地方文脉结合（图17）。建筑设计中通过11个观景平台把游客到访中心和嘉那嘛呢历史相关的11处地点连接，形成一部嘉那玛尼的实景故事。屋顶平台以下的建筑全部使用石块砌体满铺，屋顶平台以上全部使用新旧木材横向混搭，这种直白的方式有助于当代感的形成。

图17 嘉那嘛呢游客到访中心建成效果

（九）康巴风情商街

1. 城市设计要求

该地段位于城市核心区，处于胜利路、扎曲河、红卫路之间的东西狭长地带，场地规模不大，南北宽约100米，东西长约1000米，场地南北有较大的高差，由西向东高差约4~14米，东高西低、北高南低，一道陡坎横贯东西。地块北部有部分保留建筑，整个地段规划为商业、居住功能。城市设计提出在场地处理上要充分尊重地形特点，在建筑风貌设计上要充分彰显康巴风情特色，体现民族特点和地域建筑风貌特征，在建筑设计中要充分体现原有居民的产权特点，充分征求居民意愿，在空间设计上要强化商业内街和通水廊道的设计。

2. 建筑设计及实施情况

该项目相比其他重点工程更加复杂，因为这个项目是一处商住混合区，不仅有建筑设计本身的难度，还有居民安置、产权置换等复杂因素。在设计过程中，一方面，为了更好地把握康巴建筑特色，做好康巴风情商街，中规院和中国建筑设计研究院有限公司的联合设计团队和随玉树州县领导长途跋涉三千公里，考察了康巴藏区四地州十五县，对康巴建筑进行了详细调研。在此基础上，对康区建筑特色进行认真归纳总结，结合场地特点，形成滨水康巴特色风情街区的总体构思。立面设计中围绕"康巴风情"设计原则，融合康巴藏区最具代表性的建筑特点，充分体现康巴建筑文化（图18）。

图18 康巴风情商街建成效果

在空间设计上将康巴风情商街分为6个组团，下部商业界面强调连续性和整体性，上部住宅强调高低错落、灵活多样，加强商业街的整体性，利于商业氛围的形成，实现富有生机和活力的玉树滨水区（图19）。同时，规划和设计团队本着"自下而上""逐户定制"的工作方法，以产权和安置为基础，做到空间布局同步匹配居民意愿，非常好地解决了设计上的难题，获得了居民极大的褒奖和各方的高度肯定。

图19 康巴风情商街滨水空间建成效果

（十）上巴塘示范区

1. 城市设计要求

上巴塘选址位于巴塘机场的巴塘草原上，海拔高度达到3900米，周边自然和文化景观资源非常丰富。上巴塘村位于机场东侧，飞机起降均从上方低空经过，飞机上旅客的空中感受相比陆地上的远观体验更为重要，因此重点需要控制的是大地景观。从飞机上向下俯瞰，上巴塘如同一幅绿底长卷，因此在草原上规划聚落，规划提出将草原为底，以聚落为图，创造大地景观，构建大地图卷。建筑风貌设计要充分体现康巴建筑特色，展现浓郁的民族文化。在功能方面，提出通过摸索广大农牧区灾后重建方式，建立高原地区机场带动村镇住房重建、村镇复兴的方式；另一方面，借机场门户地区的功能，探索提升扩大玉树赛马会的旅游影响力。

2. 建筑设计及实施

规划设计方案采用以神山为中心的同心圆图式进行整体构图，圆心则利用大尺度五彩的经幡来塑造。聚落区的圆形图式重点通过内环的铺装来强化，由色彩标识性强的铺装和放射状的路网来强化同心圆的图式，形成整个居住聚落。外围的帐篷体验区、牧场体验区等则主要通过经幡、圆帐篷等来强化圆形图式，滨水广场通过圆形或局部圆形的铺装、栈道等来强化图式（图20）。

规划构思紧扣吉祥八宝的主题，八个居住组团分别采用吉祥八宝之一作为设计母题，居住聚落在规模上满足传统居住聚落的社会关系要求，同时分别承载居住、度假、小型会议、展示、加工体验等不同的功能，整体形成太阳部落"八吉村"的设计构思。建筑风格方面，充分结合康巴风情特征，采用石

图20　上巴塘示范区总体空间意向

材、生土、邦克等做法，采取原色石砌加彩绘的混合、抹白石砌加原木饰的混合及夯土加藏红木饰的混合三种，充分体现文化的多元混合性，展示地域建筑特点。建成后的上巴塘示范区已经成为巴塘草原上一处重要的功能区和特色建筑聚落（图21、图22）。

图21　上巴塘示范区组团院落设计意向

图22　上巴塘示范区建成效果

六、结语

　　玉树灾后重建工作已经近10年，玉树的十大标志性建筑均已建成投用多年。在这些项目重建的规划设计和建设实施中，参建团队付出了大量的努力、经历了诸多困难，在建设风貌设计中探索了民族特色、地域特点和时代特征的技术表达，在场地建筑设计中充分体现建筑和城市之间的整体性和协调性，为结古镇及其他城镇的灾后重建项目设计工作做出了创新性的探索和示范，提供了可供借鉴的方法，也为结古镇留下了一系列建筑精品。

玉树结古镇滨水核心区灾后
重建规划设计与建设实施

作者：范嗣斌[1]　鞠德东[2]

1 范嗣斌　中国城市规划设计研究院城市更新研究所副所长，教授级高级规划师。

2 鞠德东　中国城市规划设计研究院历史文化名城研究所所长，教授级高级规划师。

一、区位概况

滨水核心区是位于玉树结古镇城市中心位置，也是巴塘河和扎曲河两河交汇处核心区域的四个重要片区，滨水核心四片由康巴滨水风情商街（约4.3公顷）、红卫滨水休闲商住区（约3.1公顷）、当代滨水休闲商住区（约10.6公顷）和唐蕃古道商街（约2.6公顷）四个片区共同组成（以下简称"滨水核心区"）。这一区域是位于玉树结古镇的心脏地带，具有优良的区位价值和景观价值。周边既有两河交汇这样的重要自然景观要素，还有格萨尔王广场、玉树州博物馆、康巴艺术中心、游客服务中心等重要的公共建筑和活动场所。可以说，这里既是城市总体空间格局、景观结构中最重要的节点性区域，也是城市用地功能结构的核心地带。在灾后重建总体规划及总体城市设计中，对于这一区域的主题定位为：康巴建筑风貌集中展示区、结古镇集中商贸与休闲区。

二、工作背景

（一）技术示范探索实施路径要求

玉树灾后重建中，住宅建设工作是灾后重建最重要的民生工作，也是最错综复杂的一项工作。在城市不同区位不同现状特征下，面对现状产权情况、建筑强度、规划要求、居民意愿等错综复杂的情况，住宅重建工作一度举步维艰。为了保障重建工作高效、和谐地推进，技术组确定了"以点带片、示范探索"的工作思路，即选择具有代表性的组团进行先行示范，通过技术示范探索因地制宜、因地施策的规划设计方法，探索多元重建模式，通过成功的模式探索来推动同类型组团的快速高效重建。这种示范探索取得了良好成效。

对于功能相对单一的居住组团，有以德宁格为示范进行先行探索的统规自建模式；有以扎村托弋、胜利组团等为示范进行先行探索的统规统建模式。这些模式探索都对全市同类型组团的重建工作推进起到了良好的示范作用。除此之外，还有一部分更为特殊复杂的区域，他们位于景观重要且敏感的滨水地带，同时用地又属于商住混合功能，地籍产权更为错综复杂，如何进行重建同样面临很大的难题。后经多方考虑共同决定，将位于城市核心地段的"滨水核心区"（共约20.6公顷）作为示范，探索此类地区的重建模式，同时也是作为集中展现城市特色风貌的代表性区域。

（二）项目重要性、艰巨性

这一重点区域的规划设计面临着一系列问题挑战。这里区位重要但也敏感，地段潜力大，建设标准要求高；震前产权、社会关系复杂，原建筑量大，而且功能混杂；局部地形复杂（如康巴、当代片区均有较大地形高差，同时需综合处理地质灾害、防洪等问题）；重建工作时间紧、任务重，各种不确定因素多。

结合城市规划设计的要求和灾后重建部署，片区工作的难点还集中体现在这几个方面：

难点一：地域风貌把握难。玉树是具有独特建筑风貌的康巴藏区，梳理康巴藏区的特色建筑规制，提炼康巴建筑的独特标准是滨水核心区规划设计和建设实施的首要难点。

难点二：群众意愿锁定难。核心四片共涉及392户居民，诉求多样，宗地与社会关系网复杂，提前确定每户群众的户型意愿，是本次规划设计的前提也是特殊难点。

难点三：设计团队协同难。城市设计需要协调统筹13家涉及建筑、景观、水工、市政、地灾等各专业设计院，是本次规划的组织难点。

难点四：多头实施统筹难。核心四片的实施涉及5个援建单位、实施主体、几百户上千位居民，城市设计作为技术总协调，动态实施协调是本次规划的统筹难点。

（三）项目特殊意义

作为玉树灾后重建的核心重点区域，这一区域的规划设计和建设实施具有特殊的示范意义，它为类似的其他片区重建工作推进过程中如何推进和谐重建，营造优良人居环境，在统筹协调及各种技术工作方面提供示范指导。

与此同时，这一区域作为城市的滨水核心区域、城市心脏地带，也是落实总体规划和总体城市设计要求，是塑造城市结构形态，展现地域风貌特色，提振灾后重建信心，具有特殊意义和独特价值的重点区域。这里是灾后重建工作综合展现的一扇"窗口"。

三、工作历程——统筹规划、建设和管理

基于以上背景，中国城市规划设计研究院（以下简称"中规院"）在针对该区域重建工作谋划之初，时任州委书记旦科同志就提出，中规院灾后重建工作组承担"总策划、总领衔、总协调、总监管"的角色，作为技术总负责、全程参与推动滨河核心区从规划、设计，到建设、实施，以及统筹协调的全方位的工作。

（一）总策划：组织实施

由于这一区域的区位特殊性、功能复合性以及更高标准的要求，该区域的重建必须采取一种不同于单纯住宅重建的特色重建模式。

核心四片是既要满足重建住房功能，也要满足城市旅游休闲产业发展功能的特殊重建项目。重建工作在前期研究中，确定需要引入市场运作机制，探索居民安置和产业发展相结合的灾后重建机制。技术组确定采取"政府与市场相结合，中央重建任务与玉树未来产业提升相结合，城市综合功能体建设与民族特色风貌标志区的塑造相结合"的特殊模式。破解重建资金、产业发展、上居下商等空间利益问题，在设计上要实现"住房重建与旅游文化产业发展"的双提升。

具体在总体策划和组织实施方面。一方面引入了中国水利水电建设集团的市场投资参与重建工作，并且制定了相应的"以地换房""商铺分配"等一系列支持政策。另一方面采取了"1+X"的工作组织模式，由中规院技术组技术总负责，承担详细规划、设计辅导、群众工作、协调监督等方面工作；同时统筹开发主体（中国水利水电建设集团）、建筑设计单位（中规院国城公司、中国建筑设计研究院有限公司、青海省建筑勘察设计研究院等）、地勘和地灾治理（青海省水利水电勘测设计研究院）、河道防洪堤岸设计（青海省水利水电勘测设计研究院）、施工建设方（中国水利水电建设集团）、州县政府和建委（支持政策、意愿锁定、面积分配）等各方及相关工作。

（二）总领衔：规划设计

滨水核心区是玉树结古镇的门户地区、窗口和形象展示区，也是康巴建筑风貌集中展示区，城市中心最有活力和魅力的滨水开放空间及商贸旅游休闲区。中规院技术组在领衔技术工作中既强调规划设计要体现片区的定位要求，整体提升地段价值，充分保障群众利益。

规划设计以"康巴建筑风貌集中展示区"为主题理念，将"商贸旅游休闲区"

作为核心功能。综合考虑"地段景观与商业潜力、宗地类型与社会关系、复杂地形与地灾处理、地价差异与收入差距"等场地特征及复杂性。提出三项设计原则,一是地域风貌,构建旅游、商业、文化、风景相融合的特色城市中心,打造城市景观标志体系。二是优地优用,凸显地段价值。三是延续肌理,尊重邻里关系。同时,规划将"定模式、定形势、定项目"作为空间布局重点(图1)。

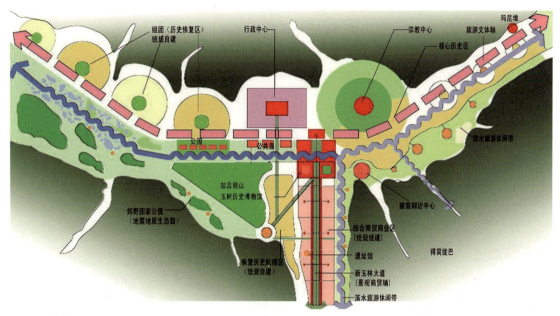

图1 结古镇空间结构规划

定模式方面,提出"匹配陡崖地貌,以集中滨水休闲商业带和展示面为特色,采取安置房+产权商铺方式安置百姓"的界面模式,和"匹配梯台地貌,以商业内街和组片群落为特色,采取上住下商方式安置百姓"的单元模式。并将"界面模式和单元模式"相结合组织空间布局。

定形势方面,康巴红卫滨水区规划布局,采取"双带、多廊、多组团"的鱼骨状格局(图2);布局"滨水景观活力带"和"场地内街联系带";多条"通水廊道"串联组团与滨水。唐蕃古道片区采取"十字内街、唐蕃吉祥万字"的方式组织空间,统筹布局独立商业区、上层居住和底层商街。当代片区以"内街"方式组织空间,布局滨水步道、商业内街和六个商住组团。塑造"平坡结合,地域特色,多元风貌"的整体形式风貌。

定项目方面,将"重建住房功能项目和旅游产业功能项目"有序结合,在确保重建住房布局的同时,布局"旅游广场、特色市场、主题客栈、旅游餐饮"等重要产业功能,形成上居下商的商住综合体。

(三)总协调:安置工作

工作之初工作组就确立了"自下而上"的工作路线。一方面采取自下而上

图2 核心四片区位及规划设计总平面图

图3 施工现场协调统筹

的沟通参与模式，大量的群众工作作为基础，充分了解群众意愿。同时紧密结合技术工作，采取了前瞻性的规划及分配模式，让群众利益空间落位，形象展示，提前化解问题（图3）。

规划设计中采取了"政策制定、意愿锁定、提前分配、施工安排"四位一体的工作路线。即：前期，结合实际情况预先制定有关安置、回迁、分配的相关标准和政策；中期，城市设计针对多样的群众诉求和利益矛盾，从社会关系结构和不同利益群体出发，采取分片分单元，化整为零、以点带面的群众路线，凝结共识，平衡利益；同时用技术手段展示重建愿景，从空间立体的角度实现利益分配的可视化。

在协调推进安置工作中，突出这几点原则：统一规划、整体开发、利益共享；优先尊重群众意愿，尊重原有肌理；就地就近安置，邻里关系不变；上住下商、独门独户、空中院落，体现藏式民居特色。

针对居民回迁安置技术组进行了大量的群众工作：原始数据锁定、政策解释、规划设计讲解、协调沟通、安置意愿锁定……。最终促成化解矛盾、达成共识,实现了保证群众利益,满足群众意愿,规划设计并建设了具有开发价值且操作性强的社区和房子。

(四)总监管:建设统筹

在重建工作中,采取"自下而上的设计路径与自上而下的设计控制"相结合的工作方法。特别在意愿锁定之后的详细设计和实施中,以"控制导则讲解、方案草图沟通、方案优化调整"分阶段反复沟通为主要工作方式,对建筑、景观、工程设计等进行设计辅导,对建设行为实施动态的设计管控与引导(图4)。

探索了全程动态的城市设计实施管控机制。实施中采取"全程跟踪、全程协调、全程指导"的工作机制,确保城市设计的准确落实。全程跟踪督促多方设计单位和各工种之间的协同与配合;重点解决城市设计空间界面与节点的实施问题。总全程指导风貌打造、设计优化等问题;对于城市设计实施现场中存在的工法优化、工法创新问题,统筹组织二次优化设计。对"土石木"的材质工法,"玻璃夯层、白马切藏、贝让"的特殊工法以采用现场研究传统样式与现代工艺的结合方式。

在灾后重建时间紧、任务重情况下,该片区规划、设计、施工等综合统筹、几位一体,统一规划、分片实施,规划设计、施工准备、报审程序等同时推进,尽力实现效率最大化。技术组在这个过程中驻场服务,监督协调,随时解决拆迁清场、群众反馈、施工协调等各类技术与社会问题,充分保障了和谐重建、稳定重建、高效重建的目标实现。

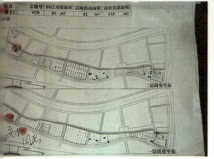

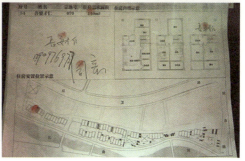

图4 群众安置对接工作场景及意愿锁定文件

四、实施成效

(一) 实施效果

在该区域规划设计及实施过程中,技术组系统研究了康巴藏区的特色风貌标准,尊重民族地区群众的内心情感,打造了具有浓郁康巴风情特色的滨水商住区;探索了自下而上与自上而下相结合的城市设计方法;也是一次将城市设计从静态设计走向动态统筹的全面尝试。

2013年底,核心四片已经建成并投入使用,原居民全面入住,城市滨水核心区的商业氛围也在逐步形成,取得了良好的综合效益和示范效应(图5)。如今,这一区域已成为玉树最具特色和活力的城市中心地带,受到当地人民的喜爱,同时也接待着来自四面八方的游客们。

图5 核心四片建成后实景

(二) 示范性小结

滨水核心区的灾后重建工作,在组织实施、规划设计、安置工作、建设统筹等多方面进行了大量探索性工作并取得了良好成效。

在组织实施方面,探索了在灾后重建中结合市场运作机制,采取"X+1"项目组织模式;在规划设计方面,探索了"政策制定、意愿锁定、分配提前、施工安排"四位一体的统筹规划定制设计模式,以及技术上的动态反馈协调机制;在安置工组方面,探索了"一对一"、居民代表、家族代表等多种沟通协调模式,并且有针对性地进行了干部培训;在建设统筹方面,探索了施工计划统筹安排,各项工程协调监管等方面的内容(图6)。

图6 规划研究草模以及沟通协调的建筑户型模型

滨水核心区的摸索示范为后来同类型地区的灾后重建起到了良好的先行示范作用。这里的实践探索对康巴北部片区、琼龙旅游组团、巴塘滨水休闲区、德宁格南滨水休闲区等区位特殊、功能复合片区的灾后重建起到了重要的示范作用。在灾后重建工作技术组的指导下，大大地提高了援建及设计单位的工作效率，在极短的时间内高效、和谐地推进了相应片区的灾后重建工作，取得了良好的综合效益。

五、回顾与思考

在玉树滨水核心区的灾后重建工作中，从前期谋划、规划设计、群众工作到建设实施全过程，规划设计人员详细踏勘科学论证，心系群众，尊重保护发扬地域文化，有序的组织、扎实推进各项工作，给玉树的这一核心区域勾画出了美丽的蓝图。同时，充分发挥规划技术核心作用，深入一线探索，扎根一线工作，在规划设计及实施工作过程中充分发挥"总策划、总领衔、总协调、总监督"的重要作用，通过技术研究确保科学决策，运用技术手段解决复杂问题，统筹技术管制把控建设过程，推动示范摸索实施路径。截至2013年底，随着灾后重建工作基本圆满收官，滨水核心区作为玉树最具代表性的标志性景观区域也以其崭新的面貌展现在大家面前。

玉树的灾后重建工作实践，是一次在特殊时期、特殊地点、采用特殊组织方式展开的一次城市规划设计、建设实施和管理的实践。今天，我国很多城市已进入更新改造为主的存量建设时代。与新建不同，更新改造在统筹组织模式、规划设计方法、法律法规和技术规范标准、权属利益协调和社会动员治理等方面都面临一系列新的挑战。和玉树的工作类似，存量更新的工作规划设计难度更大，很多技术标准不完善；改变功能、规模要解决利益调整协商难、审批流程复杂等问题；施工过程要兼顾既有使用和相关利益，还要考虑资源再利用和节能环保等。在今天中国城市发展转型的新时期，玉树的这些实践探索，从统筹策划、技术领衔、利益协调、过程监督等方面，对今天的城市工作特别是存量更新、城市治理方面仍然不乏启示意义。

玉树滨水核心区建筑风貌打造

——"民族特色、地域风貌"在玉树滨水核心区的探索实践

作者：范嗣斌[1]

一、项目背景：玉树灾后重建中的风貌共识

玉树地处青藏高原腹地"三江源"地区——长江、黄河、澜沧江三条江河的源头汇水区，是以藏族为主的多民族聚居地。玉树属于康巴藏区①，是传统藏式风貌浓郁的民族地区，在灾后重建过程中，风貌不只是技术问题，更是民族情感问题。基于对当地文化的尊重，对自然的敬畏，灾后重建规划中明确提出了"具有浓郁康巴民族特色和高原地域风貌"的城市意象总体定位，展现"新玉树"时代精神城市意象——"民族特色、地域风貌"，这也是指导灾后重建建筑设计的风貌准则。

玉树结古镇滨水核心区位于两河交汇处的城市核心地段，是灾后重建的重要示范性项目之一。基于上位规划的要求，这一区域是要打造一个符合本地居民愿望、商住混合功能的滨水商业商住街区，同时展现浓郁的康巴藏族风貌特色及景观环境。建筑设计重点体现"民族特色、地域风貌"，即建筑载体应传承康巴地区藏式建筑特色，并体现高原、高寒、滨水地区建筑的空间特征。然而，特色风貌的传承与延续绝不是一句华丽的口号，中国城市规划设计研究院（以下简称"中规院"）灾后重建工作组前期进行了大量的调查研究，从规划、建设到实施管控过程中又与各方进行了大量沟通、协调、指导工作，其间，积累了大量的调研资料、工作笔记、建设实施影像资料，在过程中对于康巴藏区建筑传统风貌的认识也随之不断深入，在此特整理与风貌营造密切相关的考察研究、思路形成、建设指引和过程管控等方面点滴内容，与读者共享交流。

[1] 范嗣斌 中国城市规划设计研究院城市更新所副所长，教授级高级规划师。

二、康巴地区藏式建筑考察与研究

为更加准确地把握康巴地区的建筑风貌特色，在工作之初，2012年5月

---

① 康巴藏区是中国三大藏族聚居区之一，在中国西南边疆具有重要的战略地位。康巴藏区位于三江流域，主要包括西藏昌都，以及青藏高原东部台地上的青海玉树、云南迪庆和四川甘孜等地区。

5日至13日，时任玉树州委书记旦科同志、玉树县委书记吴德军同志带队，设计团队从玉树出发，横跨青海、四川、云南三省，长途奔袭3000余公里，对石渠、德格、甘孜、炉霍、道孚、丹巴、康定、理塘、稻城、乡城、德钦、香格里拉等康巴地区10余个县，约30个考察点进行实地考察。通过深度体验大量建筑实例，探究康巴藏区建筑的特点与规律，尝试从建筑总体特征、形态体量、材质色彩、工法模式等方面提炼康巴藏区特色风貌要素，作为滨水核心区风貌打造的基础和依据，并由此形成这一区域的风貌打造思路。

（一）康巴地区藏式建筑总体特征

从总体上来看，虽同为康巴地区的藏式建筑，但由于不同地区自然地理、气候环境等条件的差异，不同区域体现了独特的地域特征。建筑也表现为多样化的形式，有的厚重敦实，也有的轻灵通透。而随着历史发展、社会进步、多民族文化间的不断碰撞，康巴藏区的建筑呈现了文化融合，多元包容的特点。例如，四川的道孚、丹巴等地传统民居女儿墙、碉楼的细部处理上融合了羌族文化特色，云南的德钦、香格里拉等地区建筑则显现出汉族文化影响的痕迹，如屋顶形式。简而言之，多元和交融是康巴地区建筑的一个总体特征。

（二）康巴地区藏式建筑形态特色研究

在建筑形态风貌特色方面，康巴地区藏式建筑有几个特征尤为明显。

第一，建筑材料多就地取材，以土、木、石为主，通过不同材质之间的合理搭配彰显建筑特色（图1）。根据不同地区的自然地理条件，上述几种材质所占比例不同、使用位置各异；结合本地资源特色，多以某一种材质为主，如山林丰富地区以木材质为主，某些山地区域则以石材为主。

第二，建筑单元形态简单，通过平面围合、竖向退台等处理手法，形成了较为丰富的建筑体量和空间形态，如院落、平台（图1）。而这也是和当地居民的生产、生活习性紧密相关，如院落、平台往往要用于晾晒谷物、柴火等；而在土、石材质为主的建筑建造过程中，为了维护结构的稳定性，自然形成了墙体收分的建筑体量。

第三，藏式建筑在特色风貌上注重营造对比的效果，建筑的上下层、室内外、主体与配建等都具有浓烈的对比效果（图2）。例如，建筑上虚下实的对比，上部木材为主，下部土、石为主；建筑外饰朴拙、内部华丽的对比；建筑墙体等背景元素色彩清淡统一、门窗等重点元素色彩则浓重多变。体量、材质、色彩的强烈对比是康巴建筑艺术中最为普遍的处理手法。

图1 土、木、石是常用材质；院落、平台、收分是常用的形式处理

 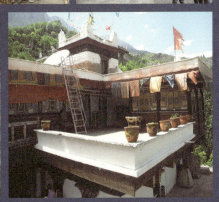

 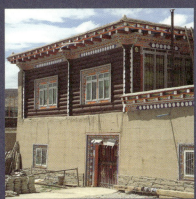

图2 藏式建筑上虚下实的对比；内外素华的对比

（三）康巴地区藏式建筑风貌模式研究

具体到建筑风貌特色，不同地区特色有所不同，经过归纳总结将康巴地区的建筑风貌概括为以下八种特色模式（图3）：

模式1：以德格地区为代表，建筑粗犷大气，浑厚敦实，以土、木材质为主，建筑基座或底层以厚实的夯土材质为主，上层则以木材为主；

模式2：以道孚地区为代表，建筑也比较敦实，装饰元素更加细腻，且融合了部分羌族元素特色，如在屋顶四角的凸起小尖角形态，还有很多白色的运用；

模式3：以丹巴地区为代表，建筑以石材为主，厚重、挺拔、粗犷，依山就势，塔楼、尖角等羌族元素更为明显；

模式4：以康定地区为代表，建筑整体上下材质以石材为主，显得自然原始，粗犷浑厚，在屋顶处理上则比较多元，坡顶、平顶均有采用；

模式5：以亚丁地区为代表，建筑整体上下也以石材为主，厚重敦实，还融合了地域文化特色的黑色线脚及檐口；

模式6：以稻城地区为代表，建筑以石材为主，但石材更加齐整，墙面也更细腻，同样也有黑色线角处理，部分建筑也采用坡屋顶形式；

模式7：以乡城地区为代表，整齐一致、淡雅细腻，又因其外墙大面积的白色抹灰而称为"白房子"；

模式8：以香格里拉地区为代表，因地域气候的原因，建筑形态现代简

图3　康巴地区建筑风貌模式

模式1

模式2

模式3

模式4

模式5

模式6

模式7

模式8

洁，大屋顶出檐深远，建筑材料以夯土结合木材为主。

（四）小结

基于上述对康巴地区建筑的考察总结，结合城市规划对这一区域在风貌打造上的要求和与当地政府、居民、民俗专家等沟通，工作组初步确定这一区域的建筑风貌设计思路应是"大统一、小变化"，即在以土、石、木材质为主，体现院落平台等特色空间形态的统一风格下，融合康巴地区不同的一些特色建筑元素和特色，体现出多元而包容的新玉树风格。

三、滨水核心区建筑风貌实施细则与营造指引

当灾难发生之时，诸如玉树这样的交通不便、经济欠发达地区，其文化传统往往亦遭受灭顶；另一方面，在灾后重建这样大规模、短时期的国家行为之中，如何避免机械重复、千城一面的"现代化建筑"，传承并延续民族特色、地域风貌的价值理念就显得弥足珍贵。

但民族特色、地域风貌的传承与延续也绝不是一句简单的口号。为了在滨水核心区充分贯彻灾后重建总体景观风貌营造的思路，指导重建独具高原康巴特色的民居建筑景观风貌，推动高原生态商贸旅游城市建设。结合前期的康巴地区建筑风貌调查研究，通过广泛查阅收集文献资料，虚心求教民俗专家，系统梳理工程做法，工作组第一时间编辑汇总制定《玉树两河滨水风貌区建筑风貌实施细则》（以下简称《细则》）。本《细则》结合了各特色风貌取得景观风貌控制要求与工程建设实际情况，是指导这一区域风貌打造的实施性准则，也是滨水核心区各建设项目风貌打造的重要指导原则和设计依据。

本风貌实施细则主要包括两部分内容。第一部分为整体风貌控制，主要从建筑组群特征、建筑整体形态模式、建筑色彩组合等方面作为滨水风貌区整体建筑风貌的控制依据。第二部分为单体建筑细部控制要求，从屋顶、檐口、墙、门、窗、梁柱、建筑小品七方面提出建筑实施的具体要求。

（一）整体风貌控制指引

核心区的整体风貌控制主要从几个方面来进行指引。在建筑群体组合方面，强调与自然环境、地形地貌的和谐统一；建筑形体强调院落+平台的空间组合模式；且在建筑群体的局部强调合理运用标志（塔、台、桥等）点缀。建筑整体形态模式方面，不强求以某一模式为主，而强调从纯粹走向文化融合、多元包容，前述八种模式可作为参考，可在纯木结构、土木结构、土石结构等建造方式中灵活混搭。在建筑色彩组合中，充分考虑藏族装饰色彩凝聚着藏族

同胞对大自然、对人生、对世界的理解和诠释,可灵活运用白、黄、红、黑、蓝和绿等色彩搭配。同时,考虑到不同区位特征和不同功能的组合,在以商业为主的界面或近人尺度色彩可偏浓烈(如康巴滨水风情商街段落),在以居住为主的段落和组团色彩则可偏清新(如当代滨水商住区组团)。

(二)建筑单体细部控制要求

对于单体建筑细部提出了一系列控制指引要求(图4)。滨水风貌区内屋顶形式建议选取两坡顶和平屋顶形式,一般避免出现四坡庑殿顶、歇山顶形式。居住建筑屋檐装饰标准为三层,选配与高配可适当增加形式组合(贝让、玻璃尕层、白马、切藏、东玛等形式组合);屋檐装饰还对玻璃尕层形式、贝让形式等提出顶端出挑要求。对墙、墙裙的里面风貌做法、材质、色彩组合等也提出了控制要求。对门、窗、梁柱等的形式、做法、色彩、装饰等也提出了指引要求。并且,通过简单易理解的图表形式,为设计机构、施工单位等提供指引说明。

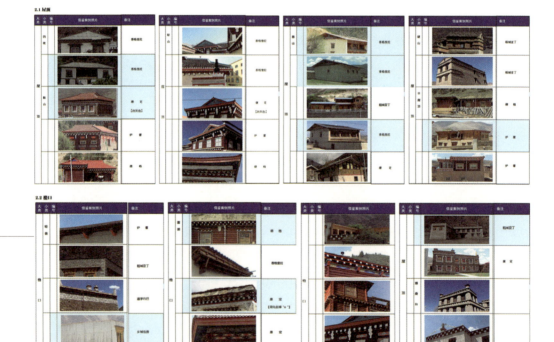

图4 建筑单体细部控制指引图表集(部分)(一)

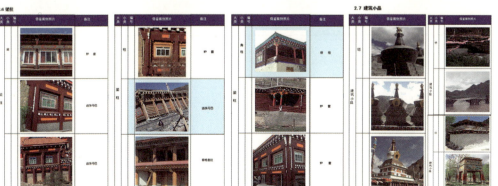

图4 建筑单体细部控制指引图表集（部分）（二）

(三)实施中的全程管控指引

风貌打造不仅仅是"图上画画、墙上挂挂",它贯穿了规划、设计、建设和实施的全过程。工作组在滨水核心区的工作中采取"全程跟踪、全程协调、全程指导"的工作机制,确保风貌打造意图的准确落实。全程协调、跟踪督促多方设计单位和各施工单位之间的协同与配合;重点解决重要空间界面与节点的实施问题。并全程现场指导风貌打造、设计优化等问题;对于建设实施现场中存在的工法优化、工法创新问题,统筹组织二次优化设计。如对"土、石、木"的材质工法,"玻璃夯层、白马切藏、贝让"的特殊工法要求等均通过现场研究传统样式与现代工艺的结合方式来解决(图5)。

图5 工作组现场指导研究工法方案

四、思考体会

建筑是城市历史和文化的代表,是体现城市风貌和特色的重要载体。一个城市的建筑需要美观经济且符合当地经济社会条件,体现城市历史文化和地域特色,展现现代文明。中央在有关城镇化工作会议中也曾明确提出"要传承文化,发展有历史记忆、地域特色、民族特点的美丽城镇"等重要要求,通过玉树结古镇滨水核心区的风貌打造实践,"民族特色、地域风貌"不仅是形式上的设计细节,更是传统文化内涵在建筑创新上的体现、固有生活方式在现代技术条件下的重现。

城市特色风貌的打造,不仅是停留在纸面上的一份规划、一份报告、一个方案,而且是真实的、生动的,甚至充满了讨论争议的一个营建历程。在这其中,既需要有扎实接地气的研究作为支撑,需要具有创造性的思路和设计去体现,也需要有更为具体精细的规范去进行管控和引导,更需要在实际营建过程中去良好把握和创造。中央城市工作会议也指出,做好城市工作需要"统筹规划、建设、管理三大环节,提高城市工作的系统性",城市特色风貌的打造也是如此,这也是一个动态、全程的工作,只有关注到并做好每一个环节,才能营造出经得起时间考验、为广大人民所热爱的城市特色风貌。

参考文献

[1] 中国城市规划设计研究院.结古镇城镇总体规划（灾后重建）[R]. 2010.

[2] 中国城市规划设计研究院.结古镇城镇总体设计及控制性详细规划（灾后重建）[R]. 2010.

[3] 中国城市规划设计研究院.滨水核心四片（康巴风情商街、红卫滨水区、当代滨水区、唐蕃古道商街）规划设计[R]. 2012.

[4] 鞠德东，邓东.回本溯源，务实规划——玉树灾后重建德宁格统规自建区"1655"模式探索与实践[J]. 城市规划，2011（增刊）：61-66.

[5] 中国城市规划设计研究院.玉树灾后重建工作总结[R]. 2013.

玉树康巴风情商街及红卫路滨水休闲区灾后重建建筑设计

—— 康巴藏区传统建筑风貌的现代设计演绎

作者：宋 波[1]

[1] 宋波 中国建筑设计研究院有限公司，第五建筑设计研究院副院长，国家一级注册建筑师，高级建筑师。

一、项目背景

青海玉树，三江之源。2010年4月14日，玉树遭受7.1级强震重创，满目疮痍，灾后重建工作刻不容缓。于当年7月受玉树州人民政府之邀，在中国城市规划设计研究院（以下简称"中规院"）重建规划工作组的统筹下与中国建筑设计研究院有限公司（以下简称"中国院"）组成联合专家团队，赴玉树指导灾后重建规划设计工作。我曾参与北川地震灾后重建的规划设计工作，具备一定的灾后重建设计工作经验，有幸成为专家团一员。此后我作为设计负责人完成了玉树琼龙社区的规划设计工作。2012年初，作为玉树重点项目之一的康巴风情商街及红卫路滨水休闲区项目设计工作启动（图1）。

图1 项目用地区位及设计范围

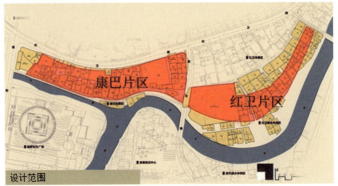

二、项目概况

(一)地处高寒地区,项目区位较为重要

玉树县地处青藏高原东部,三山夹峙,两河交汇,城市呈"T"字形布局。康巴风情商街位于两河交汇处,扎西科河北岸,城市商贸中心地带区位优势明显。项目用地面积约1.71公顷。地块狭长,东西长度1500米左右。北临预留建设用地及城市主干道红卫路,西邻胜利路,东接结古路,南侧为滨河路,交通条件便利。

(二)藏族特色文化背景,较为复杂的人员构成

玉树州为藏族居民的聚居地,藏族人口占90%以上,当地有较强的藏族文化特色。在此项目用地内的住户人员关系错综复杂,藏民、汉民、官员、商人、活佛、平民、移民各不相同,给后期设计任务带来很大挑战。

(三)场地情况复杂,设计难度很大

康巴商街的建设用地红线范围内的整体地势还算是平坦,但与北侧地块相接部分是一道有较大高差的陡坎,由西至东连续高差4~14米,本地块与北侧预留建设用地一起形成东高西低、北高南低、一道陡坎横贯东西的地势特点(图2)。且陡坎大部分为垃圾填埋土,土质酥松,建设难度大。红卫滨水街的场地同样北高南低,但高差在2~5米左右,相对平坦一些,同样东西方向长,南北方向窄,但比康巴商街用地要宽很多。

图2 项目用地场地情况

康巴商街地块内大部分民房已经震毁或坍塌,均按废墟移除。唯独有一栋活佛家的五层房子,因为是框架结构,地震时未受影响,保留下来。设计时需考虑与该建筑的相关联系。红卫滨水街场地内无建筑物。场地地下水位较高,需要做降水、抗浮等处理。

三、设计任务

解决玉树地震中106户受灾原住居民的住宅安置和商业安置,此外设置沿街商业、综合商业、度假酒店等功能,打造集商业、文化、旅游、休闲、居住为一体的综合性区域,形成具有浓郁康巴风情的建筑街区。

四、设计过程

(一) 协调统一

本项目是在规划上位指导下的进一步实现和完善,是总规、控规、详规与建筑设计的快速执行和紧密联系的体现(图3)。我们力求恢复玉树面貌,改善建筑居住环境,平衡经济指标,用一种人视的、自然的尺度打造富有浓郁民族色彩的新玉树建筑。

受周边建筑体量及位置的影响,在处理与玉树州博物馆、康巴艺术中心交汇处的关系时,我们退让并留出一块休闲广场,进行过渡和缓冲。同时设计了一个尺度上相对小的标志性大门,作为康巴风情商街的起点,以呼应与它们的空间关系。在处理与南侧格萨尔广场的关系时,我们设计一条贯穿康巴风情商

图3 总体规划

街、连接红卫路的轴线与格萨尔王广场中心雕塑形成视觉通廊。在通廊上设置了横跨扎西科河的步行桥以连接商街与格萨尔王广场,在视觉、流线上做了呼应。同样在处理与游客到访中心的关系时,也形成了一条连接红卫路与游客到访中心的视觉通廊,利用道路、白塔广场、室外楼梯、拱形桥形成一条连续流线。这样解决与周边环境的关系时,也较好地引导周边重要场所人流的进入,利于商业气氛的形成。在两河交汇处设置两座楼阁式建筑,形成视觉焦点。该项目东侧临近结古路,结古路因通向结古寺而得名,宗教氛围浓郁。因此在建筑屋顶设计了一个8米高的转经筒,形成视觉焦点,建筑群与结古寺一个山上一个山下,空间上形成呼应。

(二)以民为本

该项目是在原址上重建新玉树,最优先考虑的是安置受灾群众,这是重建家园的重中之重。我们的设计与老百姓的利益息息相关,每一步设计节点要先得到老百姓的首肯,我们的工作才可以往下进行,所以以民为本是该项目设计的基本原则。

1. 化整为零,扁平化布局

在建筑的整体氛围把控上,以亲民、活泼为主,旨在构筑一个焕发生机、重新站起来的玉树,也希望延续老玉树的历史、文化和传统。因此,康巴风情街没有采用最初救灾的简单办法,即以大体量的板式楼房安置灾民,而是采用了扁平化的小体量,具有康巴藏式传统建筑的建筑组合形式进行重建创作。

用地狭长,连续1.5公里长度,设计时将其整体灵活切割成多个组团,以组团为单元进行设计,组团间再进行相应的交通联系,与周边环境形成有效的呼应,从而再组织成有机整体(图4)。

图4 不同套型在总图上的布局

2. 菜单式设计,灵活应用

地震以前该地块内的居民私产情况复杂,有的有民宅,有的有商铺,有的既有民宅又有商铺，需要挨家核实原有私产情况，再进行换算以及相应政策补贴得出每户的确权面积。由于灾后重建时间紧迫，确权的工作政府部门还没有开展，对于我们来讲等于没有任务书，但是项目又必须往下进行，于是设计时考虑将每户的住宅建筑基底面积设置成一样，公平公正，形成标准单元，对单元进行规划排列组合，再根据套型面积的大小设置成菜单式户型。这样待每家确权之后，就在各自用地上选择相对应的户型，小户型一层，大户型两层或者三层，这样反而形成了自然生长的体量关系，收到意想不到的效果（图5）。户型设计上做到品质均好性，同户型同级别同品质，无差异化，利于后期分配；功能灵活性，框架结构，柱子均设置在外墙，内部均为轻质隔墙，形成大空间，住户可根据自身需要灵活布局，方便藏民日后的功能调整。充分考虑藏民的原有生活习惯，独门独户、经堂功能的增加、院落的围合、退台的设计、阳光房的设置，使当地的居住习惯、气候、建筑特点得以体现和延续。

图5 菜单式套型对应标准建筑单元

3. 内外疏通，最大化提升商业价值

在康巴商街的场地处理上，在地块北侧陡坎设计混凝土挡墙，以保证建筑安全性。由于场地南北高差的关系，设计时顺应北高南低的特点，沿北侧道路设置住宅，沿滨河道路设置沿街商业，二者之间设置迭起平台，形成商业内街，较好解决北高南低的地势高差，根据高差的不同，设置不同的商业业态和功能，同时也满足藏民对商业面积的需求（图6）。由于地块东西较长，所以划分成多个独立组团，组团之间水平交通利用空中走廊相连接，保证商业天街的连续性；在组团间设置南北向的垂直交通，七个高差从2米至14米的室外楼梯，引导北侧城市主干路红卫路的人流进入，汇聚商业人气，同时也方便居民出行。在扎西科河上设置三座步行桥，连接南北两岸，导入南侧区域人流，最大化发掘商业价值，保证老百姓的商业利益。这样康巴商街形成商业流线在南侧、底侧，居住流线在北侧、上侧，下商上住、商住分流的规划布局，独立互补，灵活多样。红卫滨水街利用其北侧的现状道路沿街设置住宅，南侧滨河设置商业，沿东西向划分成6个独立组团，老百姓的安置住宅与安置商业设置在

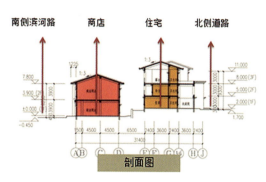

图6 剖面设计处理场地高差

同一组团内,方便经营。组团间设置道路联系南北两侧交通。组团内住宅建筑和商业建筑围合成内院,符合当地藏式院落的建筑特点,这样红卫滨水街形成商业流线在南侧,居住流线在北侧,前商后住、商住分离的规划布局,动静分区,功能联动。

4. 面对面沟通,挨家挨户确认

在设计过程中,经常不断地与老百姓进行沟通,以保证方案能体现老百姓的利益要求。由于该地块的位置重要性,之前在此居住的百姓非富即贵,人员关系错综复杂,有藏民、汉民、官员、商人、活佛、头人、平民,但是同一目的都是尽量为自己争取利益最大化。与老百姓的对接工作,首先需要锁定每户的住宅安置面积和商业安置面积,锁定面积之后本着就近安置的原则确认每户的住宅及商业的规划位置,确认位置后再明确户型,每个节点都是通过多次会议逐户沟通,反复,再沟通,面积的多与少,位置的好与坏,户型的大与小,商业的宽与窄,都要讨价还价。即使这样,我们还是能理解老百姓的心境,毕竟经历过灾难和痛楚,有些人目前还住在街边的帐篷里,为自己多争取一些利益的行为也在情理之中,所以只要老百姓所要求的条件在合理范围内,我们都尽量去满足,于是原定的标准化变成了特殊化,甲方从一个政府变为106个老百姓。在经历了一个漫长而又纠缠的沟通过程后,终于换来106张签字按手印的确权书。除了这些安置居民以外,还要考虑保留活佛家的房子问题。房屋的四至边界、退线距离、基础形式及基础埋深等,都要与活佛一一沟通。

(三)康巴风情

有了老百姓的确权书,规划布局基本定案,下一步工作开始立面设计。在玉树的藏族人口占九成以上,玉树民居也多为藏式民居。藏族民居色彩鲜艳,装饰繁复,材料多为当地出产。康巴风情街项目因为位置好,商业价值大,该地块的老百姓对立面的期待也很高,甚至有的藏民拿着不知哪来的效果图跟我说他家就要做成这样,可能认为我是个外来的和尚,不一定能做好当地的建筑风貌。另外本项目作为灾后重建重点项目中唯一一个涉及住宅民居的项目,当地政府也希望本项目能体现康巴地区的建筑风格,打造一个"康巴民居建筑博物馆"。

1. 长途跋涉,康巴藏区建筑风貌实地考察

中国藏族住区分为卫藏藏区、康巴藏区和安多藏区三大藏区,康巴藏区包括青海玉树州、四川甘孜州、云南迪庆州和西藏的昌都地区。为更好地了解康巴藏族民居建筑,2010年5月,从玉树出发穿越赴四川甘孜州,至云南迪庆州,长途奔袭2000余公里,翻雪山、跨河谷、过悬崖,体验蜀道上青天之难,历时8天,重点考察康区建筑风貌、作法与材料,一路相机照、摄像机拍、录音笔录、笔记记、尺子量,获得了详尽的第一手资料(图7)。考察结

图7 康巴藏区建筑风貌考察

束后对资料进行了详细整理，取精华去糟粕，将有参考价值的民居资料提炼出来，先进行分类，再将每一类型的檐口、窗套、门套、门窗样式、柱式、栏杆等细部做法绘制成电子文件，形成资料库备用。

2. 精选康巴风格样式，灵活应用组合

康巴风情商街虽然分成六个组团，但是下部商业界面的连续性和整体性还是很强，上部住宅的体量高低错落，灵活性高，所以在风格应用上采取下部整体风貌统一，上部多种风貌融合的方式，加强商业街的整体性，以利于商业氛围的形成，凸显上部住宅灵活多样性，如同自然成长的藏族村落一样。红卫路滨水街各组团独立性强，设计时考虑每个组团为一种风貌，形成多风格的村落组合，德格木屋、道孚夯土房、江巴村石屋、乡城白房、丹巴石屋及香格里拉坡顶木屋，原汁原味，打造康巴民居建筑的集合展示区，尽显康巴风情（图8）。除了传统的细布构造做法应用以外，在规划项目的口部、节点、端部等重要部分进行了特殊设计处理，增强节点的标识性，再通过转经筒、白塔、经幢、经幡等环境设计的融合，强化康巴藏区文化特征。

3. 精细设计，现代演绎

为了更直观地感受康巴风貌特征，避免风貌打造的细节不到位，每个建筑都做了细致的SKETCHUP模型，对建筑的颜色、构造、材料以及细部尺寸进行推敲，同时方便施工人员直观观察建筑外观（图9）。

图8 不同康巴藏式风格的设计推敲

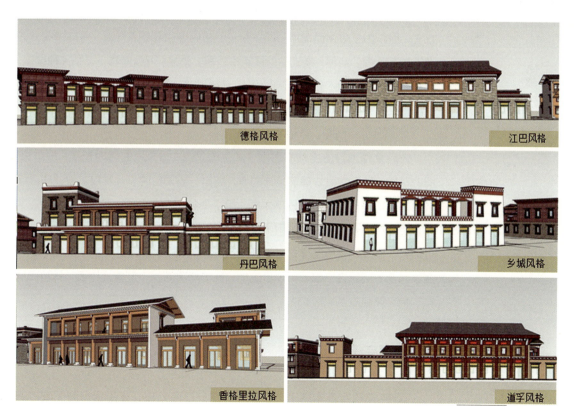

图9 效果图设计

由于成本控制要求以及功能使用需求，建筑立面做法不可能完全采用传统方式，所以为了效果而增加了很多新设计的墙身构造节点详图，包括带收分的砌筑片石外墙、"崩柯"样式的外挂实木外墙、外挂GRC外墙，以及各种檐口、窗套、门套、线脚、彩绘等详图设计，外墙材料的选择除重点区域、重点位置采用传统材料以外，大部分选择新型替代材料，方便采购及控制成本。

4.加班加点制图，尽心尽力服务

灾后重建项目进度刻不容缓，加上该项目1.5公里的用地长度，12个不同的子项，繁复的藏式建筑装饰构造，超出一般项目的设计难度。设计项目组成员每天加班加点，节假日不休息，用了1个月的时间提交了施工图，保证了该项目的进度安排。施工过程中，由于工期紧，材料短缺，施工人员水平有限等因素，造成风貌施工样式与设计图不符的情况。为避免此类情况的发生，我基本两至三周就去一趟玉树项目工地，现场解决问题，定样式样板，找替代材料，指导风貌施工（图10）。

五、项目完成

2014年项目基本完工，老百姓大部分已经入住。该项目得到了政府的

图10 现场工作

褒奖，老百姓也比较满意，个人也获得了荣誉，能够为玉树的老百姓做点事情，为玉树的灾后重建贡献一点绵薄之力，内心倍感欣慰。如今康巴风情街已经交付给老百姓居住和经营，也成了当地一个休闲、旅游、购物必选打卡之地，商街为老百姓带来了财富，也为玉树增添了一抹风景，尽显玉树康巴之风情（图11）。

图11 建成照片

玉树当代滨水商住区建筑设计

—— 一次康巴藏式居住建筑设计的探索与实践

作者：周 勇[1]

[1] 周 勇 中规院（北京）规划设计有限公司建筑设计所所长，教授级高级建筑师。

一、项目背景

当代滨水商业区位于玉树结古镇核心区，北滨扎曲河，西邻当代清真寺，中段毗邻玉树州国际游客到访中心。作为灾后重建重要的示范性项目之一，建设用地由东西六个地块组成，规划总用地面积为10.6公顷，总建筑面积约3.8万平方米。

项目伊始面临的问题和困难，在十年后的今天，笔者依然记忆犹新：基础资料缺失，群众意愿锁定难度大，灾后重建中住宅设计工作方法尚无先例；藏地建筑传统神秘而陌生，宗教信仰、民俗禁忌等话题敏感，难以把握风貌定位。项目技术团队以"沟通式设计"积极对接社区群众，充分了解、持续跟踪、及时反馈各方诉求，赢得了地方政府和群众的一致认同；方案设计兼顾受灾群众短期妥善安置与长期人居环境的改善要求，大胆探索并努力实践新藏式设计风格，运用技术手段解决复杂问题。

二、沟通式设计

灾后重建工作时间紧、任务重，安置群众对于建筑空间、功能等方面的诉求千头万绪，以往简单化一式的标准方案显然行不通，项目甚至因此一度陷入停滞。在总院技术工作组的直接关心和指导下，项目组创新工作方式，提出全民、全程参与的"沟通式设计"工作程序，制定"菜单方案、定制设计、实施方案"三个技术步骤，其中所涉及的工作量之大、过程之艰辛，是常人难以想象的。

"菜单方案"步骤：规划师及建筑师参照规划条件及任务书的各项要求，结合群众初始意愿，提出的一系列标准户型设计方案。

"定制设计"步骤：在按照政策测算国家补贴住房面积的同时，逐户调查需求住房、商铺面积及户型需求，其中涉及邻里关系、房间朝向、户型布置甚至装饰纹样等多方面细节，需反复对菜单方案做出修改调整。定制设计过程中，针对菜单方案，受灾群众给项目组提供各种各样的特殊要求，其中也包括大量的手绘草图，均被仔细收录并作为重要的设计依据。

"实施方案"步骤：在各级政府的大力支持下，项目组组织不同规模、不同层次民意代表参与方案，经过反复讨论与修改，住户以按手印的方式确定最终的实施方案。

项目组的同志除了完成案头的设计工作外，绝大多数时间都奔波于施工工地、社区管委会、救灾帐篷之间。宣讲设计方案，解答群众疑问，处理技术问题。

三、建筑风貌探索

（一）风貌定位把握

玉树属于康巴藏区，是传统藏式风貌浓郁的民族地区，在灾后重建过程中，风貌不只是技术问题，更是民族情感问题。基于对当地文化的尊重，对自然的敬畏，灾后重建规划中明确提出了"具有浓郁康巴民族特色和高原地域风貌"的城市意象总体定位，展现"新玉树"时代精神城市意象——"民族特色、地域风貌"，这也是指导项目风貌定位的标尺准则。

基于上位规划的要求，项目要成为一个符合本地居民愿望的、商住混合功能的滨水商住街区，同时展现浓郁的康巴藏族风貌特色及景观环境。建筑设计重点体现"民族特色、地域风貌"，即建筑载体应传承康巴地区藏式建筑特色，并体现高原、高寒、滨水地区建筑的空间特征。然而，特色风貌的传承与延续绝不是一句华丽的口号，项目组内部开展了大量的方案比选工作，不断调整修改，反复尝试推敲，其间积累了海量的工作草图、读书笔记、影像资料，对于康巴藏区建筑传统的认识随之不断深入。

（二）地域传统研究

为更加准确地把握康巴地区的建筑风貌特色，在工作之初，设计团队主创人员随中国城市规划设计研究院（以下简称"中规院"）玉树灾后重建技术工作组，横跨青、川、滇三省，长途奔袭3000余公里，对石渠、德格、甘孜、炉霍、道孚、丹巴、康定、理塘、稻城、乡城、德钦、香格里拉等地区进行实地考察。通过深度体验沿线建筑实例，实地探究康巴藏区建筑的特点与规律，从总体特征、形态体量、材质色彩、工法模式等方面总结、提炼康巴藏区建筑风貌特征。总体而言，多元和交融是康巴地区建筑的一个总体特征。此外，就地取材、体量简洁、材质肌理、色彩浓淡、外素内华的强烈对比也是康巴建筑艺术中较为常见的传统规制。

此外，结合上位规划的建筑风貌要求，设计团队与当地政府、社区群众、民俗专家反复沟通研讨，认为项目的建筑风貌设计应为"大统一、小变化"，即在以土、石、木材质为主，体现院落平台等特色空间形态的统一风格下，融合康巴地区不同的建筑元素和特色，体现出多元而包容的新玉树风格，这是当代滨水商业区建筑风貌的重要指导原则和设计依据。

四、建筑设计构思

当灾难发生之时，诸如玉树这样的交通不便、经济欠发达地区，其文化传统往往亦遭受灭顶；另一方面，在灾后重建这样大规模、短时期的国家行为之中，如何避免机械重复、千城一面的"现代化建筑"，传承并延续民族特色、地域风貌的价值理念就显得弥足珍贵。但民族特色、地域风貌的传承与延续也绝不是一句简单的口号，通过广泛查阅收集文献资料，虚心求教民俗专家，系统梳理工程做法，结合编制《细则》过程中的经验体会，项目组针对康巴传统民居进行全面分析，在空间形态、体量关系、材质色彩以及装饰细部等方面，均采取了简化抽象、演绎重构等多种现代建筑处理手法，重新运用到方案设计之中，力图诠释康巴藏区新民居的精神内涵。

（一）空间形态

考察康巴藏区的传统聚落，民居多顺应地形地貌布局，与自然环境紧密结合，形成许多边界自由、张力十足的公共、半公共空间。设计地块沿河岸蜿蜒展开，形状规整不足，结合传统民居聚落的肌理特点，规划设计将建筑体量依河流、道路走向和地块边界变化灵活布置，形成一系列形态丰富、功能各异、层级分明的室外空间——步行商街、台阶广场、滨河公园、嘛呢石转经道、组团内庭、空中院落等。上述开敞空间通过折线状的商业内街和曲线状的滨河步行道串联起来，街道界面连续统一，空间张弛有度，视线步移景异，淋漓尽致地刻画了康巴传统聚落的空间形态特点（图1）。

（二）体量关系

康巴藏区传统民居建筑体量简洁，平面一般为矩形或L形，规模较大的通常以这两种基本体块为原型，通过灵活搭接组合、分层退台处理，整体形象统一中不乏变化。滨水商业区的住宅皆为"下商上住"的形式，设计方案巧妙地将功能动静分区和体量关系变化结合起来：首层商铺体量尽量充满每户宅基地，在沿街面设置柱廊或雨棚；二层通常为家庭的起居空间，南侧通过局部退台处理形成阳光室或转角阳台，北侧体量再次收束形成连续的入户走廊；较大

图1 当代滨水商住区总平面图及区位示意

户型的三层为主、次卧室，均面临宽大的屋顶露台；户内楼梯竖向贯穿整个单元，并在屋顶处凸出形成高耸的体量；配合屋顶平、坡形式的变化，由此形成了层次丰富的商业界面、虚实有致的住宅立面、高低错落的天际轮廓，在藏地高原强烈阳光的映射下，呈现出丰富的体量关系（图2）。

图2 康巴地区传统风貌建筑原形与住宅风貌设计方案对比

（三）材质色彩

传统康巴民居的营建讲求就地取材，外饰面处理手法朴拙，或裸露以展示材质的原始面貌，或简单施以天然染料涂刷，色相鲜明、纯度极高。结合藏地传统文化风俗与禁忌的研究，建筑师反复推敲比选，最终确定以木、土、石为基本材质，土黄、素白、藏红三种颜色穿插搭配。设计方案尝试运用现代材质表达对地域建筑传统的充分尊重,底层外饰面采用文化石模仿康巴民居的毛石基座;中段做白色涂料、面层扫毛处理,暗示传统民居的素白墙面;顶部以仿夯土墙面为主,局部点缀藏红色体块;作为装饰构件,木色的柱式、梁架出现在柱廊、阳台、檐口等部位。材质的肌理和质感由上至下逐渐粗犷,色调也由活泼跳跃逐层向沉稳、均质的属性过渡,整体形象稳重而不呆板、丰富而不杂乱。

(四)细部装饰

细部装饰是判断建筑风格流派的重要标准之一,缺乏细部的刻画,民族特色、地域风貌便无从谈起。康巴地区民居建筑装饰主要集中在门头、窗洞、檐口等部位,顶部窗或门楣均采用短椽的数量和出挑深度的变化作为主要装饰形式,配合印有不同图案的窗或门楣帘;窗洞口上下一般都有木质过梁及窗台板,或左右两侧和底边装饰梯形窗套,一般为黑色。窗棂形式多样,题材丰富,光影效果强烈。除此之外,幔布垂帘、四角经幢、斗拱雀替、吉祥符号、玻璃尕层等传统藏式建筑经典元素在康巴藏式风格中也都有出现。然而,特色风貌的塑造并不是简单的符号堆砌和拼贴,过度装饰导致工程造价虚高超标也是灾后重建民生工程中应坚决避免的。

针对上述现实问题,设计团队内部组织多轮模型草案比选,最终确定将门窗洞口、屋顶檐口作为装饰重点,其他部位则遵循简约实用的设计原则。细部方面,在保持传统装饰符号比例与尺度的基础上,精简构件数量,减少线脚层次,取消收分处理(图3)。

(五)平面功能

在住宅设计中,设计团队提出并实践将"安置"与"安居"的功能定位结合起来,兼顾受灾群众的妥善安置与人居环境品质的改善。不同于惯常意义上的商品住宅开发建设思路,住宅设计将平面功能的合理性放在首要位置。

基于大量细致的现场调研和群众工作,设计综合考虑安置政策、家庭人口、风俗习惯等因素,针对不同类型家庭的人口构成特点,最终锁定了六个系列近二十种户型设计方案,均布局紧凑、南北通透、功能实用、无障碍设施完备,各项指标在满足规范要求的前提下力求经济(图4)。

五、工作思考体会

面对玉树艰苦的自然环境、复杂的社会关系、激烈的利益冲突,项目组始终表现出强烈的责任感和使命感,满怀激情和理想在灾区拼搏,以创造玉树美

图3 当代滨水商住区建筑与空间表现图

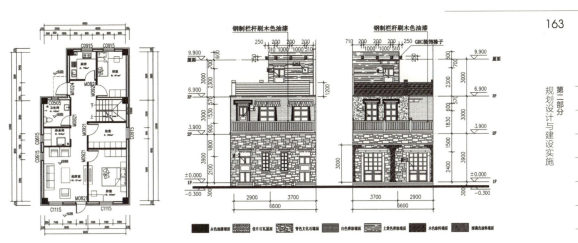

图4 当代滨水商住区户型平、立面图

好的人居环境为己任。仅仅9个月的时间，在扎曲河南岸的这片滩涂地上，当代滨水商业区拔地而起并陆续投入使用（图5），无论是特色突出的建筑风貌，还是实用紧凑的空间布局，再或是项目组同志们的专业素养和敬业精神，均赢得了地方政府、社区群众等各方的高度赞誉和肯定。

图5 当代滨水商业区实景照片

建筑是城市历史和文化的代表，是人居环境最重要的要素之一，是体现城市风貌和特色的重要载体。一个城市需要建筑精品，美观经济且符合当地经济社会条件，体现城市历史文化和地域特色，展现现代文明。即使是在灾后重建这种特殊的国家事件中，精心设计出实用、经济、绿色、美观的建筑作品，永远是每一位建筑师必须承担的职业责任和社会义务。

地域风貌是"本底"，是城市与建筑生长的土壤，无论社会历史如何发展，山水乡愁都是城市建设必须与之和谐共融的外部环境；民族文化是"灵魂"，是中国城市与建筑保持身份感与独特性的核心要素；时代精神是"方向"，以人民为中心，改善城乡人居环境质量，是时代赋予我们专业人员的重任。通过玉树当代滨水商住区的设计实践，风貌特色并不仅仅是形式上的水泥雕花、玻璃尕层等设计细节，更是传统文化内涵在建筑创新上的体现、固有生活方式在现代技术条件下的重现，需要耐心探究、细心体会、用心耕耘。

参考文献

[1] 中国城市规划设计研究院.结古镇城镇总体规划（灾后重建）[R]. 2010.

[2] 中国城市规划设计研究院.结古镇城镇总体设计及控制性详细规划（灾后重建）[R]. 2010.

[3] 中国城市规划设计研究院.滨水核心四片（康巴风情商街、红卫滨水区、当代滨水区、唐蕃古道商街）规划设计[R]. 2012.

[4] 鞠德东，邓东. 回本溯源，务实规划——玉树灾后重建德宁格统规自建区"1655"模式探索与实践[J]. 城市规划，2011（增刊）：61-66.

[5] 中国城市规划设计研究院.玉树灾后重建工作总结[R]. 2013.

以人为本、联动发展的高原门户规划设计

——以玉树巴塘机场地区规划设计为例

作者：范 渊[1] 易芳馨[2]

一、区位概况

玉树地处青、川、藏三省区交界地区，是青藏高原腹地的三江源头①，历来有"中华水塔"的美誉，生态环境战略价值突出。玉树巴塘机场位于玉树市巴塘乡，距州府结古镇18公里，是我国海拔第四高的民用机场（图1）。自2009年8月1日投入使用以来，该机场作为三江源地区的主要对外门户，为当地的交通运输乃至社会经济发展发挥了重要作用——由于玉树距离最近的大城市西宁也有超过800公里的公路距离，陆路交通时间长、路途险，就可达性和安全性而言，航空是首选的交通工具，2010年4月14日，玉树地震后，大量救灾应急物资正是通过该机场第一时间送抵玉树。

玉树巴塘机场所在的巴塘草原是藏区著名草原之一，自古以来就是三省区交界处重要的文化交流和商贸活动场所，一年一度规模盛大的赛马会②就在此举行。机场通航后，赛马会的辐射和影响范围进一步扩大。但作为游客进入三江源地区首先感知到的空间，机场本身建设规模较小，并不具备大型旅游接待功能。因此，依托机场建设小规模、地域民族特色浓郁的旅游接待设施，更能充分发挥玉树旅游服务窗口的职能。作为巴塘草原的一个国内4C级支线机场，海拔约3950米，2009年8月1日实现通航后，旅客吞吐量大幅增加，2010年旅客吞吐量比2009年增长近10倍。

二、工作背景

2010年4月，玉树遭受地震灾害，城乡住房受到严重损失。2010年6月初，国务院通过了《玉树地震灾后重建总体规划》，玉树重建工作正式拉开帷

---

1 范 渊 中国城市规划设计研究院雄安研究院副院长，高级规划师。

2 易芳馨 北京师范大学社会发展和公共政策学院，新加坡国立大学博士。

① 三江指长江、黄河和澜沧江。
② 赛马会也称玉树赛马节，是青海规模最大的藏民族盛会，以大型歌舞、赛马和物资交流为主要内容。2008年6月入选第二批国家级非物质文化遗产名录。

图1 区位分析图

幕。除震中结古镇外，以其为中心的周边农牧区住宅重建也全面展开。在此背景下，玉树州选择位于玉树巴塘机场东北侧的巴塘乡上巴塘村作为示范区，一方面通过摸索广大农牧区灾后重建方式，建立高原地区机场带动村镇住房重建、村镇复兴的方式；另一方面借机场门户地区的功能，探索提升扩大玉树赛马会的旅游影响力。作为"玉树灾后重建十大标志性工程"之一的巴塘机场规划建设，需要考虑两方面的需求：第一，为农牧民集中安置，提供生产生活空间，以促进乡村复兴的需求；第二，打造具有高原特色的农牧民安置点，探索通过高原机场的打造，联动灾后重建、村镇复兴的路径和策略，为地区韧性的建设提出有益于效的经验总结。

三、场地特征

（一）生态环境优美

场地所在的巴塘草原是三江源地区最辽阔的高原草甸，周边山、水、草等自然景观资源丰富。巴塘草原位于海拔3900米以上的高原地带，处于南北两条山脉之间，南北宽数公里，地势平坦辽阔，该草原是在高寒、干燥、风强条件下发育而成的植被型草地。受益于两侧山体的常年雪水融化，巴塘草原水草肥美，是三江源地区主要的农牧业基地。

场地内部水沟密布，均为巴塘河支流，巴塘河发源于格拉山北日阿如东塞以东4公里处，由南侧雪山融化后自南向北进入巴塘草原，继而向北流经结古镇，最终汇入通天河，全长约92公里，流域面积2480平方公里，年径流量约8亿立方米。其中，当地知名的热水沟发源于南部山脉雪山融水，溯沟以上谷内多温泉，以富含多种微量元素而著称，水质常年清澈，温度常年在35度以上，是当地著名的治疗性温泉，到此朝拜、沐浴、取水之人络绎不绝。

山体景观是场地及周边最具视觉震撼力的景观资源。场地南侧的山体海拔较高，山顶常年积雪；北侧山体略低于南侧，是当地康巴文化中的神山，山上广布经幡、玛尼石刻等康巴文化印记。特别是场地范围内的"朵日迪勒"神山，占地约5公顷，是视线范围内唯一高起于地面的孤峰，凌驾于巴塘草原之上，在经幡的簇拥之下，具有非常显著的标志性形象，并与周边水系和南北两侧连绵的山体构成了点线面分明、景深幽远的空间层次。

（二）人文底蕴厚重

场地内外人文资源要素高度集中，其中既有赛马会这样的民俗风情，受藏族特色的山水信仰，又广泛分布着各类民族宗教色彩浓郁的空间，包括内部的"朵日迪勒"神山及山顶煨桑台，周边的天葬台、直贡噶举祖寺、禅古寺等宗教设施，视线范围内遍布各类具有浓郁特色的风马旗、玛尼石等地域装饰。

巴塘草原历来是本地赛马会的主要承载场所，其开阔平坦的视野和丰茂的浅草植被分布适于奔驰，从藏族早期史籍和壁画中就可以看到玉树地区赛马作为民族传统娱乐活动的记录，上可追溯到吐蕃时期。历史上，赛马节主要以赛马和物资交流为主要内容，会持续数天时间，会场周围几公里内搭满五彩缤纷的帐篷，有赛马、赛牦牛、马术、射击、民族歌舞、民族服饰等极具特色的活动。近年来，该活动的影响力已扩大到全球范围，震前就吸引了大量来自世界各地的游客。

"朵日迪勒"神山位于场地核心，常年均有周边居民围绕山体进行各类祭祀活动。神山崇拜是远古以来当地居民的主要信仰方式，也是构成藏族民间信仰体系的基础。神山崇拜作为远古藏族祖先的信仰方式，经历了从原生型苯教到雍仲苯教再到藏传佛教的发展阶段。其间，佛教和苯教都采纳了神山崇拜这一信仰方式。由此，神山崇拜从"自然宗教"过渡到了"伦理宗教"的形态。在这漫长的演变过程中，相应地衍生出了一套独特的祭祀方式，这种祭祀方式逐渐向民间扩展并不断规范化，又使它超出了宗教信仰的范围，具有了民俗文化的性质、特色和功能。而场地北侧的"朵日迪勒"神山不但体现了神山本身的神秘特性，更多是对神话和自然的灵性崇拜。由于当地牧民的宗教信仰和文化传统，在规划设计中，需要充分尊重当地牧民的意见，包括文化习俗和设计喜好，对于方案形态设计上，需要更加注重个人意见的表达以及递送（图2）。

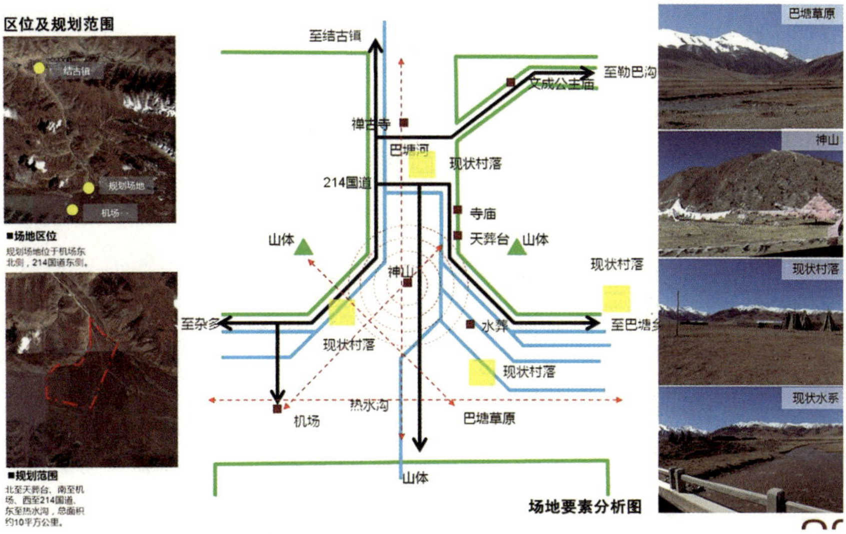

图2　场地分析图

（三）门户地位显著

机场作为交通枢纽，历来是其所在城市的重要门户地区，往往是城市形象的集中展示地，特别是玉树地面交通可达性不强、危险性较高的地理区位，更凸显了机场的门户地位在交通枢纽中的位置。机场门户地区是人们进出一个城市的重要窗口，是城市形象展示，以及各种经济、文化、社会活动交融的场所。

玉树是康巴藏区的中心，重建后将成为青、川、藏三省区交界处的中心城市和与丽江相媲美的旅游目的地。凭借优越的门户区位、丰富的周边资源、优越的山水草原和独特的康巴文化，上巴塘村完全有条件发展成为玉树的旅游窗口、独具特色的旅游目的地和机场边的旅游接待中心，其优越的地理位置和资源特色，巴塘机场建成后将为玉树和三江源地区的经济和文化繁荣带来前所未有的发展机遇。

（四）产业升级需求

玉树巴塘乡地处玉树康巴藏区的中心，当地居民对地方传统文化具有强烈的信仰，此外，原农牧区一直遵循着放牧、挖虫草、养藏獒等传统的发展模式，以农牧产品的原始采集为主。这种发展模式受草场规模、气候变化、自然灾害等影响巨大。随着医疗水平的不断提高，农牧区的人均寿命和生育水平有了大幅提升，人口日益增多，但草原的生态容量有限，人口增多导致的过度放牧问题日趋严重。因此，为了达到提升重建的目的，灾后重建必须为农牧区寻找新的发展模式，既能满足居民生活水平提升的需要，又能保护三江源地区脆弱的生态环境。

上巴塘示范区的规划设计必须抓住重建契机，探索新时期牧区村庄建设的新模式。降低农牧民对草原的依赖，解决剩余劳动力的就业和增加农牧业的附加值是实现发展模式转型的根本。旅游业又称无烟工业，是对生态环境冲击较小，同时又能解决就业、提高收入水平的产业类型。农牧业产品的特色加工在生态环境允许的情况下，也可以实现增加就业，提高附加值。另外，新技术的引入，如生态牧场等，也可以改变传承千年的传统放牧方式，提高草场的利用率。

因此，在上巴塘村的规划中，除了满足村民的居住需求外，还需要增加更多产业项目，包括旅游体验设施、旅游接待设施、生态牧场、牧草培植实验区等，通过上述功能区的建设，使上巴塘村民摆脱传统的发展模式，将上巴塘村建设成以旅游业为龙头、高原特色现代农牧业为主导、新技术为标准，新概念功能结构理念为基础，实现山水草原背景下，融入旅游功能的新康巴聚落的布局新模式，成为新时期藏区村庄发展的示范地，并且，需要结合当地牧民的风俗喜好进行方案规划设计。

四、机场门户地区联动发展模式探索

（一）机场职能分工定位

机场对城市和区域门户职能的提升具有重要作用，随着中国迎来的新一轮机场建设高潮，民航局新闻发布会指出2025年全国运输机场新增30个以上。然而机场选址不仅要考虑净空状况、空域条件、占地面积等条件，也需要考量城市发展需求，还要取得国务院和军方审批，审批流程较长，比铁路、公路、水路等领域更加复杂和艰难。国内学者对于机场群的研究集中在民航领域，且大部分将机场群等同于国外的多机场系统，其中对于机场的职能分工对于区域的整体发展具有重要的影响。按照资源优化配置的目标，依据航线布局、航班编排、空中交通管理、机场产业联合、航空运输合理化、地理限制、生态自然环境制约与国家区域发展战略的要求，优化配置空间区域并在此区域内形成机场协同关系。因此，对于不同机场区域职能的分工和定位具有不同的要求。对于玉树巴塘机场来说，首先其区域定位决定了它是青海玉树自治州的一个重要门户，玉树作为康巴藏区的中心，重建后将成为青、川、藏三省区交界处的中心城市和与丽江相媲美的旅游目的地。凭借优越的门户区位、丰富的周边资源、优越的山水草原和独特的康巴文化，上巴塘村完全有条件发展成为玉树的旅游窗口、独具特色的旅游目的地和机场边的旅游接待中心，因此，从规划上巴塘村的发展定位为：新康巴聚落，草原上的玉树客厅。

（二）机场和区域联动发展的模式探索

上巴塘示范区通过产业发展实现机场和区域联动的发展模式，需要统筹考虑产业发展的三大因素：第一，周边地区的产业发展情况；第二，如何体现本地区的价值；第三，草原可以发展的特色功能。上巴塘邻近机场，有快捷的对外交通，适合发展对时效性要求较高的产业。另外，上巴塘拥有丰富的山、水、草原资源，这些都可以成为产业发展的基础。总之，只要符合周边场地特征，在现状发展空间的支撑能力范围之内，能够支持和提升高原生态旅游的产业门类，都符合上巴塘产业发展的方向。

因此，机场和区域联动的发展模式，主要考虑以下因素：①突出机场区位优势，发展旅游、特色商贸，利用区域对外交通和机场等优势条件，发展旅游接待、特色商贸等相关产业，辅助城市功能，提升片区发展。②通过机场区域整体开发，农牧民安置改造，发展畜牧业，畜牧业科技化、示范化，与旅游相结合。引进先进技术，提升畜牧业的科技含量，改变落后的生产经营方式，增强抗自然灾害能力。创新产业模式，建设公共牧场，建立由贸易公司、牧业协会和牧户构成的面向市场的订单化供销体系，由粗放型向集约型转变，提高产业的效率。并且通过将新型畜牧业与旅游业相结合，引入主题活动，建设体验型牧场，增加畜牧业的附加值。③挖掘地方特色，加强畜牧业深加工的发展，挖掘地方畜牧产品传统加工工艺，与现代科技相结合，创新特色畜牧产品。向上下游延伸产业链，开展畜牧产品加工等。④以旅游带动畜牧业及农牧产品深加工发展，其中，加快旅游业的发展，繁荣特色餐饮、宾馆接待、旅游购物等服务行业，从而进一步带动本地特色旅游产品加工、畜牧产品深加工等行业的发展。

产业发展布局及策略将以上巴塘聚居区为中心，沿214国道向两侧延伸，在较大的空间范围内安排上述产业活动，以降低对草原生态环境的干扰。上巴塘聚居区以旅游接待设施为主，向机场方向主要安排畜牧养殖和草原体验等产业活动类型，向结古镇方向是产业的主要集聚区，重点安排畜牧产品加工、特色旅游产品加工、餐饮、购物、文化体验、休闲度假等产业活动。以科技性、生态性、示范性为目标发展畜牧业和畜牧产品深加工；以小型加工、商贸为基础，以旅游服务为契机，拓展产业链，提升产品附加值；旅游服务业的发展要以藏区特色为基础，凸显休闲、体验和意境；最终实现畜牧业、加工业、旅游业的良性互动，扩大收入方式和收入水平，切实提升居民生活，为高原牧区产业转型提供示范。

五、玉树机场地区的规划实践

上巴塘规划选址位于玉树机场东北侧，机场路（214国道）南侧，是从机场进入玉树结古镇的门户，是最适宜承载旅游服务门户功能的地区，也是游客进入玉树地区首先感知到的区域，门户作用显著。由于玉树距离西宁800公里，陆路交通时间长、路途险，对于旅游人群而言，航空将成为首选的交通工具。因此，玉树主要的旅游线路都是以玉树机场为基点，如自玉树机场至文成公主庙、勒巴沟、通天河，自玉树机场到禅古寺、结古寺、新寨嘛呢堆、当卡寺、拉斯通，自玉树机场至囊谦、杂多等。玉树机场本身建设规模较小，并不具备旅游接待功能。因此，依托机场建设小规模、地域特色浓厚的旅游接待设施，将会充分发挥玉树旅游服务窗口的职能。

（一）展示壮美的高原山水画卷

上巴塘选址位于巴塘机场的巴塘草原上，海拔高度达到3900米，周边自然和文化景观资源非常丰富。巴塘草原有玉树周边最辽阔的草原风光，草原南侧是壮美的雪山，全年绝大部分时间有积雪，北侧山体略低于南侧，山体巍峨，是当地的深山，山顶之上有五彩斑斓的经幡。场地正北面朝巴塘河，顺水而下分别是直贡噶举祖寺、文成公主庙、禅古寺等人文景观，直至进入结古镇区。场地东北是另外一处神圣之地，藏地独具特色的天葬台和水葬场即位于此处。从场地沿草原向东，即可到达巴塘乡集镇和林场，领略高原森林的独特体验。

从飞机上向下俯瞰，上巴塘如同一幅绿底长卷，因此在草原上规划聚落，最适宜将草原为底，以聚落为图，创造大地景观，构建大地图卷。上巴塘村位于机场东侧，飞机起降均从上方低空经过，飞机上旅客的空中感受相比陆地上的远观体验更为重要，因此重点需要控制的是大地景观。

以神山为中心的同心圆图式主要通过玛尼石经堆来构造，在邻近上巴塘村落的方向的弧段，需要重点强化。圆心则利用大尺度五彩的经幡来塑造。

聚落区的圆形图式重点通过内环的铺装来强化，由色彩标识性强的铺装和放射状的路网，强化同心圆的图式。

外围的帐篷体验区、牧场体验区等则主要通过经幡、圆帐篷等来强化圆形图式，滨水广场通过圆形或局部圆形的铺装、栈道等来强化图式。

由于村庄的建筑体量普遍较小，建筑形式和立面的控制对景观风貌的影响相对较弱。上巴塘村的建筑形式均采用藏族传统民居，立面以当地常用的夯土、石材、木材等为主。党员活动中心等公共建筑体量可稍大，达到控制整体的效果。

（二）体现悠久的康巴文化传承

1.规划构思紧扣吉祥八宝

吉祥八宝即八吉祥，又称八瑞吉祥、八宝吉祥，藏语称"扎西达杰"，是藏族绘画里最常见而又赋予深刻内涵的一种组合式绘画精品。大多数以壁画的形式出现，也有雕刻和塑造的立体形，这八种吉祥物的标志与佛陀或佛法息息相关。其图案在各种藏族生活用品、服装饰品中非常常见。

吉祥八宝即"轮螺伞盖花罐鱼长"，有一定的寓意，排列顺序为法轮、宝伞、金鱼（双鱼）、宝瓶（贯）、莲花、法螺、盘长、白盖。法轮象征大法圆转，万世不息；宝伞象征张弛自如，曲覆众生；金鱼（双鱼）象征坚固活泼；宝瓶（贯）象征福智圆满，具空无漏；莲花象征出世超凡，无所污染；法螺象征有菩萨意，妙音吉祥；盘长象征回环贯彻，一切通明；白盖象征遍覆三千，净一切业。

本次规划方案即从藏族地区最传统的绘画元素着手，以传统的吉祥八宝为主题，构建八个聚落组团，在规模上满足传统居住聚落的社会关系要求，同时分别承载居住、度假、小型会议、展示、加工体验等不同的功能。八个聚落组团的平面布局模式同样借鉴康巴藏区传统，即以经幡为中心，环形布局帐篷的向心模式，构建一个众星捧月的平面图式。为了强化这一平面图式，在主要集聚区的外围，不断重复该图式元素。以神山为中心，用玛尼石堆构建同心圆，既满足本地居民转经的需要，又形成视觉震撼的大地景观。另外，在周边地区分散布局寺庙、驿站、酒店、牧场等功能区，均以圆形图式出现。最终，以圆形为母题，以草原为画纸，形成一幅大大小小的宝石落玉盘的大地画卷，从空中便给旅游者留下深刻印象（图3）。

■ **最终方案构思**——太阳部落"八吉村"

设计理念
以传统的吉祥八宝为主题，形成环形布局的八个居住组团，在规模上满足传统居住聚落的社会关系要求，同时承载小型会议、展示、加工体验等不同的功能。康巴藏区传统：以经幡为中心，环形布局帐篷的模式。

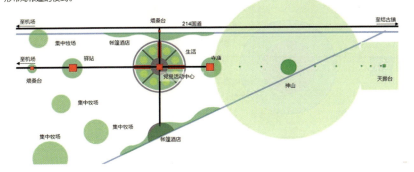

图3 方案构思图

2.体验活动展现康巴风情

通过三个体验和一个配套来实现旅游文化观光产业的示范作用。充分挖掘场地核心资源要素，集中打造三种旅游体验活动，丰富旅游活动类型（图4、图5）。

（1）康巴文化体验：以现状神山为中心，整合周边天葬台、直贡噶举祖寺、禅古寺、文成公主庙等资源，通过新建小型寺庙，强化天路轴线，利用白塔、转经筒、转经道等构造大地景观等手段，强化康巴文化的视觉冲击和感染力。

图4 规划总体布局

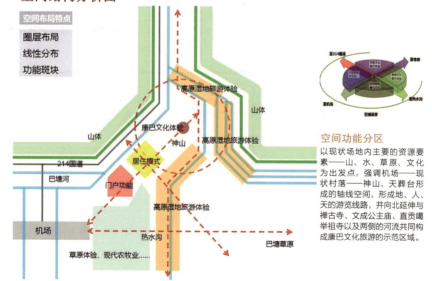

图5 空间结构分析图

（2）高原湿地旅游体验：以湿地为空间载体，注入旅游观光功能。以巴塘河、热水沟为主题，突出三江源头的水资源优势，沿水系形成独特的帐篷旅游区域，建造方式上选择以最小化影响草原为目标。

（3）草原体验：广泛开展以草原为主题的各种观赏和体验活动，如草原观光、赛马节、插箭煨桑等，给游客带来对广袤的高原草甸本身的感知和体验。

配合三种体验活动，提供三个层次的配套旅游接待设施，提高示范区的旅游接待水平。第一层次为家庭旅馆，灾后重建为每户居民提供80平方米的住房补贴，为了提高居民的收入水平，示范区特意每户新增20平方米的补贴面积，作为家庭旅馆的营业空间。第二层次为藏家乐旅馆，上巴塘村需重建住户85户，实际规划住宅104户，多出部分采用政府持有、村民租用经营的模式，但经营方式必须为提供旅游接待服务的藏家乐形式。第三层次为远期规划的高档酒店，通过商业开发和国际知名酒店运营企业专业管理的模式，提高整个玉树地区的旅游接待水平。

康巴藏区的语言、服饰、宗教、民俗、民居建筑、民间文化、转经路、修行隐居处等则是遍布在草原农牧民当中的文化瑰宝。在体验活动中，不仅是旅客可以直接感受到热情的康巴人的好客之道，体验最纯粹的康巴风土人情。此外，在活动中，康巴人也能参与其中，载歌载舞，展示和弘扬自己的文化。

（三）享受现代的生产生活品质

青藏高原农牧区一直遵循着放牧、挖虫草、养藏獒等传统的发展模式，以农牧产品的原始采集为主。这种发展模式受草场规模、气候变化、自然灾害等的影响巨大。随着医疗水平的不断提高，农牧区的人均寿命和生育水平有了大幅提升，人口日益增多，但草原的生态容量有限，人口增多导致的过度放牧问题日趋严重。因此，为了达到提升重建的目的，灾后重建必须为农牧区寻找新的发展模式，既能满足居民生活水平提升的需要，又能保护三江源地区脆弱的生态环境。

上巴塘示范区的规划设计必须抓住重建契机，探索新时期牧区村庄建设的新模式。降低农牧民对草原的依赖，解决剩余劳动力的就业和增加农牧业的附加值是实现发展模式转型的根本。旅游业又称无烟工业，是对生态环境冲击较小，同时又能解决就业、提高收入水平的产业类型。农牧业产品的特色加工，在生态环境允许的情况下，也可以实现增加就业，提高附加值。另外，新技术的引入，如生态牧场等，也可以改变传承千年的传统放牧方式，提高草场的利用率。

因此，在上巴塘村的规划中，除了满足村民的居住需求外，还安排了较多的产业功能区，包括旅游体验设施、旅游接待设施、生态牧场、牧草培植实验区等,通过上述功能区的建设,使上巴塘村民摆脱传统的发展模式,将上巴塘村建设成以旅游业为龙头、高原特色现代农牧业为主导、新技术为标准,新概念功能结构理念为基础,实现山水草原背景下,融入旅游功能的新康巴聚落的布局新模式,成为新时期藏区村庄发展的示范地。

1. 生活农牧点示范

通过功能、建筑、道路、市政等的设计,为玉树地区农牧居民点建设提供示范。

第一,居民点功能的示范性。传统农牧居民点以生活和农畜牧生产为主,功能混杂,公共服务功能缺失。上巴塘示范区将实现畜牧生产与居民生活功能的分离,同时在居民点注入商业、演艺、党员活动、医疗、教育等配套功能,使居住生活功能更加完善。

第二,建筑设计的示范性。从结构、材料、立面、生长性等方面,改变传统的下畜上人的居住模式,结构上的突破创造可生长的建筑,立面材料的多元化和丰富性等,为居民提供最适宜的住宅。

第三,市政道路设计的示范性。统一安排水、电、气、热等市政设施,选择适宜、经济的建设方式及标准;考虑居民生活习惯和旅游活动需要,合理选择区内道路设计和建设的形式及标准;合理布局停车空间和建设方式,充分考虑旅游人群的停车需求。规划区内主要交通方式为步行,对外出行主要依托电动汽车及太阳能汽车等新能源汽车。此外,为提升特色旅游整体效果,规划区还将引入以牦牛、马车为主的藏区传统交通方式。

2. 新型科技示范

玉树地处三江源地区,生态环境极其脆弱。上巴塘远离结古镇,难以融入城市市政系统。因此,建设适合小规模居民点、对环境冲击小的人居环境系统将具有很强的科技示范性。

上巴塘重点通过引进先进的节能建筑和节能市政技术,提高示范区的能源供给水平,降低排放。太阳能是主要的能源利用方式,采用的技术包括太阳能建筑、60千瓦光伏电站、太阳能CSTR一体化沼气工程、LED节能路灯、轮式太阳灶等。

除此之外,还加强了信息系统的建设,建设农业信息服务点、旅游信息服务点、数字化医疗诊断示范点、远程教育多媒体与村党员远程教育服务点等终端设施,将上巴塘融入现代信息网络,让农牧民能够享受现代化的生活,提高生产生活水平(图6)。

(四)以人为本的方案选择

考虑到上巴塘地区少数民族牧民的文化习俗和传统,在最终方案敲定时,

■ 公共服务设施规划图

图6　公共服务设施规划图

对于最终方案进行过公众参与、电话沟通、口头确定等形式确定最终的优化方案。其中对于多个方案的必选，在规划过程中，进行了几次公开、公正、公平的方案比选活动（图7、图8、图9）。

■ 多方案比较研究1——太阳部落

图7　多方案比较研究1

图 8 多方案比较研究 2

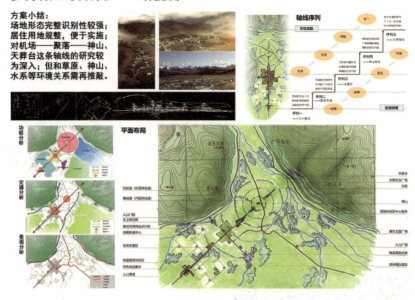

图 9 多方案比较研究 3

六、以人为本、联动发展的高原门户规划设计策略选择

（一）机场和规划安置单元有机结合的规划布局策略

抓住重建契机，探索新时期牧区村庄建设新模式。实现以旅游业为龙头、高原特色现代农牧业为主导、新技术为标准，新概念功能结构理念为基础，实现山水草原背景下，融入旅游功能的新康巴聚落的布局新模式，成为新时期藏区村庄建设示范地。在全新的发展模式、产业结构和新型能源理念下，创意集

中展示民族文化、地域风貌、时代特征的新形象、新形态和标志性建筑,将成为玉树口门地区的集中展示形象空间。

对于当地的农牧民来说,规划安置其生产生活,有助于以下几点内容:

保障生产生活水平。一方面有利于保证农牧民的利益,从而避免因对安置不当而造成社会稳定的巨大隐患;另一方面,引入现代化的技术手段,有利于提高农牧民的生产技能和收入水平,提高其生活水平。

解决就业问题。挖掘地方特色,将畜牧业与旅游业相结合,进一步带动本地特色旅游产品加工、畜牧产品深加工等行业发展,降低农牧民对草原的依赖,解决剩余劳动力的就业和增加农牧业的附加值,能够实现区域发展模式转型。

推动可持续发展。合理安置农牧民,尊重其原有的生活习惯,能够提升门户地区的形象,进一步吸引更多的外来投资者和旅客,推动区域内的经济发展,符合可持续发展的要求。

符合当今时代下乡村振兴的战略要求,将农牧业与旅游业结合,同时展示当地的康巴文化,推动地区的物质生活和精神文明建设。

图10　建成后的上巴塘村

(二)高原门户对地区产业经济的带动

上巴塘示范区通过优化升级地方产业,实现对地区经济的产业带动,确定巴塘的主要产业门类包括以下几个方面:

1. 第一产业:现代畜牧业

注入现代科技、融入市场体系的集约型、精细化畜牧产业。提高畜牧业的抗自然灾害能力,建立面向市场的供应体系,降低市场风险。提高牧场的利用效率,合理安排放牧期,避免过度放牧。研究草场的培植,提高草场的生长能力和承载力。实现畜牧发展与草原生态保护的和谐共生和可持续发展。

2. 第二产业:小规模畜牧产品、特色旅游产品加工业

将地方传统工艺与现代市场需求和高新技术相结合,创造特色畜牧产品加

工工艺，发展小规模、低冲击、对环境影响小的加工业。结合旅游市场需求，发展特色旅游产品加工业。吸收牧区剩余劳动力，提高产业附加值和牧区居民生活水平。

3. 第三产业：高原生态旅游业

重点打造草原体验、文化体验、特色演艺、特色赛事、特色购物、特色餐饮、特色酒店、特色休闲等高原旅游服务业，丰富玉树的旅游产品类型，提高玉树旅游服务的整体水平。

（三）高原门户对地区文化传统的继承和保护

玉树位于青海省西南藏族高原腹地的三江源头，作为一个以牧为主，农牧兼营的地区，通过对单体建筑布局、平面、立面优化打造，结合地区文化特色传统，进行布局设计。其中，上塘村的设计遵循这一传统，以单体院落置换帐篷，引入藏族传统中吉祥八宝意向，村民聚居形式成八个聚落环绕演艺中心而成，两两成组，单个聚落控制在直径为150米的圆内，聚落主入口布置在两成组组团之间。单体聚落的形态引入吉祥八宝的抽象图案，21米×21米的院落独立而分散，同时也体现聚居生活的特点，围合中心是村民聚集、交往中心。

1. 平面—院落生长

设计可以生长的建筑平面。单体平面布局中，集中厨房、卫生间等服务空间，并尽可能标准化相同空间；院落网格为21米×21米的标准规格，布局方正，全部采用4.2米×4.2米匀质框架结构，安全稳固；用模数系统，组成高效的标准化平面；平面单跨展开，保证主要房间朝南，享有充足的日照、采光，开阔的视野。

2. 立面—康巴文化

藏式民居立面形式主要有三种：土房、碉楼、崩柯；主要表现材料是：夯土、石材、木材。土房用的材料大多数是泥土混合干草枝，框架是木头，一般在石头和木材资源都不是很丰富的草地附近；碉楼建筑材料以石块为主，建筑的外墙用石块或石片砌成，墙体厚度能达到50~60厘米，楼层用木料隔开，楼顶多为平台式。单纯的崩柯建筑四周全是用木头制成，这种藏房多为单层的平房，还有一种是一楼用土石砌成，二楼则采用木头，一楼作为牛棚或仓库，二楼冬暖夏凉，供生活居住使用。

上巴塘的建筑立面设计以此为出发点，运用现代手法加以提炼、混合，有原色石砌加彩绘的混合、抹白石砌加原木饰的混合及夯土加藏红木饰的混合三种，充分体现文化的多元混合性。

(四）以人为本的规划建设方案意见征集策略

规划建设方案意见征集，体现了以人为本，赋权以民的思想和策略，在整个方案设计中，设计团队和地方政府、居民、村委会委员、本地牧民密切沟通，从整体方案选择、户型设计、单体建筑材料选择、景观风貌维护等各个方面，给予项目组意见和反馈。并且在最终方案选择上，充分尊重本地牧民意见，最终方案的选择，完全由当地牧民决定。

第四章

市政交通的规划设计与优化实施

玉树结古镇灾后重建市政工程规划及建设实施回顾

勇于创新　追求卓越　打造玉树援建精品工程——玉树援建结古镇市政工程设计工作回顾与思考

青海玉树地震灾后重建——道路设计体会

玉树结古镇灾后重建道路优化设计与实施

玉树结古镇生命线系统重建的回顾与思考

玉树援建结古镇桥梁工程——设计实践与总结

结古镇市政基础工程——雨水、供水、污水工程

玉树州结古镇公交场站规划设计——严寒藏区的公交场站设计实践

玉树结古镇灾后重建市政工程规划及建设实施回顾

作者：许 博[1]

一、工程概况

2010年4月14日，青海玉树发生里氏7.1级地震，造成400多人死亡，上万人受伤，大量房屋倒塌。震中距州府所在地结古镇仅30公里，结古镇整体损坏程度也是最严重的。

北京市政路桥集团所援建的结古镇内道路和桥梁总计41.8公里，包括6条主干路（包括扎西科路、民主路、红旗路、胜利路、滨河路、红卫路）和15条次干路（包括北环路、德吉路、结曲路、扎西科滩路、公园西路、公园东路、八一路、八一西路、南环路、结古路、结古东路、商业街、政府街、双拥街、跨河路），14座新改建桥梁（包括扎西科桥、藏额纳桥、巴曲桥、跨河路桥、结曲桥、结古桥、结古东桥、扎西科滩桥、公园西桥、公园东桥、八一桥、八一西桥、胜利路跨河桥、西杭路跨河桥）和1座通道桥（德吉路通道桥），犹如玉树城市中的"骨架"，4座公交场站、1座供水厂、1座污水处理厂和1座垃圾填埋场，以及270余公里的综合管线，此外还有照明、交通、绿化等附属工程。总造价27.24亿元，占到北京市对口援建玉树一半以上的任务量。同时，还创下了工程覆盖面最广、派出管理人员最多、施工工艺最复杂、工程质量要求最高、拆迁量最大、交通导改次数最频繁、机械化施工程度最高等多项援建工程之最，承建的供水厂和污水厂也是全世界海拔最高的。

新承建的道路构成了"4横15纵"的结古镇的交通骨架，形成了结古镇的交通大动脉。其中，全长3.14公里的胜利路为景观大道，被誉为结古镇的"长安街"；民主路、红卫路、扎西科路是结古镇内的主干道，也是连接结古镇东西方向的重要交通走廊；全长10.4公里的北环路是此次援建中新打通的道路，由于道路依山而建，施工难度极大，被誉为"从山缝中抠出来的道路"，这条道路也是当地人民多年的梦想。道路两端分别连接214国道和308省道，保证了过境车辆可以快速通过结古镇。

[1] 许 博 北京市政路桥集团有限公司一公司党群工作部部长。

二、指挥部成立背景

2010年玉树地区发生地震后,肩负着党中央、国务院和北京市委、市政府的嘱托,为便于开展援建工作,加强与当地政府的沟通联系,协调各施工单位,按照整合资源,协同作战的原则,北京市政路桥集团有限公司和北京市市政工程设计研究总院有限公司及时组成联合体指挥部,承担玉树州府所在地结古镇的主要市政基础设施建设任务。北京市政路桥集团有限公司总经理裴宏伟任玉树援建指挥部指挥;时任集团公司副总经理林秋、总工程师张汛和北京市市政工程设计研究总院有限公司常务副院长张韵任常务副指挥;石银峰、薛二平、冯毅任副指挥。组建了临时党组织,林秋同志任党总支书记,并成立了玉树援建突击队。指挥部下设综合办公室、工程部、规划设计部、物资设备部、合同部五个部门。

为了满足援建工作需求,优质高效地顺利推进灾后重建工作,形成规划设计、材料生产、工程施工等全产业链服务能力,指挥部选派了优秀的施工企业与项目经理成立援建项目部,建设能力覆盖了道路、桥梁、各种市政综合管线、供水厂、污水厂、垃圾填埋场、公交场站、绿化、照明、交通工程、监控系统等各专业,投入各专业施工人员达2000余人;调集大型专业设备200余台套,确保了工程整体推进所需。在玉树援建过程中提供了全方位的"一条龙"优质服务。

北京市政路桥集团有限公司是2006年由北京市市政工程总公司和北京市公路桥梁建设公司两家具有悠久历史的基础设施建设骨干企业合并重组而成,并先后吸收合并北京恒兴物业管理集团、北京城乡建设集团有限责任公司。2011年12月设立北京市政路桥股份有限公司。注册资本金22.585亿元,总资产557亿元,拥有员工近1.6万余人,其中专业技术人才1.2万余人,中高级职称人员近4千人,是中国企业500强之一。集团围绕基础设施建设、养护与运营管理主业,构建了科研设计、工程建设、绿色建材、养护运营、资源开发五个业务板块,具有项目投资、设计咨询、工程建设、建材生产、养护运营等全产业链一体化综合服务能力。集团"立足北京,面向全国,走向世界",取得了骄人的业绩。获得中国建筑工程鲁班奖25项,中国土木工程詹天佑奖19项,国家优质工程奖19项,中国市政金杯示范工程36项,其他国家级质量奖7项,省部级优质工程奖近千项。累计获得科技奖142项,拥有专利633项,创建和编制工法117项,主持和参与制定标准144项。获得全国劳动模范、全国五一劳动奖章15人,省部级劳动模范111人。

北京市市政工程设计研究总院有限公司(以下简称"北京市政总院")创

建于1955年，2013年完成转企改制。北京市政总院具有工程设计综合甲级、工程勘察综合甲级、市政公用工程施工总承包壹级资质，是以咨询设计为主业、具备覆盖工程项目全生命周期综合技术服务能力的现代咨询设计集团。在城市基础设施领域，服务于国家战略及首都功能定位，并以全球化的高端视野，致力于国内领先、国际一流的现代城市一体化综合技术服务。北京市政总院是以设计大师为代表、以市政行业知名学科带头人为骨干、以专业技术人员为主体、高端人才聚集的知识密集型企业。拥有全国工程勘察设计大师9名，国家和北京市突出贡献专家12人，国务院政府特殊津贴专家60人，新世纪百千万人才7人，以及一批多专业协同发展的综合技术创新团队。北京市政总院坚持科技创新引领发展，设立工程技术研究中心作为科研管理与创新平台，承担大量国家重大科技专项、科技部重点计划、北京市及各部委的科研课题，拥有一批自主知识产权与核心技术，主编、参编百余项国家和行业技术规范、标准和设计手册。近三十年来，荣获国家级、省部级、市级优秀咨询、勘察、设计和科学技术等奖项千余项，包括土木工程詹天佑奖18项，全国优秀设计金奖、银奖30项，全国优秀勘察金奖、银奖15项，国家优质工程奖37项等。被认定为"北京市城市桥梁安全保障工程技术研究中心""北京市供水水质工程技术研究中心""北京市环境岩土工程技术研究中心"以及"北京市道路与市政管线地下病害工程技术研究中心"。

三、市政工程施工情况

（一）积极开展前期工作

由于玉树州灾后重建规模比震前大幅激增，业主单位原有管理力量和经验面临着严峻的考验，紧张的灾后重建成了"多边"工程，可研、初设、环评等二十几项工作错综复杂，同时展开。为确保工程顺利展开，指挥部积极推进工程前期工作，为援建工程实施创造条件。

到达玉树后，发现当地的干部没有经历过这么大规模的工程建设，缺少相应经验。指挥部站在"北京高度"，以"首善标准"处理问题，想在前面，干在前面，为当地政府、业主单位分忧解难，坚决做到"规划设计当好先行、征地拆迁密切配合、物资储备超前安排、经济测算深入细致、施工组织科学严密、交通导改合理有序"六个方面。

指挥部从援建工作大局出发，派出专人办理前期手续，积极与省前指、省发改委、中国城市规划设计研究院、玉树州政府、玉树县政府、三江源公司等几十家相关单位沟通协调，在最短的时间内，完成了26个灾后重建项目的1030项前期手续，成为前期工作进展最快、手续最全、资金到位最及时的援建单位，也为后续工程赢得了时间、创造了条件。

（二）交通导行，保证援建工程交通运输

震后，多个援建项目集中展开，使得原本脆弱的交通网络面临瘫痪的境地。针对这个情况，指挥部从整个灾后重建工作一盘棋大局出发，提出了"见缝插针，以干促拆，优选开工顺序，保障区域交通，主路积极先行，步道拆迁跟进"的总体部署。指挥部主动与当地交管部门接洽，经过多次现场踏勘、调研、协调，制定了切实可行的交通导行方案，做到了社会交通和道路施工两不误。按照北京前指要求，于2010年7月抢先施工滨河路和扎西科路，并且在当年年底前实现部分通车，为各援建单位大规模建设和顺利完成3年灾后重建艰巨任务提供了交通保障。

为给2011年全面施工奠定基础、提供交通便利，2010年年底，施工人员在玉树零下20度的低温严寒中，开山填谷，新打通一条东西导行大动脉——北环路。北环路作为导行和过境线路，在几年的援建工作中起到了极其关键的作用，也为2011年"民主""红卫""胜利"三条主路断路施工创造了很好的条件，保证了社会交通的基本通行功能。

（三）自建场站，确保援建材料供应

玉树地区物资匮乏，为了能够保证工程大规模施工，材料能够顺利供应，指挥部本着"工程施工，场站先行"的原则，经过多次研究、选址，最终在海拔3700多米的结古镇7号地加吉娘山建设了场站集群。

场站建设过程中，由于当地物资匮乏，援建单位从西宁、四川、昌都等地区把所需要的管材、井盖、水泥、红砖、钢筋等物资一车车运到了玉树，最短的运距也在800公里以上。有时遇到运输路上下雪，或出现断路断桥的情况，所需要的施工物资还不能及时供应。就在这样艰苦的条件下，援建者见缝插针，加紧进行施工。仅用10天时间，完成了7号地水稳拌合站设备的调试、标定、试运行，最终到正式生产。仅用时54天，完成了2座沥青混凝土搅拌站的建站及试生产工作，甚至比北京的建站时间还要短。

7号地场站集群占地约240亩，包括沥青混凝土搅拌站、水稳拌和站、水泥混凝土搅拌站和碎石加工厂、小构件厂和梁板预制厂等。大批的原材料通过厂站集群源源不断地被输送到所承建的援建工地上，为打赢援建玉树这场战役打下了基础。同时，7号地材料加工场站也成为玉树及周边地区最为庞大的拌合站集群，为援建工作顺利开展奠定了坚实的基础。在整个援建过程中，7号地拌和站集群24小时连续生产，为援建工程供应各种拌合料。几年来，累计生产沥青混凝土27万余吨，水稳约73万吨，水泥混凝土约6万立方米。

（四）组建工作队，保障拆迁工作

玉树地区是少数民族聚集地区，藏族占到97%，很多土地权属关系非常复杂，且用地面积极为有限，征地拆迁工作难度巨大。

按常规来说，施工单位要"三通一平"后才可以进场施工。随着工程管理和技术人员、施工作业队伍、各类工程材料和各类施工机械陆续到场，拆迁征地问题如果还未能解决，将不能实现实质性开工，造成后期一系列工程建设的进度滞后。

由于刚刚进入灾后重建工作阶段，百废待兴，政府部门急需解决的重要事项非常多，而且拆迁工作所涉及的资料需要报送到州政府、县政府、州县国土资源局、测绘院、业主单位、拆迁办、各建委会等部门，工作量巨大。此外，除了房屋建筑，还有一些现有管线的拆除工作也要同步进行，涉及自来水公司、电力公司、电信公司、移动公司、城市管理局等企事业单位。

指挥部虽然不是拆迁工作的主体，但是为了推进拆迁工作进展，专门成立了一只精干的拆迁工作队伍，主动出击，与州、县相关部门紧密接洽。由于现场情况的复杂性，对工作组人员的素质要求极高，既要能与各级政府部门、各企事业单位、其他援建单位和当地老百姓打交道，还要能够独立处理各种突发事件且能把握好处理问题的分寸和深度。拆迁工作队采取主动出击的战略，采取多种形式推进拆迁工作，如资料上报后派专人及时督促、及时跟进；积极和当地老百姓做解释工作等。正是由于拆迁人员锲而不舍的工作精神和迎难而上的工作态度，拆迁工作才取得了可喜的成果。

（五）务实作风，促进大、小市政对接

大、小市政必须对接成一个完整的体系，才能实现其使用功能。

援建伊始，便多次召集援建央企单位和当地有关部门召开对接会，提醒各级政府和援建央企要高度重视大、小市政对接工作。由于援建工程的紧迫性，前期缺乏统一协调，援建央企的设计单位没有重视我方提供的大市政图纸，而是随意更改规划路口位置，随意布置小市政管线，而且在施工过程中破坏了部分已修好的管线。指挥部从大局出发，以"毁了建、再毁再建"的务实作风，赢得青海省前指的高度认可和援建兄弟单位赞许。同时，由于施工各单位人员流动性非常大，与其他单位的对接过程中，指挥部注意留下详细的对接记录以及有盖章、签字确认的文字证据，避免了实施过程中产生歧义，有效促进了该项工作的进展。

施工现场情况复杂多变，施工过程中，要求施工单位对现场情况进行详细了解，既要按图施工又要灵活的处理各类情况，并及时把现场情况反映给设计

单位，以便做出必要的调整。由于支线井超出了道路占地线，因此施工难度非常大，常常有意想不到的障碍物阻挡。但是不管再困难一定要把支线管道做到道路边线以外，避免日后再破路施工。这种做法，既能保证施工质量，还能方便日后运营维护。

（六）道路及管线施工，构件城镇骨架

援建的结古镇"4横15纵"路网，构成了结古镇的骨架，形成了结古镇的大动脉，也直接关系着整个灾后重建工作的大局。可以说，结古镇市政基础设施是整个玉树援建工作的基础和前提，是玉树援建成败的关键所在。

结古镇地处狭长的山脉之间，中心城区呈一个"T"字形。为便于施工和交通运输，将对居民出行的影响降到最低，指挥部结合实际确定了先进行"红旗路、北环路、商业街"等5条道路的施工。

结古镇平均海拔高度3700多米，冬季严寒，当地一年只有五个多月的施工期，给连续作业造成了极大的难度。而且当地大气压及空气中含氧量约为平原地区的65%，机械设备降效达30%，人员降效约50%。在这样的困难条件下，2010年7月20日，指挥部承建的玉树灾后重建的第一条市政道路——扎西科路在雪域高原破土动工，部分路段仅用三个月时间就顺利通车，成为所有援建单位中的先行者。这条总长4.2公里的道路也成了后期援建物资供给的"生命线"。

针对2011年施工任务繁重以及2012年北京前指提出完成90%的援建任务目标，指挥部及所属施工项目部连续两年补充了大量的援建管理人员，最多时达到300余人，是2010年刚组建时的2倍，为援建工作的顺利开展奠定了基础。同时，随着援建工程的进展，路基、路面、管线、结构、绿化、路灯等专业队伍有序进场，专业化队伍达到50余支，确保了整个市政基础设施建设整体推进时的工力所需。在主力设备方面，各援建单位调集、租赁和新购置的大型主力设备达到200余台套，确保有强大的战斗力。

在施工中，为打开施工局面，推进工程进展，施工项目部积极与当地沟通联系，为当地居民服务。如在扎西科路施工中，有一段道路被一座高14米、宽25米、长60米、土方量约4万方的小山隔断。为了确保土山开挖工作能够尽早开展，施工单位无偿为这一区域居住的藏民提供车辆、人员，帮助他们搬家、运东西、拆帐篷等，让他们早日安心搬离，以便挖山工作尽快展开。施工过程中，各单位借鉴了大量什邡援建及以往施工的成功经验，在各劳务队中开展砌井子、钢筋焊接等劳动竞赛，奖优罚劣，激励施工人员的工作斗志。

在援建工程冬季撤离玉树之前，指挥部安排几十人的专业检修队伍，并配备了相应的专业设备和抢修材料，制定了巡查抢修程序，确保投入使用的各种管线正常运转,从援建大局着眼,造福于玉树灾区人民。

(七)强化质量管理,打造优质工程

玉树援建工程举世瞩目,指挥部坚持争创优质工程的目标,标准不降低,努力打造精品工程。制定了《玉树援建工程质量管理办法》,每周进行一次全面自行检查。设立中心实验室,作为玉树援建工程质量的监控部门,遵照试验检测规章规程,加强质量监控密度和频率,为争创优质工程保驾护航。项目部完善了施工测量复核制度、隐蔽工程检查验收制度等多项质量制度。各单位加强了现场施工检测,进行自查自纠,以创优的标准施工,做到隐蔽工程不留缺陷,工程外观不留遗憾。

为了把打造精品工程落到实处,指挥部在工程的全过程实行了"样板领路"制度。各种大小构件和灯杆、栏杆必须进行严格的首件验收,铺筑路面基层、面层试验段进行检验,砌筑检查井,场站装修先做样板间,各种绿植进行试栽试种,只有首件样品完全合格后再进行大规模施工,确保首善标准不降低,实体工程不走样,不是精品不交工。

为了根治市政道路检查井周围沉陷的通病,对此进行专项设计,以北京长安街大修的做法和标准,采用反挖法进行单独施工,用混凝土二次浇筑进行处理,确保内在质量比外观还要好,经得住时间的检验。

在玉树道路援建的施工过程中,为了达到良好的施工效果,保证道路标准和质量,全部产品都按照最高标准执行。针对玉树地区砂石原材,采用克拉玛依110号沥青、抗剥落剂、改性沥青等多种沥青进行试验对比,并铺筑试验段对比分析其性价比,为最终确定方案提供理论依据。玉树属于高原地区环境,和平原地区生产改性乳化沥青的条件和各种原材料的配比不同,必须经过反复实验,并不断改进原材料的配比。为了使改性乳化沥青生产设备运转正常,援建单位还调整乳化生产设备,确保达到生产要求。多措并举,使首次使用的改性沥青铺筑的高原道路,路面平整度有了极大提升,抗车辙、抗水损、耐老化及降噪能力明显提高。

为确保援建工程质量,指挥部还定期组织专家组对工程进行全方位检查。从内业到外业,从现场到场站,专家们严把质量关,指出存在的不足,给出专业改进建议。项目部针对问题,认真整改,绝不手软,工程质量运行始终处于高标准受控状态。援建期间多次接受北京市、青海省、玉树州质量监督部门检查,均获得好评,并被邀请在各援建单位经验交流大会上进行质量工作汇报。大量细致的质量工作,让承建的结古镇市政基础设施工程质量得到了各方面的认可。

（八）环境保护

玉树，三江源头，被誉为"中华水塔"。长江、黄河、澜沧江三条大河从这里发源。由于高寒缺氧、昼夜温差较大，生态系统十分脆弱，整个结古镇地区，树木总数不超过六千棵，一旦毁坏难以恢复。玉树援建，如何既快速优质地完成好工程建设任务，又要防止玉树地区环境遭到破坏，一个严峻的课题摆在了援建单位的面前。

指挥部把灾后重建环境保护工作提到了重要议事日程。开工前，指挥部和所属各援建项目部多次到现场查看，并制定了详细的环保方案。

"援建玉树，绿色先行"是指挥部提出的又一个目标，每项援建工程都制定了详细的环保方案。为减少树木伐移，多次调整方案，甚至在道路中间加设环岛保护树木。在结古镇公园东路施工中，一些珍贵的树木将要被砍伐，指挥部通过与当地领导、市前指反复协商研究，最终调整了方案，减少了树木伐移数量。

为了实施绿色援建，指挥部还在施工中采取了多项措施，如选用液体沥青替代固体袋装沥青，消除了大量的包装塑料袋造成的生态破坏隐患；道路施工时进行洒水作业，减少扬尘。指挥部所属各单位还注意加强对援建人员水源保护、建筑垃圾的处置等方面的教育，确保不发生因施工造成破坏环境的事情。为了保证交通导行线的畅通，集团指挥部成立了临时导行道路养护领导小组，对临时导行道路采取了多重养护措施。还要求各单位派出专人负责道路的看管、围护，保证所有导行线路的平稳通畅。

四、具体工程施工情况

（一）管线工程

北京市政路桥集团有限公司所承建的结古镇内管线工程包括雨水、污水、给水、燃气、电信、电力6种管线，共计长约270公里。另外，还包括污水处理厂和供水厂内12公里的电气、热力、加氯、雨水、污水等各种管线。

震前，结古镇地区仅有十几公里的供水管线及雨污水方沟。此次灾后重建，在管线设计方面，考虑到按照结古镇地区远期15万人的目标进行设计。在施工过程中，针对玉树地区特点，施工单位采用了D=300~1200毫米的雨水管线以及D=200~1000毫米的污水管线，确保了管线的运营质量。

长达270多公里的市政综合管线构成了结古镇地下管网，犹如结古镇的"血管"和"经脉"，是结古镇成为现代化城市的标志，也是玉树人民生活安定和谐的最基本保证。

（二）污水处理厂工程

玉树州结古镇污水处理厂工程位于结古镇东侧新寨村东门外500米处，214国道北侧，占地总面积72.6亩，近期处理规模为日处理能力1.5万吨，远期为日处理能力3万吨。建成后将成为全世界海拔最高、全国污水一次处理率标准最高、同等规模污水厂处理污泥含水率最高的"三最"污水处理厂。

污水厂采用A_2O生物处理工艺，设计出水水质标准为一级A，污泥处理含水率达到60%。污水厂工程包括粗格栅间及进水泵房、旋流沉砂池、砂水分离间、生物池、沉淀池、滤布滤池等21座构（建）筑物。此外，工程还包括场内进水管道、工艺管道、给水排水管、电缆管沟等各种工艺管线，以及厂区照明、绿化、道路、围墙、停车场等配套工程。

在污水厂施工中，采用了多种国内外的高新技术。如针对处理污水时产生的臭气，污水处理厂内还专门设置了生物土壤除臭区域——将臭气由收集系统经风机排入到专门铺设的布气管系统，之后进入加强型活性土壤层进行除臭处理。当臭气接触含有大量微生物的透气土壤介质时，就会被微生物完全氧化，转化为二氧化碳和水，达到除臭的目的。

为了应对高寒的条件，在污水处理厂设计时，除进水提升泵房、旋流沉砂池、生物池、污泥泵房、贮泥池外，其他所有污水处理的构筑物、设备等均设置于室内，不得不放在室外的设施，也都加盖保温层处理，尽量做到污水水面不在日光下暴露。

另外，玉树结古镇市政污水基本上都是生活污水，排放温度较高，但地下水的渗入却导致污水管内污水水温降低，不利于污水处理。为此，结古镇城区排水体系在援建开始时就被设计成了雨污分流制，可保证雨水、雪融水及其他地表水不进入污水管网内；同时，在选择污水管道材质时，施工单位选用了抗渗性较好的管道，最大限度地减少污水管道内的地下水渗入量，使处理前的污水温度保持在10~15摄氏度。

污水厂建成后，不但有利于改善结古镇县城水污染状况，还有益于巴塘河流域的水污染治理。同时，污水厂的出水还可作为城市再生水的水源，对节约宝贵的水资源也具有非常重要的意义，真正称得上是"民生工程"。污水厂于2012年9月28日完成竣工验收。

（三）供水厂工程

结古镇供水厂位于结古镇西部，现驾校车管所对面，与308省道相邻。供水厂占地2.17公顷，厂区东西长234.8米、南北宽70米。供水厂海拔高度达3780米，是目前全世界海拔最高的供水厂。供水厂近期规模为日供水3万吨，远期续建规模为日供水1.5万吨，总建设规模为4.5万吨。

供水厂水源采用地下水，经供水厂加氯消毒后进入供水管网，可直接输送到居民家中。供水厂是全国标准最高的水厂，经过先进工艺处理的自来水，已达到国家优质饮用水标准，远远优于原有供水水质，供水量可以满足结古镇地区15万人饮用。

供水厂于2011年11月通过验收，2012年3月1日正式投入使用。2013年5月24日完成移交。目前，供水厂已成为保障当地居民的"生命线"，对于社会稳定、保障民生、改善民生有着十分重要的意义。

（四）垃圾填埋场工程

玉树生活垃圾填埋场工程位于结古镇东侧约7.5公里处的新寨村折松沟，距214国道约0.6公里，距巴塘河约1公里，与214国道之间有山体阻隔。

玉树生活垃圾填埋场工程占地面积为12公顷，设计规模为150吨/日，总库容为84万立方米，填埋年限为10年（2012~2022年）。主要建设内容包括：拦挡坝、排洪沟、土石方工程、截洪沟、裂隙水导排系统、填埋区防渗系统、渗沥液收集导排系统、渗沥液调节池等。

玉树生活垃圾填埋场采用了人工防渗"单层复合衬垫防渗系统"，这是目前北京垃圾场建造过程中使用得最为广泛的一种防渗方式，也是国内比较先进的技术。铺设该种防渗膜的好处是可以防止填埋场渗沥液污染地下水和填埋场气体无控释放，同时也阻止周围地下水流入填埋场内。但是，由于垃圾场场区西面边坡较长，长度大约在80米，而且坡度比较陡，给铺设带来了非常大的麻烦。项目部决定采取在边坡增加锚固沟的方式加以解决。这种铺筑方法虽然时间稍长，大约持续了3个月的时间，但却保证了工程的安全质量。

生活垃圾填埋场于2012年6月12日顺利竣工交验，2013年5月25日完成移交。新建的垃圾填埋场，对改善藏区人民生活水平、保护生态环境、促进社会和谐起到重要的作用。

（五）公交场站工程

结古镇公交设施建设工程包括4处公交场站设施，分别为新寨公交中心站、结古镇公交换乘枢纽站、双拥街公交首末站和扎西科公交首末站，总占地规模约为1.75公顷，总建筑面积4400.78平方米，共可停放公交车89辆。

新寨公交中心站位于东北部新寨组团东侧，占地规模约为8384平方米，该中心站是公交线路的运营管理中心，承担多条线路首末站的汇集任务，建设内容包括运营管理、行政管理、保养、停放、加油等功能，可停放公交车40辆。

结古镇公交换乘枢纽站位于格萨尔王广场附近，占地规模约2848平方米，是多条公共交通线路汇集的客流集散量较大的场站设施，可停放公交车10辆。

双拥街公交首末站位于结古镇南侧，占地规模约为2334.56平方米，该站功能为公交线路的始发点和终点站，是车队的所在地，兼有少部分夜间驻车功能，可停放公交车12辆。

扎西科公交首末站位于结古镇西侧，占地规模约为3902平方米，该场站功能为公交线路的始发点和终点站，也是车队所在地，兼有少部分夜间驻车功能，可停放公交车27辆。

公交场站建成后形成了"枢纽－干线"为主体结构的公交网络，方便结古镇内居民的出行。

（六）道路照明工程

结古镇道路照明工程包括太阳能路灯安装和市电路灯安装两部分。其中，太阳能路灯安装包括太阳能路灯安装、太阳能系统（太阳能板、蓄电池、控制器等）安装以及接地极安装等内容。太阳能路灯安装位于滨河路、扎西科路、北环路等道路及非中心区道路，本工程共计安装太阳能路灯1064套。由于玉树地区日照时间长、紫外线强烈，采用太阳能路灯可以节约大量的电力资源，真正做到了节能环保、绿色援建。

市电路灯安装包括箱变安装、电缆穿管敷设、路灯安装、接地极安装等内容。本工程共计安装100千瓦箱式变电站7台，市电路灯1616套，电缆敷设50260米，路灯接地极安装1616根。市电路灯安装位于胜利路、民主路、红卫路、红旗路、德吉路、政府街、商业街、双拥街、结曲路、公园东路、公园西路、八一西路、八一路、结古路、结古东路、跨河路、南环路以及扎西科路（八一路～滨河路）等多条道路。

在路灯外观造型设计上，既简洁、现代，又融入了玉树当地藏族文化元素。而胜利路、民主路和红卫路三条景观道路的路灯外观选型，经过数次与玉树当地的民俗专家沟通，几易其稿，最终确定了三款最具玉树地区康巴藏族特色的路灯造型。

（七）绿化工程

玉树结古镇内道路绿化工程由北京市政路桥管理养护集团有限公司海威园林十四处承担，于2012年初开始进行。

按照设计要求，结古镇内道路两侧大致需要种植15000棵树木。由于玉树地区高寒缺氧、昼夜温差比较大，树木成活率非常之低。据有关资料记载，目前整个结古镇地区，树木总数不超过六千棵，其中很多还是民国时期种植的。从2011年开始，项目部相关同志就多次来到玉树以及和玉树同海拔的青海海西、海北地区实地考察，并与当地有关园林专家一起研究，最终确定了青杨、新疆杨、青海云杉等多种树木。同时，选择在结古镇新寨东风村一带租用了当地的一块耕地，用来做苗圃试验基地。目前，大约有11000棵云杉，以及6000棵青杨、新疆杨种植在试验苗圃基地内茁壮生长。

对于试验基地内栽种树苗的土壤，项目部也进行了特殊处理，专门找来腐殖土，与当地的素土进行拌合，之后再加上营养液，便配合成一份适合种植树木的土壤。这种适合种植的土壤也将随时换填在道路两侧的树池内。

在绿化工程施工中，由于采苗点至结古镇的平均距离达1500公里，沿途需要翻山越岭，海拔不断上升，一旦遇到雨雪降温天气，车上的苗木就有可能被冻伤冻死，稚嫩的苗木在48小时内不被栽进土里，就有可能死亡。为了降低苗木的死亡率，指挥部投入人力和物力在西宁至玉树的沿线设立了多个观测点和中转站，严密监视沿途的天气情况，并进行补给，确保了一批批苗木顺利运到结古镇。

2012年9月，开始进行道路两侧树木的栽种施工，随着道路工程进展，绿化工程也同步完成。

（八）交通工程

结古镇城镇道路交通工程包括：交通标志、交通标线、隔离栅护栏、钢板护栏、交通信号灯等。交通标志共计1736套，包括：指路标志、导向标志、路名牌、旅游标志、诱导标等；钢板护栏总计3600米，分为A级和SA级两种波形梁护栏。其中，因北环路高挡墙下有民房，为保障居民安全，北环路采用SA级护栏。交通标线总计40550平方米，包括：车行道边缘线、车行道分界线、导向车道、人行横道、减速标线、停止线、导向箭头、减速让行线、路面标示等；交通信号灯设在十字路口或丁字路口处，共计49处，信号灯421个。

由于玉树结古镇地区气候恶劣、风沙较大，因此在交通标志及信号灯的选择上，使用了采用框架式结构，增强抗风能力。针对紫外线照射强烈的特点，在交通标志的制作中，使用热熔型反光交通标线，该种标志线夜间反光效果较好，且抗紫外线效果明显，而且使道路车道分界清晰，线向清楚，轮廓分明，对车辆具有良好的引导。

五、参建单位情况

北京市政路桥集团有限公司一建设工程有限责任公司：该公司曾先后承

建了长安街、北京奥运、什邡援建、玉树援建等多项急、难、险、重任务。2010年7月，北京市政路桥集团有限公司一建设工程有限责任公司委派全国劳动模范、项目经理沙仲达带领第一批职工，从四川什邡驱车赶往平均海拔3800米的青海玉树进行灾后援建。一建设工程有限责任公司承担起扎西科路、民主路、北环路等12条约26公里的道路重建任务，扎西科桥、八一西路桥、公园西桥等7座桥梁工程，及100多公里的管线工程。是结古镇内所有北京援建单位中承担工程量大、战线最长、现场最为分散的项目部。

北京鑫实路桥建设有限公司：该公司先后承担了首都机场、八达岭等多条高速工程施工任务，曾荣获"首届中国土木工程（詹天佑）大奖""中国建筑工程鲁班奖（国家优质工程）"、交通部"优质工程一等奖"和"优质样板工程""长城杯"工程等各种奖励几十项。在玉树援建工程中，该公司承建结古镇10条道路（约16千米）、6座桥梁新建及旧桥维修（约8300平方米）以及对应道路内的管线：供水、雨水、污水，电力、电信、燃气5条管线工程（约70千米）的施工。

北京市政路桥集团有限公司四建设工程有限责任公司：该公司曾承建北京市高碑店污水处理厂等多座大中型污水处理厂，占北京市污水处理总量的96%。多年来，公司先后荣获"长城杯""詹天佑奖""鲁班奖""金杯示范""新中国成立百项经典暨精品工程""国家优质工程"等多个奖项。该公司承建了玉树供水厂工程、污水厂工程、公交场站工程。

北京市政路桥集团有限公司六建设工程有限责任公司：该公司拥有市政公用工程总承包"一级"钢结构、城市及道路照明、地基与基础工程3个专业承包一级。公司承建的玉树县城生活垃圾填埋场海拔约3700米，是世界上海拔最高的垃圾填埋场。

北京市政路桥建材集团有限公司路新公司：该公司是北京最具实力的沥青制品科技公司，拥有多个先进成果，相继完成了长安街大修、奥运鸟巢等一大批国家、北京市重点工程沥青混合料的供料任务。援建中主要承担着结古镇所有援建单位沥青混凝土的供应任务。

北京市政路桥管理养护集团有限公司海威园林十四处：该处承担着结古镇所有道路的绿化任务，于2013年6月20日圆满完成了所有施工任务并顺利通过竣工验收。为保证援建任务按期按质完成，该公司从2011年底开始，就组织人员不断进行调查试验，收集数据。2012年完成了高原地区前所未有的秋季植树，成活率达到了75%。2013年6月青海省林业方面的专家到现场查看后说："这是高原造林绿化的奇迹，更是我们以后的教科书"。

北京市政路桥管理养护集团有限公司十八处：该处承担着结古镇所有道路的交通标志、标线施工任务。针对玉树地区紫外线强，日照时间长，昼夜温差较大，涂膜容易变形，发生龟裂及褪色现象。该单位科学选用钛白、石英砂、碳酸钙、PE蜡中的优质原材料，从而使标线耐磨性、耐久性大大提高。为了节约能源，交通信号灯选择节能高亮度LED发光二极管，使信号灯具清晰明亮。

北京市政路桥集团有限公司第六工程处（原北京市政联元电气设备安装有限公司）：该处承建结古镇所有的道路照明工程，工程于2012年4月开工，于2013年6月26日通过竣工验收。在玉树援建道路照明工程中，北环路、巴塘路和扎西科路设计安装大功率LED太阳能路灯，不仅满足了道路照明的功能要求，又实现了节能环保的理念。

北京磐石建设监理有限责任公司：该公司是住房和城乡建设部批准的首批市政工程甲级资质建设监理单位，又于1999年增补建筑工程监理甲级资质而成为双甲级建设监理单位。在玉树援建工程中，主要负责垃圾填埋场、污水处理厂、给水厂的工程监理任务。

六、援建成果

四个春夏秋冬，格桑花开了又开，指挥部荣获"全国五一劳动奖章"和四部委"玉树援建先进集体"荣誉称号、北京市援建青海玉树工程唯一的突出贡献奖及大会战两个阶段的优秀组织奖、青海省玉树地震灾后重建先进集体、玉树县灾后重建先进集体等多项荣誉，指挥部党总支还荣获玉树州"创先争优"活动先进基层党组织、北京市创先争优先进基层党组织荣誉称号。

北京市政路桥集团有限公司援建项目中，玉树县城污水处理厂及污水管网工程荣获"国家优质工程银质奖"，有12项工程荣获青海省"江河源杯"质量奖和北京市"长城杯"奖；青海省玉树州结古镇城镇道路恢复重建、结古镇城镇桥梁工程荣获"中国市政金杯示范工程"；结古镇供水厂等6项工程获"北京市市政公用、公路结构长城杯金质奖"；红卫路（跨河桥—G214）道路工程等3项工程获"北京市市政公用、公路结构长城杯银质奖"；玉树生活垃圾填埋场工程等10项工程获"北京市市政公用、公路竣工长城杯金质奖"；北环路道路工程等4项工程获"北京市市政公用、公路竣工长城杯银质奖"。

七、回顾与思考

玉树灾后重建条件之苦、困难之多、情况之复杂世所罕见。玉树灾后重建是迄今以来人类在高海拔的生命禁区开展的最大规模灾后重建，是在各方面制约因素最为突出的地区开展的大规模灾后重建，是国内第一个在国家级自然保护区内实施的大规模灾后重建，是在民族宗教工作任务最为繁重和复杂的地区开展的大规模灾后重建，还是在土地权益关系最为复杂的地区实施的大规模原址重建。种种制约因素，不胜枚举，使玉树灾后重建之难超乎想象。

广大援建职工坚持"高寒不减斗志，缺氧不缺精神，艰苦不怕吃苦，困难不挫信心"的援建理念，舍小家为大家，以高度的政治责任感、历史使命感，忍辱负重，埋头苦干，有付出，也有牺牲，最终使得灾后重建任务全面完成。他们用拼搏和激情演绎着玉树重生的奇迹，用无私和奉献诠释着北京精神，用满腔的热血和宝贵的生命谱写了一曲北京援建者的时代赞歌。

勇于创新 追求卓越
打造玉树援建精品工程

——玉树援建结古镇市政工程设计工作回顾与思考

作者：卢燕青[1]

一、项目背景

2010年4月14日，青海省玉树县发生7.1级强烈地震，造成玉树州所属6个县19个镇受灾，这次地震给当地人民生命财产和经济社会发展造成了巨大损失。时间就是生命，时间就是号令，一方有难八方支援，玉树灾情牵动着亿万同胞的心。党中央、国务院第一时间进行了玉树灾后恢复重建的重要部署，在党中央、国务院领导下，全国各族人民众志成城、团结奋战，开展了艰苦卓绝的抗震救灾工作和地震灾后恢复重建工作。国务院抗震救灾总指挥部对于玉树地震灾后恢复重建进行了总体部署，成立了青海省玉树灾后恢复重建领导小组并以北京、辽宁及四家中央企业为主的对口援建单位（图1）。

[1] 卢燕青 北京市市政工程设计研究总院有限公司，教授级高级工程师。

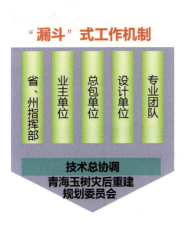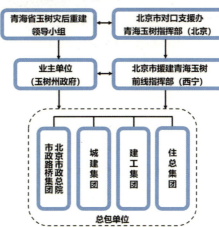

图1 北京对口援建玉树组织体系图

二、联合体指挥部成立

灾后重建工作时间紧、任务重，为了尽快卓有成效地开展玉树援建工作，考虑到北京市市政工程设计研究总院有限公司与北京市政路桥建设控股（集团）有限公司多年来一直有着良好的合作基础，决定强强联合，玉树援建采用设计—施工总承包联合体模式，对结古镇的市政工程进行设计和施工。

2010年7月16日，北京市市政工程设计研究总院有限公司（以下简称"北京市政总院"）与北京市政路桥建设控股（集团）有限公司举行玉树援建动员誓师大会（图2），组建玉树援建联合体。指挥部总指挥裴宏伟，常务副指挥张韵、林秋、张凡，副指挥薛二平、石银峰。规划设计部部长卢燕青，组员张学军、邓卫东、李翀。这次联合体双方合作要经得起玉树援建任务的考验。设计施工总承包有利于加快工程进度、确保质量，实现设计、施工及管理的紧密衔接、合理交叉，为紧急情况下项目的加快设计和施工创造了条件。北京市政总院主要负责项目立项、规划前期、方案报审、工可、初步设计、施工图、配合施工及后续收尾等联合体全过程的设计工作。

图2　玉树援建动员誓师大会

三、玉树援建设计任务

根据北京市援建玉树地震灾区的项目安排，北京市政总院主要负责玉树结古镇中心城区市政工程设计工作，包括市政道路共22条，其中主干路7条，长37.96公里；次干路15条，长18公里。道路总长度为55.96公里，总面积约90万平方米。桥梁工程：跨河桥18座，桥梁面积7330平方米，新建地下通道1座。景观路3条，分别为胜利路、民主路和红卫路，总长度17.94公里。公交场站：4处。雨水管网：管径为D500~1200毫米，长度52公里。污水管网：管径为D400~1200毫米，长度59.6公里。供水管网：DN150~800毫米，长度58.2公里。燃气DN100~300毫米，长度38.6公里。供水厂一座：水源采用地下水，规模为3.5万吨/日。污水处理厂一座：

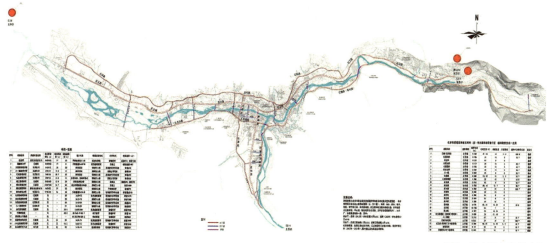

图3 结古镇市政基础设施工程总图

2.5万吨/日（一期1.5万吨/日）。垃圾填埋场一座：150吨/天；公交场站设施共4处，分别为结古公交换乘枢纽、新寨公交中心站、扎西科公交首末站和双拥街公交首末站（图3）。

四、设计过程回顾

2010年5月27日，北京市政总院张韵常务副院长随北京市援建玉树地震灾区先遣组，对玉树结古镇、隆宝镇和哈秀乡等地震灾区进行实地考察和调研。5月29日，北京市政总院先遣组（道路、桥梁、给水排水等4人）赴西宁和玉树进行实地踏勘和调研，正式拉开了玉树地震灾后恢复重建设计工作的序幕。

万事开头难，2010年5月29日至2010年6月21日，北京市政总院前期组成员赴西宁和玉树进行实地踏勘和调研，收集现场一手资料。为了抢时间、争速度，北京市政总院打破以往先规划、后设计的常规程序，先期介入到总规、控规、专项规划阶段，积极与中国城市规划设计研究院（以下简称"中规院"）和北京市城市规划设计院（以下简称"北规院"）进行对接工作，共进行了八次对接（两天一次），初步完成了结古镇总体规划和专项规划，让规划具有更好的可实施性，同时也落实了规划意图。为随后顺利完成结古镇总体规划和专项规划创造了条件，随后与中规院和北规院进行规划设计条件对接，并与北规院一起完成《结古镇市政基础设施专项规划》。同时北京市政总院派工程设计人员到玉树结古镇进行现场调查，与青海省地震灾害恢复重建指挥部、青海省住房和城乡建设厅玉树指挥部、玉树州住房和城乡建设局、青海省第二勘察测绘院、地勘单位进行了工作上的配合，在当地收集一手设计资料为设计做好前期准备工作。提前委托地勘单位进行测量和地质勘查，为设计阶段提供测量图纸和地质勘查报告。

玉树结古镇市政基础设施工程设计是一项非常复杂的系统工程，尤其是对于玉树结古镇这样一个高海拔山区地震灾后重建工程更是如此。根据结古镇灾后恢复重建的规划总目标要求，要把玉树建设为"中国特色社会主义新玉树"。要把玉树结古镇建设为布局合理、功能齐全、设施完善、特色突出、环境优美的高原生态商贸旅游城市、三江源地区的中心城市、青海藏区城乡一体化发展的文化旅游城市。

结古镇中心城区城镇建设用地规模约14.2平方公里，结古镇规划人口规模：规划市政设施10万~15万人。结古镇地形山体走势呈现"T"字形布置格局，包括2条河流扎西科河和巴塘河。地势呈西高东低、南高北低。平均海拔3660~3750米，年平均气温2.9度，施工周期为5~10个月。道路设计要充分考虑结古镇现有地形条件、现况河道和高海拔气候特点，根据规划路网布局，因地制宜合理进行设计。

北京市政总院接到援建玉树工程任务后，院领导班子高度重视，把玉树援建任务当成一项政治任务来抓，从院里抽调精兵强将、业务骨干组成一支坚强的设计团队，派设计人员到现场踏勘，收集当地一手资料，了解当地的风土人情和康巴文化特点，了解当地气候条件、藏区风貌和场地环境要求，对道路景观、桥梁景观及公交场站建筑等专题进行论证，征求当地风貌专家意见，在极短的时间内拿出设计方案，向青海省政府、省前线指挥部、北京前指、青海省住房和城乡建设厅等单位汇报前期规划、方案设计工作。与省国土资源厅、水利厅、生态环境厅、交通运输厅、州住房和城乡建设局等各职能部门进行对接，与中规院和北规院进行二十几次的规划对接，落实了规划设计条件，做出来的方案因地制宜，符合当地管理部门要求。虽然设计时间紧，任务重，但依靠北京市政总院内部建立的高效运营和技术管理体系，玉树援建工程的设计质量得到了根本保证。经过设计人员克服各种困难，终于在规定的时间内拿出了施工图纸，保证了玉树援建工程的顺利开工建设。

2010年6月，北京市政总院参与玉树结古镇市政专项规划编制工作。

2010年7月至10月，完成方案阶段设计工作。

2010年11月至2011年2月，完成工可及初步设计阶段工作。

2011年3月至4月，完成施工图阶段设计工作。

2011年5月至6月，配合审查单位，完成施工图审查文件。

2011年7月，完成审查后的施工图设计文件（图4）。

在很短的时间里，结古镇市政工程的道路、交通工程、景观绿化、桥梁、雨水、污水、上水、燃气、公交场站、供水厂、污水厂及垃圾填埋场等工程全部完成施工图设计。道路、桥梁、管线及厂站专业已完成了从方案、工可、初

图4　设计工作完成进度图

步设计到施工图的各个阶段，并已经取得州发展改革委、州住房和城乡建设局对设计各阶段的批复。市政各个专业施工图文件报出时，克服各种困难，经过与审查单位的充分沟通，顺利完成施工图审查。

北京市政总院从规划阶段开始介入玉树援建工程，经过总体规划、控制性规划、详细规划、专项规划等各个阶段，使得规划能够落地，实现规划意图并满足规划要求。进入到设计阶段，北京市政总院完成项目建议书、方案、工可、初步设计、施工图、配合施工、竣工验收、备案移交、审计决算等各个阶段。

玉树援建工程于2010年7月开工建设，2013年6月底通过竣工验收。2013年11月3日，玉树藏族自治州举行"地震灾后重建竣工庆祝大会"，标志着玉树地震灾后恢复重建工程胜利完成。

五、根据玉树藏区地区特点及人文风貌打造精品工程

（一）根据玉树地区特点，优化景观设计，体现民族风情

为了确保玉树地震灾害恢复重建市政工程能够圆满顺利完成，充分体现"新玉树、新家园"的设计风貌，为了使玉树援建工程项目能够体现玉树藏族地区的康巴文化特色，北京市政总院在市政工程各个专业设计过程中，尤其在道路景观、人行步道铺装图案、交通标志样式、桥梁栏杆、道路灯型、供水厂和污水厂厂房围墙立面、公交场站建筑型式等方面，多次征求玉树州政府、州建设局、规划技术组、玉树州风貌专家组的意见，充分体现当地藏区康巴文化特色，设计出来的作品符合当地藏民风俗习惯和宗教信仰。

（二）结合玉树高原气候特点，采用新技术、新工艺，设计因地制宜

北京市政总院在玉树援建市政工程的设计中采用了多项新技术、新工艺，设计符合因地制宜的要求。

1. 道路工程

根据玉树地区属于高寒高海拔,强紫外线、昼夜温差、冻融频繁等气候特点,为了提高道路路用性能和使用寿命,道路表面层沥青采用SBS和BRA等改性沥青,可以改善延长道路使用寿命,基质沥青采用高海拔抗低温开裂和具有良好抗水损害能力的道路石油110号沥青。可以明显提高沥青混凝土路面的抗车辙能力与抗水损能力,同时也降低了日后道路维护的成本。在玉树地区首次采用改性沥青,起到了实施、推广和示范作用。另外设计中因地制宜选用符合设计要求的当地材料,遵循方便施工、安全环保、降低造价等原则,充分考虑了高寒、高海拔的地方特色。为减少拆迁占地,采用混凝土挡土墙和浆砌片石挡墙进行收坡处理,降低道路对沿线环境的不利影响。设计中道路选线避免伐移现况树木,保护当地脆弱的生态环境,为生态设计做出了表率带头作用。

2. 桥梁工程

在桥梁设计中,以节省工程投资为原则,北京市政总院委托有关单位对现况旧桥梁进行荷载检测,符合设计要求的桥梁进行加固修建,新建桥梁12座、旧桥利用6座,新建地下通道1座。在桥梁结构方面,考虑玉树属于高寒高海拔地带,适宜施工的季节为5月至9月,并且早晚温差较大,当地气候条件较难满足现浇结构养护的条件。为保证施工质量,同时考虑到结构抗震、养护维修方便,桥梁上部结构尽量选用预制简支板结构。上部结构采用预制的同时,下部结构尽量采用桩接柱的形式,避免对现况地面或河道大开大挖;针对高原寒冷地区桥梁耐久性问题,主要通过提高混凝土标号、控制混凝土氯离子含量、适当增加钢筋净保护层等措施来实现;在桥梁栏杆景观方面,对于重点桥梁栏杆进行景观设计,以便充分体现当地康巴藏族文化,遵循地域风貌和民族特色。为了做好桥梁景观栏杆,道路景观设计人与桥梁专业设计人曾多次到玉树其他地区及周边考察,与玉树当地厂家和桥梁栏杆工匠交换意见,实地考察栏杆成品样本,使得桥梁栏杆样式符合玉树景观风貌小组的要求。

3. 景观路

结古镇有3条景观道路,分别为胜利路、民主路和红卫路,总长度17.94公里。景观工程设计内容主要包括道路绿化、人行步道铺装、挡土墙栏杆、道路照明灯柱、公交站棚、雕塑、小品、城市家具等。

北京市政总院设计人员在设计前收集了大量资料,阅读许多书籍和当地文献,并进行多次实地考察,到居民家走访,与藏学院专家讨论,到拉萨及周边地区考察,尽量多得融入当地文化中。西藏是艺术宝库,民族装饰和图案数不胜数,并且都有深厚的宗教意义,如何做到最原汁原味,又能和现代科技结合,做到既实用又民族,则必须与当地风貌专家合作完成。多次会议评审,大到整体规划，小到图案花纹，都有民俗专家参与讨论，有些设计更是以合作的形式，如灯型的设计、站棚的设计、桥梁栏芯雕刻图案的设计，是由当地画家等画出图案手稿，再根据手稿结合现代工艺，出方案施工，加快了设计进程，并且最贴切当地文化。

高原地区高寒，紫外线强烈，许多材料不适用。在设计家具雕塑时，尽量选取当地材料，以石材为主，金属为搭配，在颜色的选择上，多用藏族传统红、白、黑、金几种颜色，搭配漂亮的图案，少用彩绘等不耐紫外线的材料。

道路人行步道铺装图案及灯型图要符合康巴风貌要求，根据景观路的设计要求，要与道路沿线建筑风格样式、颜色基调相匹配。进一步突出三条道路不同的风貌特征，加强与商住安置组团进行沟通和对接，同时应加强与城市风貌导则相互衔接。对十字路口、交叉口等重要节点地段进行了重点打造和设计引导。街道铺装、设施等材料应体现街道的品位和文化底蕴，体现玉树商贸旅游城镇的风貌。

绿化设计采用适合当地气候生长的耐寒树种和植物。高海拔地区的植物种类单一，在结古镇常见的树种仅为青杨和云杉，在经过当地苗圃的咨询后，推荐了一些开花灌木和草花种类，如丁香、红景天、黄景天等，与施工单位一起进行试验种植，丰富当地的街道景观。另外，景观设计中还采用了一些独特产品，随着生产与加工，研制了一些新产品，如结古镇步道上得回字形花纹砖，成批量生产，可以投入到其他地区使用。如普通路和景观路的灯杆设计以及桥梁栏板和挡墙栏杆等，正在申请专利，用于其他藏区建设。

4. 供水厂

由于玉树地处生态脆弱地区，特委托青海省环境地质勘查局作了玉树供水厂取水对扎西科滩地的生态影响分析，以防止对当地的生态环境产生不利影响。

由于玉树州地处青藏高原，地区运输和生产氯气、液氧有一定的难度。因此，本工程的地下水水源消毒方式采用二氧化氯法消毒。

扎西科河上游是畜牧区，植被丰富，为更有效地去除地表水中致病原生动物（如贾第鞭毛虫和隐孢子虫）的危害和去除，在预留的地表水处理区的出水消毒方式采用紫外线消毒加二氧化氯补氯方式。

供水厂大部分建筑冬季需采暖供热，且当地无城市集中供热。根据当地气候和燃料供应情况，厂区建筑采暖供热采用了环保、节能的太阳能（辅助电热）水锅炉供暖方式；由于结古镇地处山区，供水厂的选址考虑对城区大部分采用重力供水方式，节约供水厂日常运行能耗。

5. 污水处理厂

玉树州结古镇位于三江水源保护区，环境保护的重要性不言而喻。本工程污水处理厂设计出水水质执行国家一级标准中的A标准。考虑到结古镇污水量日间、年间变化较大，在预处理部分采用进水方沟作为调蓄，减小构筑物规模及装机容量，减少工程投资及日常运行费用。

大气环境温度对水温的影响对策：除进水提升泵房、旋流沉砂池、生物池、污泥泵房、贮泥池外，设计将其他所有污水处理构筑物、设备等均设置于室内，虽然上述构筑物置于室外，但均考虑了加盖保温处理，尽量做到水面不外露于大气。为便于集中供暖，设计将沉淀池、滤布滤池、紫外消毒渠道统一设置在一个污水综合处理车间内，将脱水机房和污泥储运间合建在一个处理车间内。

考虑到结古镇高原高寒的特殊性，设计参数的选取均采用低负荷的参数值，增大池容，加长停留时间，增加曝气量，以确保将高原高寒对生物处理工艺不利的因素降低到最低。

根据当地气候和燃料供应情况，厂区建筑采暖供热采用了环保、节能的太阳能（辅助电热）水锅炉供暖方式。

6. 垃圾填埋场

结古镇紫外线强、温差大，考虑了可抗强紫外线及温差的防渗材料及防渗设计。由于垃圾场场址建设条件较差，为了防止产生次生地质灾害，尽量少开山，将排洪沟设置在垃圾填埋体下。

结合垃圾填埋场场地地形特点，垃圾填埋方式采用随山势逐级堆置方式，降低垃圾坝的坝高。

垃圾坝设计为混凝土连续墙夹心坝，利用工程废弃土方，降低工程造价，减少石材的用量，保护环境。根据垃圾填埋区的形状，对填埋区进行分区填埋，减少垃圾渗沥液的产生。利用当地气候特点（蒸发量较大），对垃圾渗沥液采用会喷蒸发的处理方式。

7. 公交场站

公交场站设施共4处，分别为结古公交换乘枢纽、新寨公交中心站、扎西科公交首末站和双拥街公交首末站，总占地规模约为1.75公顷，总建筑面积4400.78平方米，共可停车89辆。

在公交场站的建筑风格及样式、外立面的装修图案上，北京市政总院设计人员多次与玉树州风貌小组进行配合、沟通和协调，最终公交场站的建筑风格为藏式康巴文化特色，符合当地民俗风格的要求。

六、玉树援建工作的关键环节及对策

从玉树援建开始到结古镇市政工程全面建设竣工完成实现顺利交接并投入使用，经过援建玉树三年多的建设，北京市政总院做到了"高寒不减斗志，缺氧不缺精神，艰苦不怕吃苦，困难不挫信心"的精神风貌，圆满完成玉树援建的各个市政工程项目，实现了玉树援建设计目标。回顾玉树援建的3年时光，之所以取得丰硕的设计成果，主要是处理好几个关键环节和采取的对策措施：

（一）先期介入规划阶段，为设计阶段打下良好基础

为了抢时间、争速度，北京市政总院打破以往"先规划、后设计"的常规程序，先期介入到总规、专项规划阶段，积极与中规院和北规院进行对接工作，配合其完成结古镇总体规划和专项规划，使规划具有更好的可实施性。同时派工程设计人员到玉树结古镇进行了现场调研与踏勘，与青海省地震灾害恢复重建指挥部、青海省住房和城乡建设厅玉树指挥部，玉树州住房和城乡建设局、青海省第二勘察测绘院、地勘单位进行了工作上配合，在当地收集一手设计资料为设计做好前期准备工作。

由于地震灾害重建任务十分紧迫，根据青海省地震灾害现场指挥部的要求，结古镇第一批启动的有红旗小学、州医院、藏医院、广电局、州高中等25个项目，总院工程设计人员克服高原缺氧、设计条件艰苦等困难，加班加点，昼夜连续奋战，终于在省前指要求的时间2010年6月23日，提供了外部路网坐标和控制高程，确保了第一批项目的顺利启动并实施。正是北京市政总院的及早介入，才保证了玉树援建第一批项目的顺利启动。

（二）设计单位与施工单位强强联合，总承包联合体模式发挥了至关重要作用

北京市政总院与北京市政路桥建设控股（集团）有限公司组成玉树援建设计施工总承包联合体，设计单位与施工强强联合，在这次玉树援建中，设计和施工的配合非常紧密，这次合作得到充分考验。北京市政总院负责联合体规划设计部工作，统筹协调解决各种问题，涉及从项目立项、规划前期、方案报审、工可、初步设计、施工图、配合施工及后续收尾等各个阶段，确保了玉树援建工程的顺利实施。

北京市政总院与北京市政路桥建设控股（集团）有限公司组成的联合体模式发挥了重要作用，援建工程设计及施工人员发扬"特别能吃苦、特别能战斗、特别能奉献"的高原精神，坚持"和谐援建、科学援建、高效援建、阳光援建"的理念，统筹安排、科学谋划、扎实工作，配合协调，解决影响工程进展的不利因素，克服征地、拆迁中遇到的重重困难，联合体模式使得处理所遇到的问题及时准确，解决了设计施工过程中互相推诿扯皮现象，取得了全面胜利局面，联合体模式功不可没。

(三)根据玉树地区气候特点，有针对性地进行实地考察和调研

为了确保玉树地震灾害恢复重建市政工程能够圆满顺利完成，体现"新玉树、新家园"的风貌，为了使玉树援建工程项目能够体现玉树藏族地区的康巴文化特色，联合体专门组织工程设计人员到拉萨城市考察任务要求，总院道路、给水排水、道路景观等工作人员共3人，于2011年4月14日至4月20日对拉萨和那曲进行了为期一周的实地考察，走访了拉萨市住房和城乡建设局、拉萨市设计院等单位，对拉萨市的道路景观、步道铺装、雨水口、交通护栏、交通标志、公交车站样式、供水厂、污水厂及垃圾填埋场等进行实地考察。学习了相似地区市政管线、供水厂、污水厂、垃圾填埋场建设理念和运行设计理念和设计经验，并将此次学习的宝贵经验，在结古镇市政工程的各项设计中加以借鉴和应用，为玉树结古镇市政工程的各个项目设计以符合当地环境特点要求，打下良好基础。

(四)充分认识玉树援建任务的复杂性和艰巨性，为援建玉树做好充分的准备工作

北京市政总院作为北京援建玉树总包单位联合体成员，此次任务和以往任务相比极为繁重而艰巨。首先，援建项目多，涉及几乎所有市政专业，另外工程规模也较大，况且出图时间要求紧迫，需要对外协调处理的问题多且复杂，因此设计难度非常大。其次，北京市政总院作为总包单位需要配合的单位多，几乎涵盖了大部分青海省政府、玉树州（县）政府各个职能部门以及规划、勘察、测量、河道设计、施工等各相关单位，配合工作量大。第三，结古镇属于高原地区，气候条件恶劣，由于玉树平均海拔达3700米，紫外线强，援建设计人员的高原反应强烈，经常全身疲劳、头晕，设计人员的工作效率降低一半以上。第四，现场生活条件差，由于地震后供水供电能力严重不足，几乎天天停水停电，生活条件异常艰苦，由于用水紧张，总院派驻现场的设计人员许多天都没有洗过脸。然而，就是在这样的条件下，他们仍然恪尽职守，完成好自己的每一项工作，完成好每一次与外单位的对接，完成好每一次现场踏勘，完成好每一次现场配合施工。北京市政总院为现场设计人员配备高原注意事项小手册。为了保障援建玉树现场人员的生活，院里还为他们购置了血压计、血糖仪、抗高原反应的红景天等药品及各种保障用品，做好后勤保障。总院技术质量部还专门针对玉树工程的特殊性，下发了青海玉树灾后恢复重建工程质量管理条文和配合施工交接单等，以方便现场设计人员配合施工。

(五)总院为玉树援建工程加大投入,保证市政工程顺利进行

北京市政总院为玉树援建投入了大量的人力,2010年7月至2013年工程竣工,北京市政总院派驻8~11名现场设计人员,道路专业保证2~3人,桥梁专业1~2人,排水及结构专业2~4人,建筑专业1人,规划前期1人。解决规划前期、大小市政对接和施工遇到的问题,确保工程顺利进行。对于现场配合设计人员,要求每天写配合工作日志,现场处理问题需拍摄照片,每周发给项目负责人及各专业负责人一次。各专业每日备忘录、配合施工影像资料由记录人发负责人。收集、整理已报出设计图纸电子版及现场配合自留图纸。外出开会要进行拍照,并跟踪与北京市政总院工作有关的会议纪要、批复、指示、函件等资料的发放、收集、整理、发送和存档备案,回驻地后应尽快编写项目备忘录,严格按照北京市政总院质量管理体系要求执行。配合人员的交接,需填写交接单,保证配合工作的连续性与完整性。

(六)玉树援建遇到的问题多而复杂,处理难度大

北京市政总院派驻玉树现场设计人员协调解决玉树项目中的设计前期、设计方案和配合施工遇到的各种问题。随着玉树援建市政工程的进展,所遇到的问题也越来越多,越来越复杂,现场设计人员的工作量非常大。为此,玉树州政府成立州技术规划组,北京前指规划设计部牵头成立市政交通小组,北京市政总院现场配合施工人员也是规划小组成员,负责结古镇大市政与小市政的对接。除了承担规划前期和设计任务外,还负担着四大央企统规自建区的规划、方案和设计的审查工作。结古镇市政工程全面开工,道路征地、拆迁等引起各个街道片区的强烈反响,结古镇各建委会对总院的道路线位所涉及的征地拆迁、树木保护、道路边坡侵占院落等各种问题,向玉树州政府提出道路优化设计的要求,北京市政总院设计人员对所提出的几十项问题,逐个梳理并现场踏勘,认真向各个建委会通报,多次就优化方案向州政府和省前指汇报,妥善处理各种矛盾,化解彼此之间的分歧,最终州政府批复了总院的优化设计方案。

北京市政总院所承担的市政工程在青海省玉树地震灾害重建前指、玉树州政府、三江源投资有限公司等职能部门的大力支持下,市政工程在设计和施工上总体进展较为顺利,当施工现场出现疑难问题时,设计人员及时到现场,为施工单位解决工程中出现的问题,确保了市政工程施工的顺利进行。

(七)为玉树援建大局着想,承担许多额外设计工作

随着市政道路和市政管线开工以来,北京市政总院选派设计人员陆续到现场配合施工。首先面临的问题是主次干路与周边地块的大小市政工程的对接问

题，尤其是市政管线部分，周边地块的市政设计严重滞后。在玉树州成立了玉树灾后重建规划技术组之后，总院负责对结古镇的市政工程大小市政对接等工作。北京市政总院以州技术规划组的名义分别在2011年3月、4月、6月三次将结古镇的主次干路市政设计施工图发给其他援建单位作为片区小市政的设计条件。又分别在当年8月、9月与其他援建单位进行了现场对接，并出具了对接会议纪要。作为市政交通小组，对四大央企援建的结古镇生活片区、公建项目的外部市政设计方案进行审查，并出具审查意见。其中设计咨询2次；参加项目评审会约15次，共评审了约35个项目；审查了约15个地块的市政图纸。这些工作量是北京市政总院的额外付出，是对玉树援建所作出的一份贡献，得到了北京前指、青海省前指和玉树州政府的称赞和认可。

七、玉树援建实施效果

从2010年6月至2013年11月底，经过三年多的紧张设计和施工建设，结古镇的面貌发生了巨大变化，从地震后的一片废墟，演变为玉树的美丽家园。市政工程各个项目的设计满足规划目标的建设要求，援建任务的顺利完成让当地藏民同胞看到了希望，让结古镇市政基础设施实现20年的跨越，结古镇城市功能与地震前相比得到了极大程度地改善，实施效果明显。总院玉树援建任务得到了青海省前指、玉树州政府及当地居民的广泛认可，为北京首都玉树援建赢得了荣誉，也为结古镇社会经济的发展奠定了坚实基础（图5、图6）。

八、回顾与思考

玉树援建工程已经过去了十年，在慢慢历史长河中，只是转眼一瞬间。每个重要时间节点背后都蕴藏着一段历史，特别是援建的这段时间，非常值得珍惜和回顾，玉树援建创造了奇迹，也经受住时间和历史的考验。玉树结古镇从废墟上崛起，市政基础设施用了三年的时间建设，提前实现二十年的跨越腾飞。

2021年两会期间，习近平总书记在参加青海代表团审议时动情地说："我很牵挂玉树。""后来对玉树的重建情况，我一直非常关注。你们实现了'苦干三年跨越二十年'，我为玉树的发展而高兴。"这是对玉树援建的充分肯定。

玉树援建充分展示了北京市政总院精心设计、优质服务、吃苦耐劳、无私奉献的工作作风，援建任务艰巨，工作难度大，在困难面前，想尽办法知难而上。条件艰苦及家庭负担大，无条件克服。实践证明，北京市政总院援建队伍是一只特别能吃苦，特别能战斗的优秀设计团队，是一个英雄辈出的战斗集

图 5　结古镇规划效果图

图 6　结古镇实施效果图

体。回顾这次玉树援建，有着更加深刻的体会。

（一）设计单位在工程建设中的先导地位

这次援建工作时间紧，任务重，北京市政总院先期到现场，提前介入规划设计工作，并与北京市政路桥集团有限公司组成设计施工联合体，这种方式有利于提高效率、提高工程质量和进度，对北京顺利完成援建工作起到了重要作用。

（二）综合实力保障总院胜利完成援建任务

北京市政总院强大的技术实力，丰富的工程实践经验，良好的项目管理能力与多专业协调能力，以及院领导班子的高度重视，周密部署，大量精兵强将、物力、财力的投入，有效保证了援建工作的顺利开展。事实证明，只有实力雄厚的大型综合设计院这样的高素质团队，才能胜任如此大规模高难度的援建任务。

(三)创新策划始终贯穿在援建工作中

精品工程源自精心策划。北京市政总院在开展设计之初,通过技术创新和设计创优策划,确保将"人文、科技、绿色"的设计理念和各种设计技术应用到援建项目中,并通过贯穿始终的项目管理策划,实现援建项目质量、进度等的规范化管理。从而有效推动了工程进展,保证了设计质量和水平。

(四)着眼大局主动推进,工作进展加快

在援建工作中,基础资料不全,项目接口多,管理单位多,援建单位多,气候环境问题、民族问题等各种情况十分复杂,如果按部就班的开展工作十分困难,因此主动推进、不等不靠、主动配合,积极为其他单位创造条件开展工作,是工程快速推进的重要方面。在玉树援建过程中,大量的感人事迹深深地烙在玉树雪域高原,使北京精神得到了弘扬和发展。

(五)在细致的工作中体现民族团结,弘扬北京精神

在援建工作中,民族团结的体现往往在精品工程设计的细节上,工程中是否有以人为本的精心设计,是否考虑到民族习惯,还要懂得耐心听取民族同胞意见,并做细致的解释说服工作,在点滴的工作中增强了民族感情,弘扬了北京包容厚德的精神。

参考文献

[1] 中国城市规划设计研究院.结古镇城镇总体规划(灾后重建)[R]. 2010.

[2] 中国城市规划设计研究院.结古镇城镇总体设计及控制性详细规划(灾后重建)[R]. 2010.

[3] 北京市城市规划设计研究院,北京市市政工程设计研究总院有限公司.青海省玉树县结古镇基础设施专项规划(灾后重建)[R].

[4] 北京市市政工程设计研究总院有限公司.玉树地震灾后重建工作总结[R]. 2013.

青海玉树地震灾后重建

——道路设计体会

作者：张学军[1]

强烈地震是危及人民群众生命财产安全、对环境造成巨大破坏和损失的一种地质灾害现象。灾后重建是一项具有紧迫性、艰巨性、特殊性、群众性及民族性的政治工程。

2010年4月14日，青海省玉树县发生7.1级强烈地震，玉树州、县政府所在地结古镇成为地震重灾区。

根据援建玉树地震灾区的项目安排，北京市市政工程设计研究总院负责玉树结古镇中心城区22条道路、长约52公里的设计工作。

在近三年的设计、施工协调配合过程中，根据当地的地方特色与援建所面临的实际困难，有大量的设计心得与体会，对其中重要的几点进行总结、分析，以此作为借鉴。

[1] 张学军　北京市市政工程设计研究总院有限公司，教授级高级工程师。

一、灾后重建概况

（一）地方概况

玉树位于青藏高原腹地——青海省南部，是青海省、四川省和西藏的交界处。海拔3660~4600米，绝大部分地区处于三江源国家级自然保护区内。具有丰富、独特的气候资源（太阳能、风能）、旅游资源（三江源、新寨嘛呢石堆）、物产资源和野生动植物资源。

玉树属于藏族三大方言区中的康巴方言区，即"康巴"藏区。人口中近97%是藏族，占青海省藏族人口的近四分之一，是省内藏族分布最集中的地区。

州、县府所在地结古镇呈现"雄鹰展翅"形布置格局，扎西科河和巴塘河两条河流贯穿整个镇区（图1），地势西高东低、南高北低。全年平均气温3.2度，极端低温-27.6度，极端高温28.5度。地区标准冻深1.04米，冰冻期达225天。

结古镇是长江流域上游第一人口密集的城镇，镇域总面积807.7平方公里，是商贸与物流中心。震前镇区人口规模总计11.64万人，其中流动人口3.49万人。

图1 青海玉树结古镇区域位置示意图

（二）灾后重建环境特点

1. 重建政策

玉树结古镇灾后重建定为"原址恢复重建"。不同于以往对口援建直接出资建设的模式，本次的建设资金由中央财政拨款，下拨至地方政府负责管理使用，援建企业需要向地方政府申请建设资金。

2. 人文环境

玉树结古镇是藏族的聚居地，民族宗教文化氛围浓郁，当地藏族全民信奉藏传佛教，宗教寺院众多。镇区汇集了三大佛教流派，拥有大量的宗教建筑和构筑物，宗教文化氛围浓厚。

因语言、文化差异，重建单位与地方群众沟通存在一定的困难。

3. 管理体制

地方政府没有经历过如此大规模的市政建设，管理体制、建设经验、专业人员、业务水平等诸多方面有待提高，对建设进度有一定的影响。

4. 交通环境

由于G214国道和S308省道两条过境公路穿越结古镇区，导致内部交通与外部交通不分行，路网功能不清晰，易引发交通拥堵和交通事故。

城区内部道路网过度依赖民主路和胜利路两条干路，尚未形成合理的道路骨架系统，道路等级低，存在丁字路、断头路。

居民机动化出行需求快速增长，而现状道路交通基础设施能力尚不足以承载，主要体现在道路网密度不足和停车设施供给缺乏两个方面。

朝拜及日常步行空间严重不足，导致行人与机动车混行，容易引发交通事故。公共交通车辆和场站等设施缺乏，导致公交服务水平不高，未能给居民提供可选择的绿色出行工具。

5. 设计环境

受地震影响，镇区内原有与设计相关的资料丢失、基础资料匮乏，同时震后出现新的地质次生灾害。

重建设计既要满足各阶段的审批程序，又要保障施工，设计周期极其紧张。

6. 施工环境

施工时间短：结古镇冬长夏短，冬季一般为六七个月，夏季仅有五六个月。以三年重建期计算，实际有效施工时间仅有十五六个月。

运输能力弱：结古镇距离灾后重建后方基地西宁800多公里。目前仅靠G214国道相连，该路为二级公路、局部三级，路况差且运力有限，保障整个重建物资运输需求的压力很大。

建筑成本高、施工难度大：当地缺乏钢筋、水泥、玻璃、黏土砖等建材，绝大部分要从外地长距离调运，运输成本极高。另外结古镇属于河流沟谷地带，地形狭窄，大规模施工很难展开。

电力保障弱：玉树尚未接入国家大电网，目前供电主要依赖本地的小型水电站。在地震中，西杭、当代等水电站损毁较重，电力保障非常脆弱，供电能力极其有限。

高原降效大：结古镇海拔为3660米以上，施工人员高原缺氧严重，工作降效明显。

（三）灾后重建对设计的要求与目标

灾后重建的紧迫性与特殊性，要求设计应满足落实规划、通过审查、保障施工、地方认可四个方面的要求，同时以"安全第一、经济耐用、以人为本、生态环保、面向实施"的理念指导设计，体现"首善标准"。

二、设计关键点分析

根据重建设计时间短、任务重、审查严、对接多等特点及难点，重点对以下几个关键设计进行分析。

（一）规划与设计的统筹融合

提前介入、参与规划编制，深入了解规划意图，结合设计提出对规划的修改完善建议，使之能够平稳"落地"。

规划的成败在于能否"落地"和适应"发展"需要。鉴于灾后重建的紧迫性，震后一个半月，在初步获知援建任务后，我院就积极地与震后规划编制单位进行联系、对接，利用市政、交通的设计专长，参与到玉树总体规划及市政交通专项规划的编制工作中，并结合设计提出利于规划实施相关建议，以便于下一步的具体设计工作。其关键之一为"红线控制"。

1. 运用道路设计指标对规划进行核查

通过对规划道路平、纵指标的核查，建议对部分平面线形标准低、竖向纵坡过大的道路进行优化。如北环路部分规划线位弯曲多变，建议裁弯取直，重新定线（图2）；结古中路，规划为城市次干路，与北环路成丁字路口，竖向最大纵坡近20%（图3），存在极大的交通安全隐患，建议取消该路。

图2 北环路优化线位方案图

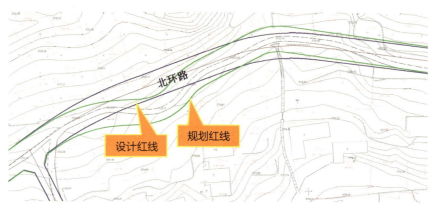

图3 结古中路竖向设计方案图

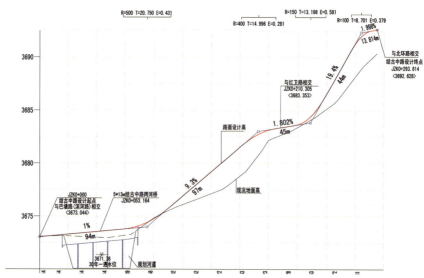

2. 通过设计数据直观体现道路红线与用地线关系，建议提前进行协调

道路规划红线与实际用地线一直是工程实施中难以协调解决的关键问题，特别是地势起伏、高差明显的城市以及一些特殊单位和建筑。

玉树结古镇有三分之二区域处于河谷、山坡上（图4），相对高差几十米。由于道路建设为现况路拓宽，受地方土地私有化的限制，规划道路红线宽度很局促，步道边即为红线边，根据道路性质的不同，建筑退线一般为3~5米，部分地段甚至无退线。通过对现场整体竖向的设计分析，画出典型路基横断面及平面用地线，提出规划红线必须要考虑高差放坡等实际情况，建议加宽道路红线或加大建筑退线距离（图5）。

图4 结古镇局部俯视

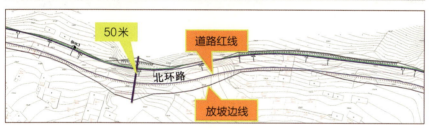

图5 北环路实况图

3. 利用以往设计经验与道路规划相结合

充分理解道路功能定位，考虑重要相交路口拓宽渠化，确保交通安全、预留路口红线。

在以往的工程中，部队、加油站、学校等重要单位一直是道路建设的难点，甚至需要调整规划设计。本次重建设计为充分掌握第一手资料，冒着高原缺氧的情况下多次徒步实地踏勘，熟悉现场地形，了解特殊单位部门围墙与道路用地线的关系，提出协调解决办法。

（二）精心设计体现"首善标准"

综合安全预防、节约用地、生态环保、以人为本、民族和谐等各方面因素，满足规范标准并灵活运用设计指标，顺利通过各阶段审查。

1. 安全预防

灾后重建的关键之一是营造一个安全的大环境。在道路设计中主要针对人行系统、地灾处理、大纵坡、高填防护几个方面进行安全预防：

（1）合理设置人行步道和地下通道连接朝拜路线，同时设置临时停车带、公交线路和港湾，方便当地居民出行。

（2）重视对地质灾害等资料的调查、收集、分析，作为设计的控制条件。结古镇部分道路两侧存在山谷冲沟，根据现场踏勘及地质灾害评价，对存在危险的泥石流沟通过调整路基竖向高程、设置桥涵、对沟谷疏挖等技术措施配合地质灾害治理部门做好设防、阻拦和排导，保证道路的运行安全（图6）。

图6　现况存在隐患的泥石流沟

（3）受现场"河谷—坡地"攀升地势限制，民主路与北环路间南北向道路普遍为大纵坡，且由于北环路北侧为大片生活片区无法通过缩减高差来降坡。

结古路为通往玉树"名片"结古寺的唯一交通干道，规划范围内现况为纵坡12%~14%、宽4米的混凝土路，规划范围外现况路最大纵坡为14%~18%。参照山城设计经验及组织专家咨询、论证，设计中首先通过缩减高差将最大纵坡控制在10.83%，并着重对增加路口停车等待距离及视距、设置减速标线及防滑路面、建议加强恶劣天气时交通管理等进行了安全预防，保证地方群众行车安全。

（4）对于高填路基，根据道路两侧地块性质分别进行人行护栏及防撞护栏的设置，避免交通事故的发生。

2. 节约用地

玉树地区的土地大部分为私有土地，原有道路两侧多为私人房建。如何控制占地规模是路基设计的关键。在存在高差地段，主要通过放坡改挡墙、缩减高差等措施减少占用土地（图7、图8）。

3. 生态保护

玉树绝大部分地区处于三江源国家级自然保护区内，受高原、自然环境影响，"玉树"的名称即表明了生态系统的薄弱，破坏后很难恢复。设计中的保

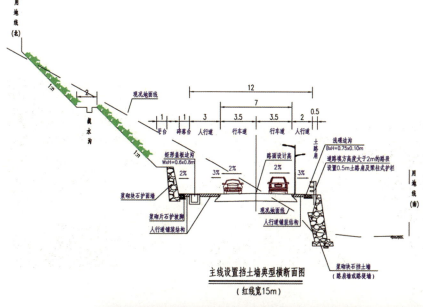

图7 高差大的路基设计示意图

图8 建设中的道路挡墙

护措施主要体现在水土保持和树木保护两方面。

1）水土保持

通过优化竖向设计，避免对现况地面或河道大开大挖。当代路沿巴塘河线位对开山和占用河道、路基和高架桥进行了多方案比选，综合工程量、投资及对生态的保护，最终确定少开山，在保留河道基本形态不变的前提下，占用部分河道的线路方案，同时对占用河道部分进行恢复、保持正常运行（图9）。

2）树木保护

通过采用设置环岛、挡墙、调整断面等技术措施对道路用地线内的现况树木进行专门保护（图10）。

图9 当代路线位走向效果图

图10 扎西科路保护树木的环岛

4. 以人为本

结古镇是一个康巴藏族文化深厚，具有强烈民族行为、习惯的区域。通过对藏族文化、宗教文化、群众生活行为和习惯的不断了解，尊重地方传统，并融入景观及交通工程设计。

景观设计前期，将地方文化元素中的经幡、转经筒、吉祥八宝图案揉进桥体装饰、人行步道方砖、桥梁栏杆、家具小品中，认为已经充分考虑并结合了民族特色文化。但通过民俗专家、藏文化专家的讲解，实际上这些元素的使用条件、设置位置均有特定的要求，不能随意安放。

交通工程设计中，通过与地方交管部门沟通、现场调研地方交通行为，最终按照简单实用、易识别、诱导性强、提前预防的原则进行设计。如信号灯采用最普通红绿黄信号灯、交通标志采用三语（汉语、藏语、英语）、学校等重要位置增设减速标线等，给地方群众留有逐渐认知、适应的过程。

5. 民族和谐

积极听取群众意愿，现场协调、解释设计，根据实际情况，动态、合理进行设计优化，确保民族和谐。

现场藏族群众普遍关心的主要有三大类问题：线路的直与弯、路面的高与低、路基的宽与窄。对此结合批复规划、审批程序、规范标准举例进行设计解释，维护规划设计立场，并避免民族纠纷。

在北环路施工过程中，由于地方群众对临时导行道路的误解，认为已经是新建道路，以至于在临时路两侧部分藏族群众的自建房高程（参照临时道路高程）与设计高程存在较大高差（图11）。根据这种情况，在不影响已征用地线的情况下，尽量将原设计高程调整为现况高程，保证群众出行。

图11　路侧在建房屋

（三）设计面向实施，方便施工，加快重建进程

施工建设的速度直接关系到重建的进程。如何在满足规范标准的前提下，给予施工的最大方便，是重建设计的关键之一。本次设计面向实施主要体现在路用材料的选取上。

结古路由于具有大纵坡（最大纵坡10.83%）、景观旅游道路等特点，跨河桥以北至北环路段曾选用弹石路面结构方案（图12），具有防滑、景观、新材料、新技术等优点，可作为结古镇道路的一个形象工程。弹石块材的选取应因地制宜，宜采用花岗岩等坚硬耐磨石材，尺寸选用厚度为14厘米、长宽为10厘米×15厘米。在施工准备过程中，经过现场调研，发现结古镇当地石材的硬度较差，现场不能取材，只能外运；另外，经过工期编排，也发现由于弹

图12 弹石路面

石块材小，人工铺砌较为复杂，施工平整度、稳定性不宜控制，相应会增加施工周期。据此，及时将弹石路面调整为混凝土路面结构，方便施工建设。

三、总结

玉树重建设计涉及的内容是多方面的，具有时间紧急、任务艰巨、政策性强、协调量大等特点。结合设计及施工协调配合中遇到的几个突出问题，建议在同类设计中应高度重视用地、安全、经济、实施等关键点，希望能对其他类似工程设计给予借鉴。

（一）认知规划，及早解决用地矛盾

在玉树三年的重建设计、施工配合中，拆迁用地始终是影响规划"落地"、设计交付、施工建设的突出矛盾。因此在规划阶段能够有效解决道路红线、道路用地线、建筑红线间的相互关系，明确利于市政及地块实施的界面划分，将极大地缩短重建周期。

解决这个矛盾，也需要设计单位通过对现场地形地物的充分了解、结合规范标准提出相应的技术措施方案和初步道路用地范围，尽早提供给规划部门并强调重点区域、结合地块红线进行修改完善。

（二）安全预防，重视地灾评价等相关地质资料的使用

玉树结古镇为狭窄的沟谷地形，震后国土部门进行现场调查，部分山谷支沟存在泥石流、滑坡等地质灾害隐患。在设计中必须重视对地灾评价等相关地质资料的使用，并在设计中予以安全预防，避免对道路运行的影响。

（三）细节设计，控制投资成本增加

玉树重建是由中央财政拨款，资金来之不易，节约投资、控制成本是对重建的基本要求。在设计过程中，通过对以往工程设计变更的经验教训分析，注重因地制宜、以人为本的细节设计，以控制因设计所引起的投资增加。

（四）服务施工，加快重建进程

受灾群众一直期盼着重建家园的及早完成。从设计角度，增强方便施工、服务施工的意识，加强与施工单位的沟通，在满足规范标准、控制投资的前提下，适应地方条件，优化路用材料、施工工艺，加快施工建设的过程。

玉树结古镇灾后重建道路优化设计与实施

作者：伍速锋[1]

[1] 伍速锋 中国城市规划设计研究院智能交通与交通模型所所长，教授级高级工程师。

一、前言

道路不仅是城市骨架，也是市政管线的依附主体，更是用地边界，关系到建筑红线的确定，道路规划、设计在青海省玉树地震灾后重建中的意义重大。

2011年初，随着重建工作的全面启动，州县政府、建委会、援建单位和部分居民向玉树州灾后重建规划技术组反映了道路规划、设计等方面存在的问题，并提交了《关于结古镇区居民反映强烈、涉及重建规划设计问题等的请示》等报告。主要问题包括平面设计、纵断面设计、横断面设计、放坡形式、建筑红线退后、树木保护等问题。

二、重建过程中的主要道路问题

（一）平面设计问题

该类问题不多，但影响较大。平面调整将带来建筑用地红线的调整等一系列问题。该类问题以北环路德宁格段最为突出，该处为高填方，高程高于周边院落高程3米左右，使周边场地排水和出行不便（图1、图2）。且该处纵坡已经达到了7.9%，纵曲线内有一个S平曲线，属于道路设计规范中应避免的情况，2011年初时发生两起翻车事故。

（二）纵断面设计问题

现有道路设计方案部分地段采用高填方路基，致使道路高出两侧用地，既增加了对院落的占用，也降低了临街院落的可达性和品质，同时也造成了场地的排水困难。这一问题引起周边群众的不满，并引发了部分群众的上访。此外道路纵断面设计还可能影响道路占地、小区支路衔接、小区排水、房屋安全等问题。

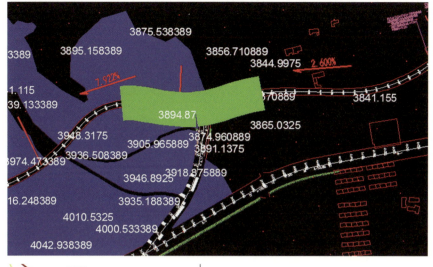

图1 北环路德宁格段原线形

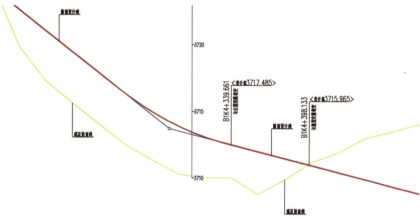

图2 北环路德宁格段原纵断面

(三)横断面设计问题

横断面问题主要涉及北环路,北环路全长10.7公里,是结古镇北侧东西方向的唯一贯通性道路,车行道原设计7米(图3),行车道宽度过窄,可靠性较差,如一侧有临时停车,容易出现交通拥堵问题。

(四)放坡形式问题

德宁格、民主、解放、团结等片区反映,部分路段采用自然放坡、护面墙等形式放坡,对院落占用过多(图4),建议改为挡土墙或护坡,减少对用地的占用。

(五)沿路建筑红线退后

沿路建筑红线后退,有利于满足城市的消防、环保、防汛和交通安全等方面的要求,根据青海省相关规定,主、次、支路建筑后退线最低标准分别为8米、5米、3米。但因震前原有沿路建筑未后退,实施建筑红线后退将增加沿

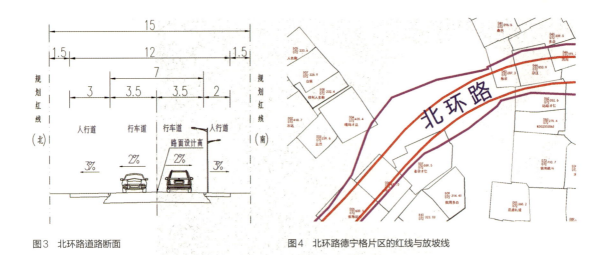

图3 北环路道路断面　　　　　图4 北环路德宁格片区的红线与放坡线

路土地占用，部分领导和群众对建筑红线后退有抵触情绪。

（六）道路影响树木问题

结古镇高寒低氧，树木生长困难，树木对于结古镇非常重要。根据测绘部门提供的树木测绘图显示，结古镇内的乔木共6180株，位于规划道路及其沿线的树木近4000株，道路红线内树木约2400株，占全县总乔木量的40%，且多数乔木的树龄是10~20年的成年树。

三、玉树灾后重建特点及道路设计要点

（一）山地城市

玉树州、玉树县政府所在地为结古镇，属山地城市，地形复杂，地面高程起伏大，道路设计要因地制宜，所以要处理好道路平纵横设计与地形、院落等之间的关系。

1. 平面设计

应依据道路等级、性质的不同而定。主干路应依据较高标准进行选线，不宜过多地考虑地形约束，但应考虑地质条件，尽量避开滑坡、崩塌等不良地段，平面线形应较顺直，使城市主要交通流得到快速、有效地疏散。城市次干路、支路则应把地形约束放在较为重要的地位，依山就势进行设计，可依据较低标准进行选线，避免过多的高填深切，节约土石方量。平面线形应呈自由式，以达到分散城市次要交通流的目的。

2. 纵断面设计

应注意纵面线形与平面线形的协调。城市道路标高不仅决定于道路本身，还决定于周边地块的性质、开发模式及开发强度。因此道路竖向不仅要满足规

范要求，还要有利于周边地块的开发；不仅要尽量减少道路本身的土石方量，更要减少周边地块因要与之衔接而产生的土石方量。

3.横断面设计

结古镇用地紧张，且不少道路两侧院落较多，在道路横断面布置上，应采用灵活多变的策略，因地制宜的选用断面形式。

（二）旧城基础上重建

结古镇的重建要尽量保持原来的街道肌理和空间格局，并以系统的观点来规划设计，以形成一个完整的结古城区。结古镇用地非常紧张，道路设施的新建、改扩建既要减少对原有院落的占用，也要协调道路与临街院落的关系，方便居民对道路的使用。

（三）多方参与援建

考虑到时间紧、任务重，玉树地震灾后重建由多家央企共同承担。其中，中国建筑等央企承担各片区内的公共建筑、住房、小区道路、小区市政等建设，北京市市政工程设计研究总院有限公司等单位承担全镇的主要市政道路、管线等建设。

该建设模式的优点为多方参与，人员投入充足，但援建主体较多，增加了协调困难，比如道路设计不仅要考虑交通问题，还要考虑与用地、大小市政的衔接等问题。

四、道路优化设计方案

针对各方面提出的道路设计问题，玉树州灾后重建规划技术组会同有关单位进行了优化方案的对接，其中放坡形式问题需要结合道路纵断面设计考虑。

（一）平面优化

针对北环路德宁格段的平面设计问题，市政交通小组提出可以向北调整平面线形，并优化竖曲线，调整后可以使道路更加顺畅，并减少道路与用地的高差，最终该优化方案得到州县相关部门、道路设计单位、道路施工单位等的认可，随后进行了设计优化和施工（图5）。

（二）纵断面优化

玉树州灾后重建规划技术组市政交通小组通过图纸作业和现场踏勘对结古镇的全部市政道路与相邻地块的高差进行了梳理，发现道路单侧或双侧与场地

图5 北环路德宁格段对比图

高差超过2米的路段主要有16段，在分析道路与周边用地高程关系的基础上提出了具体的解决方案。

1. 道路与场地高程关系分析

根据道路与周边用地高程关系，高差较大的情况可归纳为5种形式。

1）一侧高，一侧低

存在于山坡，北环路最常见形式（图6）。由于北侧临山，南侧降坡，因此大多数情况下为北侧高，南侧低。南侧通常存在住房建设用地，北侧依情况而定。

2）中间高，两侧低

位于山谷地带，且通常两侧存在住房建设用地（图7），如德秀格部分路段。

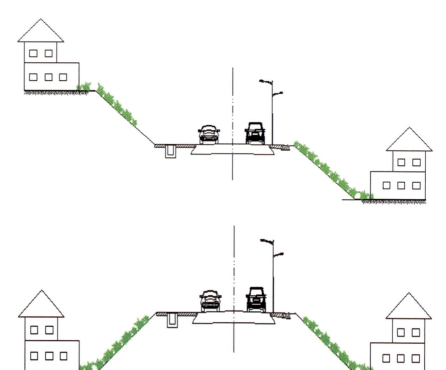

图6 断面形式一

图7 断面形式二

3）两侧高，中间低

如图8所示。

4）一侧高，一侧平缓

如图9所示。

5）一侧平缓，一侧低

如图10所示。

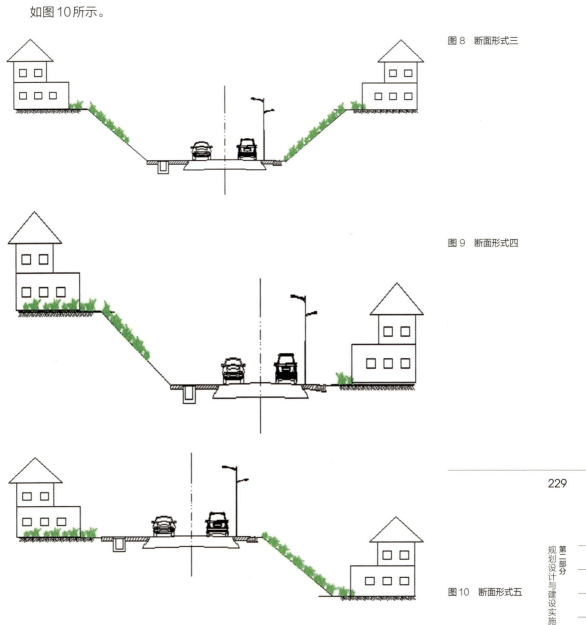

图8 断面形式三

图9 断面形式四

图10 断面形式五

2.主要的优化方法

上述问题的产生原因在于部分道路沿山而建，经过山脊、山坡与山谷，导致与周边用地高差较大，高差过大往往需要较多的放坡；还有部分道路因为要与相邻道路衔接，需要高填和深挖。为了解决高差过大问题及由此产生的土地占用，可采取四种方法：调整道路平纵曲线、调整周边用地高程、放坡改挡土墙、道路建筑整体设计。

1）调整道路平纵曲线

优点：调整道路平纵曲线是可能情况下的最优选择，它使得道路更适合城市需求，也更加安全。

缺点：道路两边用地高程并不一致，北环路南边一般低于北边。因此往往只能兼顾一侧，此外降低部分路段高程可能会引起纵坡坡度加大超标。

北环路结古路口段采用了此种方式，适当降低了北环路的道路标高，有利于两侧居民出入，也有利于结古路的衔接。

2）调整周边用地高程

优点：缩小用地与道路高差，相邻地块居民出行方便。

缺点：加固房区域不宜调整高程。其他区域如果调整高程过大，往往会造成土方量极大以及大量增加房屋基础处理成本，改变原有居住区地貌，故此方法需限制使用。

扎西科河南组团采用了此种方式，有效地解决了绝大部分居民的出行问题，但因加固户房屋无法抬升，造成部分加固户房屋基础低于周边用地。

3）放坡改挡土墙

优点：施工简单，不侵占院落用地（图11）。

缺点：只能解决占地问题，如挡土墙过高，将影响沿街居民出行，增加的造价也较多。在前两种方法无法达成目标的情况下，可作为补充。

图 11　北环路德宁格片区的红线与放坡线

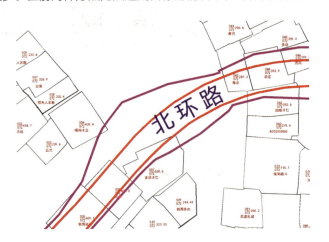

经2012年4月的多次协调，州政府确定了放坡改挡土墙的大原则，援建单位也表示尽可能将放坡改为挡土墙，目前这类问题已基本解决。

4）道路建筑整体设计

在道路设计时可充分与房屋建筑方案衔接，利用建筑物高度消化高差。如图12、图13所示，房屋的东北侧（图中的右侧）为道路，道路比房屋地基高

图 12　道路房屋整体设计示例
图 13　道路房屋整体设计示例

6米左右，该道路在房屋设计和施工时进行了整体考虑，房屋一侧墙结合挡墙建设，1~2层可利用西侧支路，三层可利用东侧道路，即节约了用地，又减少了造价，同时也方便了居民出行。

（三）横断面优化

通过多次协调和论证，将北环路车行道由7米调整为9米，该道路已经基本完成施工。从实施情况来看，该优化方案保证了北环路的交通功能，但缩减了人行道尺寸，致使人行道两侧原拟布设的电力线路无空间布设，只能选择其他路由布设。

（四）沿路建筑红线退后论证

针对有关部门反映建筑红线退后导致了房屋的大量拆迁，玉树州灾后重建规划技术组通过GIS等手段分析了建筑红线退后导致的房屋拆迁量（图14），分析结果表明建筑红线退后引起的拆迁仅占全部拆迁的13.7%（图15），消除了有关部门的误解，并通过GIS分析了各种建筑后退距离条件下房屋的拆迁量，为决策提供了科学依据。

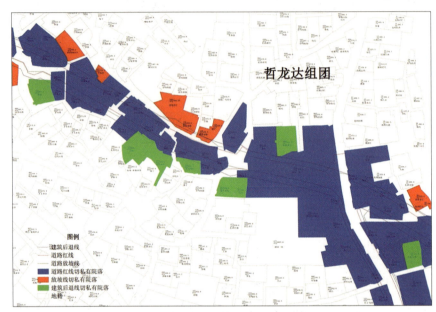

图14 道路红线、放坡线和建筑红线切割院落ArcGIS计算示例一（哲龙达组团）

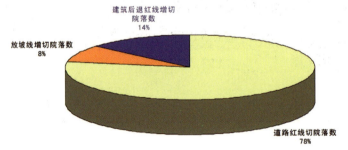

图15 部分分析结果

从实施情况来看，应坚持必要的建筑红线退后。胜利路、红卫路、民主路在核心区段沿线建筑红线未退后，造成沿线小区市政管线无空间敷设，只能直接与主干管直接衔接，必须破路施工，增加主干管线的开口和检查井数量，既增加了造价，也影响了道路的行车安全。

（五）沿路树木保护

为了保护结古镇树木，玉树灾后重建中确立了由玉树州灾后重建规划技术组、林业局等联合对影响树木项目进行逐一审查的机制，有树木的场地均要进行保树方案设计。

如格萨尔王广场南侧有7棵常青树木已经种植30余年（图16），在结古镇实属罕见，州委书记重点强调必须予以保护，经过现场探勘，认为结古镇气候恶劣，较大树木移植很难存活，建议可设置环岛予以保护，后经过与州县相关部门、北京前指、北京市政院进行现场踏勘，认为设置导流岛的方案更合理，一致同意采用该方案。

2011年6月，扎西科路通车，格萨尔王广场南侧树木被完整保留（图17），该树木保护方案也得到了玉树各界的高度认可。

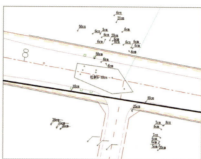

图16　格萨尔王广场南侧树木位置

图17　格萨尔王广场南侧树木街景图

五、回顾与思考

玉树地震灾害重建由于时间紧、任务重，道路规划、设计时可能对部分问题考虑不够周全，通过优化设计，及时解决了出现的各类道路设计问题，笔者跟踪了玉树道路设计问题提出、方案优化、方案实施的整个过程，涉及道路优化、对接的大小会议有百余次。由中国城市规划设计研究院、北京援建青海玉树指挥部、北京市政设计研究总院技术人员等共同组成的玉树州灾后重建规划技术组市政交通小组以及州县政府和相关部门通过现场实地踏勘、工作会议等形式，及时解决了道路规划、设计方面存在的各类问题。从实施效果来看，绝大部分的优化过程起到了正面的作用，获得了当地的认可。但也应注意到由于道路设计的优化将影响周边建筑用地红线、市政管线衔接等，而玉树灾后重建中因抢工期，道路、建筑等分属不同单位设计，容易产生衔接问题，应建立良好的对接机制。

参考文献

[1] 玉树州灾后重建规划技术组.关于结合地形院落优化道路设计建议[R]. 2011.

[2] 玉树州灾后重建规划技术组.关于玉树灾后重建道路建设与保护原有树木的建议[R]. 2011.

[3] 玉树州灾后重建规划技术组.道路红线退后问题建议[R]. 2011.

[4] 玉树州灾后重建规划技术组.道路与地块高差问题研究报告[R]. 2011.

玉树结古镇生命线系统重建的回顾与思考

作者：常　魁[1]　张春洋[2]　曾有文[3]

一、工作概要

市政基础设施是城市社会经济发展、人居环境改善、公共服务提升和城市安全运转的基本保障。城市地下管线承担着城市的水源输送、能源供应、信息传输、排水防涝等多种功能，是保障城市正常运行的重要基础设施，是城市的"生命线"工程。2010年玉树地震后，中国城市规划设计研究院（以下简称"中规院"）市政专家组第一时间深入玉树第一线进行现场调查，参与到灾后市政与防灾设施重建中，为市政专项规划的编制提供第一手现场资料，指导市政专项规划编制和灾后重建。

在玉树灾后重建中，市政工程规划设计、实施过程分别由北京市城市规划设计研究院（以下简称"北规院"）、北京市政路桥集团有限公司（以下简称"北京市政"）以及中国建筑工程总公司、中国铁路工程总公司、中国铁道建筑总公司和中国水利水电集团公司（分别简称"中建""中铁工""中铁建""中水"）四大央企等多家援建单位分区、分片、分阶段完成。其中北规院负责市政交通专项规划及临时供热方案编制；北京市政负责主次干道、大市政的施工图设计及实施；四大央企负责各自援建片区内的施工图设计与实施。

市政基础设施涉及专业多、系统性要求高，在多主体、多片区以及各项重建工作快速推进的背景下，急需建立各方协调机制，加强市政设施建设过程中的各方衔接，统筹地上与地下设施，消除潜在隐患，保障市政设施系统性，为市政系统的重构提供强支撑。

为保障玉树灾后重建过程中市政基础设施规划建设的顺利落地，在一个技术漏斗的大框架下，技术组与相关部门、援建单位在灾后重建过程中系统开展了地质灾害危险性评估、山洪治理与排涝系统重构、大小市政系统统筹对接、冬季供热保障等项目的技术协调保障工作。

[1] 常　魁　中规院（北京）规划设计有限公司生态市政院水环境治理所主任工程师，正高级工程师。

[2] 张春洋　中规院（北京）规划设计有限公司生态市政院副总工程师、生态环境所所长，高级工程师。

[3] 曾有文　中规院（北京）规划设计有限公司海南分公司副总工程师，高级工程师。

二、消除隐患，推动地质灾害危险性评估

结古镇是青海省重点整治的地质灾害发生区，灾后重建既要保障规划建设区避开地质灾害危险区，同时也要防止土地开发利用造成新的地质灾害隐患。"4·14"地震之前，结古镇地区的地质灾害危险性评估工作以及评估结果一直悬而未决。根据国务院和当时国土资源主管部门的相应条例规定，在申请建设用地之前必须进行地质灾害危险性评估，建设工程配套实施的地质灾害治理工程须执行"三同时"制度。由于灾后重建工作时间紧、任务重、灾民安置诉求多，结古镇的灾后重建工作初期，对于地质灾害评估工作的关注相对较少。在灾后重建过程中，特别是部分尚未治理的地质灾害易发区，一旦忽视地质灾害评估中的一些刚性条件，容易造成次生灾害并危害群众生命财产。因此，地灾评估报告能否如期出台，制约着建设项目可行性论证和各统规自建区的群众确权工作进程，进而制约各项重建任务的开展。

技术组通过与州、县国土部门就地质灾害的评估工作进行多次对接后，结合灾后重建实际情况，形成了《玉树州结古镇灾后重建规划建设安全保障及震后地质灾害危险性初步评估报告》呈交玉树州委州政府。该报告切实解决了玉树灾后重建过程中项目选址不易问题，被州委州政府誉为"州规划技术组重要技术成果"之一。随后，技术组通过与州国土资源局的多次督导和会议商议，督促当地主管部门及时出台《结古地区地质灾害危险性评估报告说明》以及11个重点自建片区的地灾评估报告，为重建工作的开工建设以及方案设计提供了指导依据。同时，通过与州、县地震部门多次对接，由地震部门提供结古镇地区地震断裂带具体位置坐标及相关图纸，以及结古镇地区地震断裂带影响范围；针对结古镇地区地震断裂带情况提出建设工程限制条件及建设要求。为保障一些具体项目工程的落地，在技术组的多方协调和努力下，青海省地震局专项发布了《关于加吉娘、西新滩两地恢复重建地震安全问题的函》（青震函〔2011〕51号）、《玉树地震灾后重建过程中地震安全建议》《青海省玉树县结古镇地震地表破裂与活动断层分布图》，同时对于加吉娘、西新滩两地各类建（构）筑物对于地震断裂带避让距离给予了明确，为规划设计方案编制和院落布局方案落地提供了有力的支撑。

三、民生优先，推进市政基础设施体系重构

（一）重构镇区防灾防涝系统，保障居民生命财产安全

结古镇地区山体陡峭、地形复杂，强降雨可能带来洪涝灾害和泥石流、山

体滑坡等地质灾害。在洪涝防治系统方案设计中，通过对滨水空间进行详细梳理基础，开展微地形塑造，将滞洪区与滨水湿地有机结合。一方面，利用滞洪区减少洪水通过速度，降低防洪的压力；另一方面，通过改造加强对自然生态空间的保护，恢复和改善因水量不足而日益萎缩的湿地生态系统。

2010年，"4·14"地震对结古镇地区原有的山体结构和承担排水功能的河道、冲沟等造成了严重破坏和影响。大灾过后，即将来临的雨季和山洪灾害是重建工作面临的巨大挑战。州、县水务部门在地震后紧急修建了多条临时应急排洪沟，由于时间紧、任务重，建设过程中的防洪标准、排洪沟坐标、沟渠断面、构筑物建设避让距离均不明确，而且存在个别排洪沟穿越居民院落的情况。为避免发生次生洪涝灾害，消除安全隐患，保障群众生命财产安全，在技术组、州水务局及援建单位共同努力下，系统开展了水利排洪防洪及灾害隐患排查工作。

（1）系统梳理城市排涝系统，保障洪涝通道建设空间。通过多次现场踏勘，摸清现状排洪沟渠的位置与路由，补充完善排洪沟渠基础数据和资料，形成较为完善的防涝系统总图，并与用地布局方案进行充分协调，保障洪涝行泄通道的建设空间。

（2）全面开展规划建设统筹，保障排涝系统顺利实施。由于前期资料不足并且缺乏及时对接，在住房项目即将建设完工时，水务部门发现普措达赞排洪沟因穿越院落而无法落地。技术组通过与相关单位先后5次进行现场踏勘（图1），全面分析周边道路、片区规划建设情况，优化排洪沟实施路径，保障了援建项目的建设进度和城市安全，也最大程度降低了经济损失。

（3）开展项目技术方案审查，保障排洪渠道竖向与雨水管渠竖向有效衔

图1 普措达赞排洪沟建设方案

图2 结古镇排洪渠系统分布示意图

接。由于多方主体同步推进，施工设计、施工建设、图纸变更等问题时有发生。各相关方急于推进项目进度而缺少有效衔接，从而导致排水系统竖向衔接不畅。技术组结合技术方案审查工作，不断梳理完善相关资料，形成排水系统布局图，指导各项目建设，为排洪沟渠、市政雨水管线、小区排水出口之间有效衔接和落地实施提供有力保障（图2）。

通过不懈的努力，技术组与各相关单位共同保障排洪渠建设顺利落地实施，保证了结古镇居民顺利度过汛期，减轻了雨洪对居民住房建设的影响。时任玉树州副州长王勇同志感慨地说："在我到结古镇任职的路上亲身经历了一次山洪，亲眼看见桥梁被冲毁。防涝排涝系统建设关系到老百姓的生命财产安全，一定要建设好！"

（二）开展大小市政统筹对接，保障重建工作建设进程

1. 大小市政衔接问题的产生

由于灾后重建时间紧、任务重、项目类型多样，以及"重地上、轻地下"的传统建设模式，建设过程中出现了大小市政衔接不畅的情况，严重制约灾后重建工作建设进程。导致大小市政衔接的主要原因包括以下几方面：

（1）由于部分违规建设突破用地红线、建设单位之间缺乏衔接、建设工期安排统筹不足以及部分自建户未按要求后退红线等原因，导致大小市政对接困难，主要表现为部分市政配套设施无法落位、大小市政管线衔接困难、雨污水管线上下游衔接不畅等。

（2）大市政管线个别路段支线井数量少，造成个别片区（用户）小市政与大市政衔接困难。如当代片区滨河路部分路段缺少供排水支线井，红卫路、结古东路以东段缺少排水支线井。

（3）个别地块市政管线设施配套不完善，如当代组团002片区和003片区原市政规划缺少管线内容，现状实施中需要增加管线设施。

2.严格统规统建项目审查把关

为避免出现市政管线衔接不畅的问题，技术组严格落实重建项目市政管线设计方案审查和备案审核，提升市政设计方案的科学性、合理性，力争将大小市政衔接问题消灭在方案设计阶段，保障后续施工顺利开展（图3、图4）。针对小区市政设计方案存在缺陷的问题，督促设计单位进行优化整改；针对设计边界条件缺失的问题，积极协调对接相关单位，完善设计参数，保障项目落地。

图3 技术组现场调研及大小市政衔接技术方案讨论

图4 央企援建边界、统规统建、统规自建范围示意图

3.大小市政对接工作机制的建立

大小市政衔接涉及北京市政、援建央企、自建区设计单位等多方主体。各方通过多次对接协调，逐步形成了大小市政的对接机制（图5）。即涉及央企援

建片区内的市政对接工作,由援建单位牵头,与当地建委会进行对接;各类市政设施主次干线内市政对接工作由北京市政牵头,与援建单位、州建设部门共同对接;以上两种情况都无法得到有效解决的,由州技术组牵头进行对接协调。通过建立有效的市政对接工作机制,明确了协调责任主体和协调方式,极大地提高了市政对接工作效率,保障了市政设施的建设进程。

4. 从图纸对接迈向现场对接

为更好地推进市政管线基础设施建设,充分发挥已建基础设施的效益,保障建设项目顺利推进,技术组与州政府、县政府、北京市政、建委会积极与援建央企进行现场对接,逐个解决小市政建设中存在的问题,在施工现场协调各方制定整改方案。例如,为减少拆迁量,胜利路、红卫路、民主路和北环路团结段没有进行红线后退,不仅导致部分住房建设突破红线影响市政设施落地,而且也出现部分市政管井突破红线影响住宅建设进展。先后出现红卫路沿线建设单位要求建40余个污水支管,分别接入市政主干管中;因胜利路沿线部分建筑突破红线导致24个支线井无法落位等问题,各方通过现场调研,按照"一井一策"的方式,开展了大量工作,将此阶段的大小市政衔接问题逐一解决。

5. 用制度保障市政设施顺利投运

2012年下半年,大部分大市政设施已经完成,但各地块建设项目还在如火如荼进行,部分项目建设过程中破坏了已建市政设施,影响系统运行。因此,在建设后期明确了市政管线破坏问题处理方案,明确责任主体,保障了市政设施的恢复与顺利投运。

(1)央企援建片区。各央企援建片区内已建成的大小市政管线和市政配套设施由所属援建片区央企负责维护和保护,出现因施工等原因造成的管线破损由援建央企负责恢复,央企无法恢复的大市政管线由北京前指负责提出修复方案。

(2)非央企援建片区。非援建央企因素造成管线破损,由援建央企、北京前指、州县项目业主单位共同确定责任方,原则上由责任方进行恢复。

(3)其余片区。联户自建区和自主建设的公建项目区域内已建成的大小市政管线和市政配套设施由玉树县政府和各业主单位负责维护和保护,出现因施工等原因造成的管线破损由相关方负责恢复,相关责任方无法恢复的大小市政管线由北京前指、援建央企负责提出修复方案。

(4)运营保障。由玉树县政府制定市政设施管理、维护办法,确保建成投运后的市政设施能够顺利运营,相关工作责任主体明确,责任清晰。

（三）组织协调冬季供热方案，保障居民顺利过冬

供热系统落地直接关系到广大结古镇公众切身利益，影响广大居民能否顺利入住。根据临时供热方案，结古镇划分为自采暖区、天然气采暖区、燃煤锅炉房过渡采暖区三片供热区域。灾后重建过程中商业区提出使用燃气造价过高，要将部分商业区燃气供热方案调整为燃煤供热，并且新建部分燃煤锅炉房。由于热源的调整，临时供热方案（图6）也随之面临调整，急需明确锅炉房落位，细化供热范围。

图6 燃煤锅炉房临时供热方案服务范围示意图

供热方案主要遵循以下工作原则：一是结合实际情况，限制锅炉房数量；二是锅炉房选址靠近负荷中心，减少供热管道输送距离；三是最大程度减少锅炉房对居民的影响，方便运营单位日常管理。

由于商业区用地紧张，新建锅炉房不仅落位困难，而且影响风貌打造整体效果。业主单位提出在广场及绿地内新建锅炉房，这不仅违背控规而且会引起群众意愿反弹。经过多次协调，最后确定采用周边锅炉房带动商业区供热的方案，在保障公共利益、节约用地的同时满足商业区供热需求。

四、总结与思考

结古镇海拔高，地形高差大，地质条件复杂，客观条件的限制为市政设施建设带来了极大地挑战；同时，市政建设与城市建设缺乏协调带来的红线冲突、市政用地侵占等问题进一步增加了市政工程建设的难度。市政系统的统筹协调工作是一项不可或缺且具有挑战性的工作。

市政生命线系统的统筹协调工作具有"伴随式"特征。一方面，技术协调工作伴随着灾后重建工作的全过程。结古镇重建工作部署由前期的住房全面

开工转向"撤帐篷、入新居",市政协调的工作形式也逐步由方案审查、会议协调转向现场对接,从"室内"走向"室外",工作难度逐步增加。另一方面,市政对接的工作伴随着市政基础设施重建的全周期,一直处于"不断发现问题,不断解决问题"的状态。从2010年到2013年,市政技术组审查项目方案近200个,召开和参加各类技术协调会近300场,现场协调解决各类市政问题1000余个。

在三年灾后重建过程中,通过技术组与各援建单位的不断努力下,一是理顺了省指挥部、州县行业主管部门、市政设施规划设计单位、央企援建部门、当地建委会的复杂关系,形成"一体化工作机制",提高了本地政府部门的管理水平和效率;二是保证了市政工程的系统性,避免无效建设、重复建设以及建设过程中的破坏;三是切实提高了城市生命线供应系统的正常运转,提高受灾群众的幸福感和获得感。

市政工程是一项民心工程、安心工程、良心工程,每一个设施的落位都牵涉群众切身利益,需要强化统筹协调。由于时间紧、任务重,部分市政设施在运营初期会出现效率不足的问题,需要各方共同努力,全面梳理市政基础设施运行初期的问题,实现从建设到运行的平稳过渡,保障市政系统高效运行。

玉树援建结古镇桥梁工程

—— 设计实践与总结

作者：徐德标[1]　王明伟[2]　惠　斌[3]

一、项目背景

2010年4月14日，青海省玉树县发生7.1级强烈地震，玉树州、玉树县所在地结古镇成为极重灾区。根据北京市援建玉树地震灾区的项目安排，北京市市政工程设计研究总院有限公司（以下简称"北京市政总院"）负责玉树结古镇道路市政工程（含道路、桥梁、市政管线、供水厂、污水厂、垃圾填埋场等）的设计工作。桥梁工程作为灾后重建的生命线工程，需要尽快修复或提早开工建设，以确保各项重建工程的顺利进行。

接到任务后，北京市政总院前期4人组（道路、桥梁、给水排水专业）成员之一，赴玉树进行实地踏勘和调研，现场收集第一手资料，为快速开展工作赢得了宝贵的时间与条件。同时具体桥梁设计负责人多次赴西宁、玉树与各参建单位沟通、对接、汇报、协作。由于参建单位较多（青海省地震灾害恢复重建指挥部、青海省住房和城乡建设厅玉树指挥部、玉树州住房和城乡建设局、青海省第二勘察测绘院等），又加上苛刻的高原气候条件，工期较短，为了如期完成援建工程，让玉树人民尽早恢复正常的生活秩序，援建工程的所有工作几乎要同步开展，导致工作过程紧张无序又有序，工作程序繁复无章可依又有条不紊按新制定的程序办理，因此援建工作的繁复艰难及紧张程度前所未有，整个援建过程充分体现了中国这个大家庭团结一致万众一心的磅礴伟大！

北京市政总院以收集到的资料为基础，以各参建单位协作成果为条件，根据每次对接会议精神、结合各桥震后检测评估结论、河道行洪规划条件等资料，遵循旧桥尽量利用的原则，对现况旧桥进行拆旧换新或旧桥利用维修设计，并结合总规及专项规划对新建桥梁进行各阶段设计工作。

二、项目规模

灾后重建的4横16纵路网中，有现况桥梁10座，新建桥梁10座（图1）。

[1] 徐德标　北京市市政工程设计研究总院有限公司，道交一院桥梁三室主任，教授级高级工程师。

[2] 王明伟　北京市市政工程设计研究总院有限公司，地下空间院交通室副主任，高级工程师。

[3] 惠　斌　北京市市政工程设计研究总院有限公司，公司桥梁专业副总工程师，教授级高级工程师。

图1　结古镇桥梁工程位置示意图

其中现况桥梁中旧桥维修直接利用的有5座，涉及桥梁面积3400平方米；维修并两侧绑宽的桥梁2座，维修面积2110平方米，新建面积1040平方米；拆除重建桥梁3座，拆除面积2500平方米、新建面积2874平方米；10座新建桥梁总面积15249平方米；全线合计新建桥面总面积19163平方米、维修桥梁面积5510平方米、拆除面积2498平方米。

三、设计标准

桥梁设计基准期：100年；

主干路跨河桥：公路Ⅰ级（验算荷载：城A级）；

次干路跨河桥：公路Ⅱ级（验算荷载：城B级）；

步行跨河桥：荷载等级5.0kN/m^2；

抗震设计标准：抗震设防烈度7度，抗震设防措施等级8度；

设计安全等级：一级；

环境类别：Ⅱ类；

防洪标准：50年一遇洪水（依据《结古镇灾后重建总体规划（2010—2025）》）。

四、设计原则

（1）树立全局观念和超前意识，尊重规划，并在相关规划的指导下开展设计工作。

（2）对相关区域现况及规划路网结构、交通状况进行分析，做好与片区规划及新建路网的衔接。

（3）综合考虑玉树地区特殊情况，选择适宜的设计标准；合理确定工程建设标准，尽量减少拆迁占地，节约工程投资。

（4）桥梁结构设计方案本着"安全、适用、环保、经济、美观、耐久、舒适、便于施工及养护"的原则进行综合考虑，降低造价。

（5）注重生态环境保护和道路、桥梁景观建设，桥梁设计要与景观协调统一，桥梁方案力求功能合理、造型新颖、轻巧简捷、经济美观，与周围景观相协调，以提升城市总体形象。

五、重点研究方向

（1）桥位选择：应符合线路走向，综合考虑地形、地貌、水文、地质等情况，满足防洪和环保要求，避免不良地质条件。

（2）结构体系：玉树属于高原高山气候区，寒冷干燥，一年内可施工时间少，因此沿线桥梁结合现况道路及环境尽可能采用预制简支结构，以确保施工质量的同时缩短工期。

（3）桥梁布孔：尽量采用标准跨径，以便于机械化、工厂化及标准化生产，力求方便施工、缩短工期、确保工程质量、降低造价。

（4）桥梁基础：根据地质条件，因地制宜，选择合理的基础形式，尽量不在河里设置承台，避免在河中大填大挖。

（5）设计与施工：桥梁结构的设计应充分考虑施工对现有城市灾后重建交通的影响，选用适宜的结构形式、施工方法、施工工艺，合理地安排工序。

（6）耐久性：针对高寒地区，选用不同的材料，适度增加钢筋保护层厚度，控制混凝土氯离子含量等措施。

（7）对于与河道相交角度较小（20°~35°）的桥梁，从结构安全、合理等因素出发，采用现浇连续实体板桥，并在锐角端设置抗拔设施，以防支座脱空；对于与河道相交角度为35°~60°的桥梁，且跨径较大的桥梁，则采用现浇连续梁桥；对于与河道相交角度大于60°的桥梁，则采用预制简支梁桥。

（8）现况旧桥处理：结合震后桥梁检测报告结论，能用的结构尽量利用，以保护脆弱的高原生态环境，同时还要节约造价、缩短工期、减少桥梁建设过程对灾后重建的交通压力。

六、桥梁设计方案

桥梁设计具体实施方案流程如图2所示。

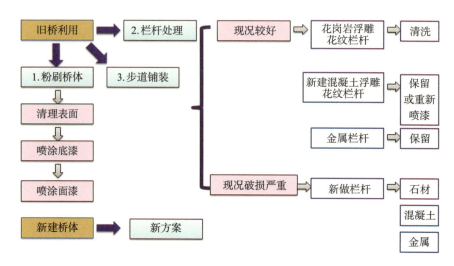

图2 桥梁设计具体实施方案流程图

桥梁结构类型主要有：空心板桥12座、现浇预应力混凝土连续箱梁4座、现浇预应力混凝土实体板2座、闭合框架2座。

有特殊景观要求的桥梁4座：分别是藏额纳大桥、结古路跨河桥、胜利路跨河桥、新寨东路跨河桥，其余桥梁均为现况旧桥翻新改造等。

（一）新建桥梁设计

如表1所示新建桥梁中，扎西科路跨河桥、当代路高架桥处于道路平曲线段处，因此采用现浇箱梁结构，其他处于直线段桥梁采用预制空心板结构，通道桥采用现浇闭合框架结构。

新建桥梁一览表　　　　表1

序号	桥梁名称	跨越河道名称	桥梁布孔（m）	桥梁长度（m）	桥梁宽度（m）	桥梁面积（m²）	上部结构型式
1	扎西科路跨河桥	巴塘河	3×25	75	25	1875	现浇连续梁
2	结古东路跨河桥	巴塘河	6×13	78	20	1560	空心板
3	公园东路跨河桥	扎西科河	2×10	20	20	400	空心板
4	八一路跨河桥	扎西科河	2×10	20	15	300	空心板
5	当代路高架桥	巴塘河	12×30	360	20.5	7380	现浇连续梁
6	巴塘路通道	—	20.5×9.4	9.4	20.5	192.7	闭合框架

续表

序号	桥梁名称	跨越河道名称	桥梁布孔（m）	桥梁长度（m）	桥梁宽度（m）	桥梁面积（m²）	上部结构型式
7	德吉路人行通道	—	37×3	42.3	10	423	闭合框架
8	新寨东路跨河桥	巴塘河	6×13	78	20	1560	空心板
9	红卫路与214接	巴塘河	3×25	75	16.5	1237.5	空心板
10	红卫路跨然乌河桥	巴塘河	1×16	16	20	320	实体板

以新寨东路跨河桥为例：新寨东路跨河桥位于新寨东路与巴塘河相交处，桥长75米，桥宽25米，栏杆全长166米。新寨东桥位于结古镇最东侧，新寨村的东大门，是重要的景观性桥梁，在满足交通安全和防洪的前提下，应注意和新寨文化相协调，反应玉树原生态特征。

通过当地考察，并和民俗专家讨论，此桥反映新寨玛尼石文化，并将玛尼石最具代表性的六字真言文化融入桥梁设计中，反应藏族文字和历史变迁。

新寨东路栏杆风格为石材和金属搭配。望柱为单柱式和框架式两种。材质为混凝土结构外贴仿玛尼石堆砌效果文化石。

（二）旧桥利用设计

本工程涉及旧桥如表2所示。

旧桥利用情况一览表　　　　表2

序号	桥梁名称	规划河道宽（m）	现况桥梁长（m）	现况桥梁布孔（m）	现况桥梁宽（m）	规划道路宽（m）	桥梁方案（m）
1	巴曲桥	24	80	4×20=80	17	25	两侧各绑宽
2	藏额纳大桥	59	80	4×20=80	17	21	拆除重建 3×30=90
3	公园西路跨河桥	16.8	18	1×18=18	21	20	旧桥利用
4	八一西路跨河桥	14.1	16	2×8=16	15.6	15	旧桥利用
5	红旗路跨河桥	15.5	16	2×8=16	26.7	22	旧桥利用
6	结曲路跨河桥	14.8	18	2×9=18	13.2	15	拆除重建
7	结古路跨河桥	44	60	3×20=60	12.5	20	两侧各绑宽
8	跨河路跨河桥	61.6	100	5×20=100	16.7	20	旧桥利用
9	西杭路跨河桥	24	25	1×25=25	27	25	旧桥利用
10	胜利路跨河桥	19.4	20	2×10=20	45	36	拆除重建

(三)典型桥梁：藏额纳大桥、跨河路跨河桥

1. 藏额纳大桥

现况藏额纳大桥（图3）跨越巴塘河，线路与河道中线交角约为60度，桥位处现况河道宽约43米，规划河道向东扩宽约16米，规划河道总宽约59米，桥梁布置不满足规划河道断面要求。现况桥宽16.5米，规划道路宽度21米，且现况桥平面曲线半径较小，不满足道路设计标准。并且经受地震后，该桥均有较大程度的纵、横向不可恢复的位移，梁体弯曲段向上游侧移位达25厘米，防震挡块全部破损；支座移位5~8厘米，部分支座缺失，抗震锚栓均发生了较大的弯曲变形。根据《震损市政基础设施应急评价表》的评价意见：①为抗震救灾"保通"，立即对该桥实行交通管制，设置限载牌，将原双向4车道改为只留中部2车道通行；②采取增设钢垫板对梁体进行临时支垫，确保梁体的稳定性。同时该桥震后景观效果很差。综上所述，从桥梁布跨需满足河道行洪要求、桥梁宽度需满足道路规划条件、桥梁景观需服从城市整体景观规划、桥梁结构需安全合理受力等因素考虑，因此该现况旧桥需拆除重建。

图3 藏额纳大桥现况照片

为满足规划道路21米宽度，新建桥梁与道路同宽，采用3跨预应力混凝土现浇连续梁桥，桥梁总长90米，桥梁面积1890平方米。上部结构采用3×30米三跨预应力混凝土连续梁桥，梁高1.6米，桥宽21米，桥梁总长90米。下部结构中墩采用1.5米墩柱接两桩承台，中墩钻孔灌注桩直径1.5米，边墩采用边盖梁接钻孔灌注桩型式，钻孔桩直径1.2米。

藏额纳大桥是结古镇中心地段重要的景观性桥梁。在满足交通安全和防洪安全的前提下，应注意与巴塘河周围的建筑相协调。桥梁形式应体现地方特色与时代特征。

藏额纳大桥体量相对较大，用较简洁现代的形式突出时代特征，形成独特的标志性风景。全桥风格为天然石材栏杆，桥梁颜色亮丽干净。栏杆（图4）

由两种栏板组合而成，望柱中心为雕刻花纹栏板，间距6米为镂空栏板，两种栏板交替布置。望柱为花岗岩石材。雕刻栏板共14块，由藏民俗专家绘制图案（图5），雕刻民间故事。

图4　藏额纳大桥栏杆造型

图5　民俗专家手绘栏板图案

2. 跨河路跨河桥

现况跨河路跨河桥（图6）位于结古镇东部，线路跨越巴塘河，与河道中线交角约为55度，桥位处现况河道宽约80米，规划河道线位变化不大，并且与河道规划部门进行了沟通，现况桥梁能够满足规划行洪要求。从现场看，该桥外观质量较好，现况桥宽16.5米，规划道路宽度20米。

图6　跨河路跨河桥现况照片

通过安全评估，该桥能够满足正常使用的前提下，则考虑旧桥利用，为满足规划道路20米宽度，拟在现况桥外侧各新建一座人行桥，现况桥梁保留并作为规划滨河路的机动车道。桥宽均为3.5米（0.5米+2.5米+0.5米），桥梁跨径均为5×20米，桥梁总长均为100米，桥梁总面积700平方米。上部结构采用5跨20米预应力混凝土空心板结构，梁高0.95米；下部结构中墩采用1.3米墩柱接1.5钻孔灌注桩，中墩盖梁宽1.8米，高1.4米，边墩采用边盖梁接钻孔灌注桩型式，钻孔桩直径1.2米。

比较方案：通过安全评估，该桥能够满足正常使用的前提下，现况旧桥继续利用，不再进行改造。

方案比较：推荐方案能够满足道路规划要求，比较方案能够满足道路规划的行车要求，但不满足人行系统要求。

综上所述，旧桥利用，重新做桥面铺装等附属设施，更换栏杆以提升桥梁景观（图7）。

图7 跨河路跨河桥建成后实景照片

七、玉树灾后重建桥梁设计过程

本工程中桥梁结构虽然相对简单，但由于援建任务的时间紧迫、设计基础条件不完备、规划资料严重滞后、玉树当地相对北京等经济发达地区市政管养建设等管理部门经验较少，与外单位设计报出的不同步，导致桥梁要如期完成设计任务面临空前的挑战。在各级参加单位的协助下，我公司桥梁专家及总工的科学指导，使玉树桥梁设计团队克服了重重困难，主动出击，加班加点，最终满足了现场施工的需要，按期地完成了设计任务。

在旧桥利用方面：震后当地交通部门组织了专家对现况旧桥进行了表观检测，并出具了初步的意见，但并不能作为下一阶段设计的依据。为了进一步了解现况旧桥的受力状态，我们委托重庆公路工程检测中心对现况旧桥进行检测。主要的检测工作为：调查桥梁的基本信息，对现况桥梁进行震后安全评估，并查明各桥实际的承载能力。

在河道资料利用方面：由于河道尚处于规划阶段，河道初步设计以及施工图设计由于种种原因尚不具备报出条件，为了落实河道规划设计资料，桥梁专业设计人员多次到现场同青海省水利水电设计院的负责人沟通对接，并在整个设计过程中保持沟通与衔接，以确保桥梁设计依据的河道条件的准确性。

（一）在桥梁景观方面

省前指提出需要在遵循当地康巴藏族文化前提下，充分的体现地域风貌、民族特色、时代特征。桥梁景观设计人以及桥梁专业设计人员先后多次到玉树地区及周边考察，并同玉树当地厂家，桥梁栏杆工匠，实地考察栏杆成品样本，并多次与玉树当地风貌小组成员沟通学习，讨论桥梁景观方案。使得桥梁栏杆样式（图8）符合玉树景观风貌小组的要求。

图8　胜利路跨河桥栏杆

（二）在桥梁前期工作方面

玉树地区当地政府之前相关经验积累较少，导致前期批复（可研、初步设计）进度相对滞后，包括程序和进度追踪方面也显得相对滞后，桥梁设计负责人带领现场人员，先后多次与当地政府沟通，走遍各个部门进行拉网式跟踪，桥梁方案前后做了两套方案，各别桥梁根据现场情况进行多次调整，拿出多套方案，保证项目一确定就能立刻拿出对应方案图纸，最终才圆满完成全部桥梁项目前期的可研、初设批复等相关手续（图9）。

图9 新寨东路跨河桥栏杆实施中

（三）在与外部景观设计单位协调方面

德吉路人行通道由三家设计单位负责，我单位负责主通道结构，西侧开放式广场由中国建筑设计研究院有限公司崔愷工作室负责完成，东侧梯道结构计算及配筋出图、防排水、功能照明由北京市市政工程设计研究总院有限公司负责完成，外形图及景观装饰设计等其余部分由天津华汇工程建筑设计有限公司负责完成。由于不在一个单位，且在不同地区，此桥又为中心区重点景观节点，桥梁设计人先后多次与天津院沟通，最终确认通道细部尺寸，保证结构安全及景观效果（图10）。

图10 结古路跨河桥栏杆

(四）在针对高原桥梁设计特点方面

在环境特点及结构特点上，玉树地区适宜施工的季节为每年的5~9月，并且早晚温差较大，当地气候条件较难满足现浇结构养护的条件和施工质量，同时考虑到结构抗震、养护维修方便，桥梁上部结构尽量选用预制简支板结构（图11）。针对高原寒冷地区桥梁耐久性问题，先后组织了两次专家评审会商讨此问题，主要通过提高混凝土标号、控制混凝土氯离子含量、适当增加钢筋净保护层等措施来提高桥梁结构耐久性。从经济合理上，现况桥梁均为近年来新建的简支结构，且地震对此损伤较小，因此在安全评估的前提下，则适当地进行旧桥修复并继续使用，并且道路设计推荐按照现况桥梁的物理参数进行顺接，以控制建设规模，在满足工程质量的前提下充分发挥投资效率，并且能够极大地方便整个灾后恢复重建工程的交通导改；另一方面也是对当地脆弱的生态环境给予保护。由于之前对现况旧桥改造、维修这方面接触较少，所以好多知识都是活学活用，桥梁设计人员加班加点，不懂就问，参考多方面资料并和桥梁总工商讨维修方案。

图11 结古路跨河桥雪中景色

桥梁设计团队紧密协作，客服重重困难，圆满完成设计任务。通过本次玉树援建，锻炼了团队的整体协调能力，与外部沟通协调能力，积累了高寒地区桥梁设计经验，旧桥改造方面之前接触的少，此次通过查规范、借鉴之前相类似的工程实例，活学活用，为以后这方面的设计积累了经验（图12）。

图12　当代路高架桥

八、玉树灾后重建桥梁设计特点

（1）在景观需求上，为了充分体现当地康巴藏族文化，遵循地域风貌、民族特色、时代特征，主要通过桥体装饰、人行步道方砖、桥梁栏杆来体现；同时在有条件的地方，适当地设置景观桥头堡。

（2）在环境特点上，针对高原寒冷地区桥梁耐久性问题，主要通过提高混凝土标号、控制混凝土氯离子含量、适当增加钢筋净保护层等措施来实现。

（3）在结构特点上，玉树属于高原严寒地带，适宜施工的季节为每年5~9月，并且早晚温差较大，当地气候条件较难满足现浇结构养护的条件和施工质量，同时考虑到结构抗震、养护维修方便，桥梁上部结构尽量选用预制简支板结构。

（4）在环境保护上，桥梁建设过程容易对高原脆弱的生态产生破坏，为了降低破坏程度，上部结构采用预制的同时，下部结构尽量采用桩接柱的形式，避免对现况地面或河道大开大挖。

（5）在经济合理上，现况桥梁均为近年来新建的简支结构，且地震对此损伤较小，因此在安全评估安全的前提下，则建议适当地进行加固修复并继续使用，并且道路设计推荐按照现况桥梁的物理参数进行顺接，以控制建设规模，在满足工程质量的前提下充分发挥投资效率，并且能够极大地方便整个援建工程的交通运输；同时也是对当地脆弱的生态环境进行保护。

九、援建桥梁设计的一点启示

(一) 先期介入规划阶段，为后续设计做好准备

为了抢时间、争速度，北京市政总院打破以往"先规划、后设计"的常规程序，先期介入到总规、专项规划阶段，积极与中国城市规划设计研究院和北京市城市规划设计院进行对接工作，桥梁方案提前进行沟通和落实，桥梁工程对于整个项目来说可能是一个点，但正是这些节点有可能是控制性关键节点，影响整个项目的具体实施细节。现况桥是否还能利用，如何利用，如何改造，如何实施，施工周期如何计划和安排，景观怎么确定等，都对整体援建工作起到相互作用。

(二) 桥梁设计要因地制宜

桥梁设计做到有依可寻，因地制宜，设计前期主要是看现场，根据设计条件进行资料收集。不管是项目多紧张，桥梁设计图纸都做到校核、审核、审定后再报出图纸，只有这样才能确保工程质量。

(三) 注重桥梁景观设计

桥梁景观设计可大可小，大到上千米的跨海大桥，小的只有十米、数十米的中、小桥。小桥可以以小见大，注重细节。玉树援建的道路、桥梁，就其结构自身而言，一点也不复杂，甚至可以说很简单，关键是要在小工程上做出特色、做出特点，要做到这一点，就需要精心设计，认真研究藏域特色建筑，然后将这些元素融入我们的桥梁设计中。玉树桥梁设计带了一个好头，我们要把这种习惯带到以后的工程设计中去。

结古镇市政基础工程
——雨水、供水、污水工程

作者：邓卫东[1]

1 邓卫东 北京市市政工程设计研究总院有限公司，教授级高级工程师。

一、雨水工程概况

结古镇雨水工程包括随结古镇市政道路建设的雨水管线、边沟及涵洞，含一条排洪沟—结古沟。雨水管线设计管径为500~1200毫米，管沟总长度约58公里。道路雨水管线的主干道设计标准为3年一遇，次干道设计标准为1年一遇，排洪沟的设计标准为30年一遇。雨水工程投资约20808万元。

结古镇呈现"T"字形布置格局，两条河流为扎西科河和巴塘河。地势西高东低、南高北低。扎西科河在结古镇中部汇入巴塘河。结古镇内的雨水均汇入这两条河，并排入下游。市区内的道路修建雨水管道，按现状地形以及道路设计高程确定雨水管道坡度，并就近接入扎西科河和巴塘河。沿北环路等规划建设区外部边缘道路修建雨水边沟，兼具截流坡面雨水功能，分段就近接入各山洪沟以及扎西科河和巴塘河。

二、道路雨水工程与河道工程设计对接

道路雨水工程主要排入的是巴塘河、扎西科河、排洪沟等，因为河道整治和排洪沟的建设也是在这次灾后重建工程范围内，所以，我们迅速与上述工程的设计单位对接，索取河道和排洪沟的设计资料，包括位置、宽度、深度、设防标准、设计洪峰流量、沟道纵断设计及洪水水力坡降线等。在这种生态环境比较脆弱的地区，河道经历了长期的冲刷和淤积后，形成了较为稳定的河床，正常情况下不应对河床进行较大的变动，特别是河底。但是，我们在拿到河道的设计纵段后，发现设计纵段与现状河底的高程差别很大，按照设计，很多地方都对现状河底进行疏挖，我们所做的雨水管道入河口设计，都是依据设计河底数据。但是在实际河道施工时，河道并没有疏挖，造成我们的设计入河口很多都进入了现状河底下面。由于我们在设计时已经对此有疑问，所以根据现场情况，及时对雨水管道的设计进行了调整，避免了损失。

三、排洪沟——结古沟设计特色

结古路位于结古镇东部，为城市次干路，是"4横16纵"路网布局中的一纵。该路南起巴塘路，北至北环路，路线全长约733米，由巴塘广场去结古寺，结古路是最近的一条路。道路边上有一山洪沟—结古沟，结古沟是结古镇众多排洪沟中为数不多的有山泉水的排洪沟，在不下雨的日子，结古沟也是有一股山泉水排入下游的巴塘河。结古沟的上游山区流域面积约为10.8平方公里，原结古沟为砌石梯形边沟，上口宽2.9米，高度1.1米。震后道路规划将结古路规划为城市次干路，道路宽度要拓宽，为了避免对结古沟沿线民房的拆迁，将结古沟规划为路下矩形暗沟。经设计人员现场调查，结古路建成后，将是从巴塘广场至结古寺的一条重要旅游大道，结古沟又常年流水，若将结古镇设计成明沟，可将结古路打造成一条景观大道。我们立刻给北京市对口支援青海玉树指挥部请示，请其协调调整结古路的规划，指挥部听过我们的汇报后，也极为支持我们的建议。但是，此调整确遭到了结古沟沿线居民的反对，原规划结古路的拓宽，是占用了原结古沟的位置，将结古沟改为暗沟并置于路下。但是，现在要将结古沟改为明沟，还要保证规划道路的宽度，就要对沿结古沟一侧征地，居民原来的院落面积就会缩小，沿线居民有很大意见。我们得到这一消息后，就请当地干部带着我们设计人员与沿线居民进行沟通。我们向沿线居民说明，结古路和结古沟建成后，他们会得到如下好处，景观大道将增加人流量，增加沿线商铺的客流量；明渠将居民建筑与道路隔离，提高了居民的安全性，减少了交通对居民的干扰；在有清澈流水的沟边建造民宿和餐饮，可为商业营造一个优美的环境。本工作也得到了青海省玉树地震灾后重建现场指挥部的支持，经多方努力，结古沟沿线居民同意我们的设计方案。我们在实际设计时，为了尽量少占用土地，将沟设置成矩形，沟底纵坡采用阶梯跌水的形式，这样的设计可以增加水流的深度，减少流速，也使其产生了水流的声音，在没有看见结古沟的时候，我们首先会听到结古沟"哗哗"流水的声音。结古路和结古沟竣工后，最终实现了我们的设计意图，各方也非常满意。我们非常欣慰，通过我们的努力，保住了美丽的结古沟（图1）。

图1 结古沟

四、供水系统工程概况

结古镇灾后新建的供水系统由一座日供水3万吨的供水厂和50.2公里的供水管线组成。水源采用扎西科河滩地的地下水，水源地取水工程包括3座大口井及11座管井，取水输水管工程长度为11.68公里，管径DN500毫米。

供水厂占地1.48公顷,采用"原水+消毒+清水池+补氯"工艺。供水厂主要的建(构)筑物为二氧化氯加氯间、清水池及综合楼、电锅炉房、机修间等。厂址海拔3780米左右,供水区域海拔在3750米以下,充分利用了供水厂与需水用户间的高差,采用了重力流供水方式。供水管管径为DN150~DN800毫米,管材选用球墨铸铁管及钢管。供水系统工程总投资为26882万元,其中工程费用21922万元(供水厂工程4223万元,供水管网工程12569万元,取水输水管工程3030万元,水源地取水工程2100万元),工程建设其他费用3386万元,预备费1518万元,铺底流动资金56万元,本项目资金来源为政府拨款。

五、供水系统是"生命线"工程

结古镇在地震前的供水系统非常简陋,仅有一个地下水泵房,负责周边面积很小区域的供水,位于扎曲北路与新建路交叉口东北角,水源井2口,供水能力为5000立方米/日,并且没有过滤和消毒,大部分居民住宅没有自来水,多为自备井供水。仅在胜利路、民主路及红卫路下修建有给水管道,大部分由于地震损毁,原有供水系统处于瘫痪状态。供水系统工程是结古镇重要的市政基础设施,是关系到结古镇人民健康的"生命线"工程,是青海省领导指示2011年必须竣工的工程。

六、供水系统水源的确定

供水系统的设计,关键问题是水源地的确定。结古镇原规划资料是计划将位于结古镇西端的扎西科河滩地的地下水作为水源地,但是还未做水源地水文地质勘查、水资源论证、水源地保护方案及取水后生态环境的影响评价等工作。这就使得水源地取水方式、取水构筑物及原水输水管的设计缺乏依据,同时也将影响供水厂处理工艺、规模的确定。我们也提出,结古镇是州政府所在地,是玉树州政治、经济、文化、交通中心,具有较高的政治敏锐性,供水安全事关重大,建立应急供水后备水源地十分必要。结合结古镇灾后重建总体规划及震后应急供水现况,为了加快供水系统的建设,我们决定对扎西科水源地进行探采结合的方式,一边进行水源地的水文地质勘查,一边开采水源来满足恢复城市供水的迫切需求。这样的决定,存在着一定的风险,但是在当时的特定情况下,也是一种最好的选择。随即由我院委托青海九〇六工程勘察设计院承担"青海省玉树县结古镇扎西科河水源地探采施工"项目,青海省国土资源厅于2010年8月12日组织相关领导和专家对《水源地探采实施方案》进行了审查，由于玉树地区水文地质研究程度较低，已有资料不能满足规划取水量，提交3万立方米/天的水源地风险性较大，改为目标供水量1万~3万立方米/天并以《青海省国土资源厅关于青海省玉树县结古镇扎西科河水源地探采实施方案的意见》（青国土资矿〔2010〕308号文）批复了该设计。

七、重力输配水系统

结古镇供水厂于2010年6月开始设计工作，于2010年底及2011年初陆续交付施工设计图纸。在施工期间我们对西藏地区的拉萨、那曲、昌都的供水厂进行了实地考察，吸取了高原地区供水厂的设计经验，对个别设计问题及时做出整改和处理方案。

结古镇供水系统择优选用了以重力输配水系统为主，局部加压的供水系统。是根据结古镇地形、水源情况、城镇规划、给水规模、水质及水压要求，从全局出发，通过技术经济比较后考虑确定的。主要原因有以下三点：水源地与供水区域有地形高差可以利用；结古镇当时电力供应紧张及不稳定；结古镇政府每年的财政收入较少。结古镇水源地与结古镇城市规划区平均高差将近100米，若利用这个高差（水的势能）通过重力供水，将大大节省结古镇供水系统所消耗的电能，大大节省结古镇供水系统每年的运行费用。结古镇供水系统的试运行是在2012年的3月开始的，若结古镇采用的是加压输配水系统，在国家电网没有供电的情况下，结古镇的供水情况肯定会出现停电的时候停水、有电的时候有水，或采用定时供水的现象。

重力输配水有节省电力能源的优势，同时也有它自身存在的缺陷。比如给水压力波动，当用水量大时（如白天），由于水在管道里流动消耗能量，表现的就是水压降低；当用水量小时（如深夜），水在管道里流速较小或不流动，水的势能消耗较小，表现的就是水压较高。给水压力各区不均衡，由于结古镇供水区域地形高差较大，而且又是单一水源给水，各区压力都受制于给水厂清水池的高程。这就出现了地势较高的用水户，其最高压力值较小；地势较低的用水户，其最高压力值较大。

根据重力给水系统的优点及其缺陷，在结古镇供水系统设计中考虑了分压供水。由于结古镇供水区域地形高差较大，在设计时将结古镇供水区域分为低压供水区（地势较低区域，管网压力较大，需要减压）、正常压供水区（地势高程适宜，管网压力正常）、自行加压供水区（地势较高区域，管网压力过低）。结古镇低压供水区大致范围为红旗路以东沿河两岸区域；正常压供水区大致范围为红旗路以西区域，北环路以北、结古路以西区域，扎西科路以南、南环路以西区域；自行加压给水区为北环路西部山沟部分居民区和西航部分居民区等。这种设计思路主要是考虑给水管网建设和运行的经济性。若只考虑地势较高的用水户，就会多采用耐压级别较高的管材，会导致管网建设费用过高；若只考虑地势较低的用水户，高地势的用水户就要设泵加压，就会导致给水系统能耗较高，不能发挥重力给水系统的优势，还会因电力供应不正常而导致供不上水。根据以上设计思路，在设计时增加了减压阀，减少地势较低处的管网的压力，减少建设费用。由于北环路主要是供北环路以北区域用水户，结古镇地势是西高东低，以结古路为界，西部地区由于地势较高，不需要减压阀减压；东部地区由于地势较低，需要减压阀减压。而且在我们的设计之初，规划显示北环路北侧，在结古路路口以东局部路段是没有用水户的，所以我们在这设置了一个断点，断开低压区和高压区给水管网。若相连，设置的减压阀就不起作用，这就是大家看到的北环路所谓"盲肠"现象。

八、供水厂建筑设计特色

供水厂主要有二个设计特点，第一是建筑风格，采用了藏族地区的设计元素；第二是节能和环保，在供水厂选址时，充分考虑了结古镇的地形特点，采用重力供水模式，厂区建筑采暖供热采用了太阳能水锅炉供暖方式，大大节约供水厂日常运行能耗。2011年11月20日，结古镇供水厂竣工验收后投入使用（图2）。结古镇供水厂是我国目前海拔最高的按国家规范建设的城镇供水厂。它的建成，使得位于有中华水塔美誉的结古镇居民能够用上符合国家标准的卫生、安全、方便的生活用水，对提高结古镇居民生活条件、保护当地水资源起到重大作用。

图2 供水厂

九、污水系统工程概况

结古镇污水系统由一座日处理规模1.5万吨的城市污水处理厂和59.6公里的污水管网组成。污水处理厂的出水设计标准为一级A，占地约2.3公顷；主要处理构（建）筑物包括：粗格栅间、进水提升泵房、提升泵房出水井、细格栅间、旋流沉砂池及砂水分离间、A_2O生物池、污泥泵房、平流式沉淀池、滤布滤池、紫外线消毒渠道、巴氏计量渠及总出水井、尾水加压泵房、加药间及药库、二氧化氯加氯间、脱水机房、贮泥池、污泥堆置棚、总变电室、鼓风机房、锅炉房（电加热）、综合楼。污水管网管材采用HDPE双壁波纹管，管径为D300~D1200毫米。污水系统工程与2012年12月竣工，污水系统工程总投资约为48207万元，其中污水处理厂14957万元，污水管网33250万元。

震前结古镇仅在新建路、民主路及红卫路下修建有排水方沟，但由于未建污水处理厂，污水排入下游河道，对水体造成了一定程度的污染。经调查，震后现状污水方沟已基本全部损毁。

十、污水处理厂选址

污水处理厂在结古镇东部，原规划污水处理厂位于城区东大门外300米处，北侧为现况"天葬台"，为保证城区景观，避免发生不必要的纠纷，在经过现场踏勘后，建议该厂址东移至目前污水处理厂位置。

十一、污水干管线位的选择

原污水专项规划是沿民主路、红卫路安排一条约15公里的污水干线（DN400~1000毫米）。经现场踏勘发现，红卫路是一条离山脚很近的东西向道路，平行于巴塘河，其高程起伏较大，若沿红卫路铺设污水干管，局部埋深过大，并由于山脚地质情况多为岩石，开挖工程难度也很大，将会导致工程费用增加。我们根据结古镇的地形特点，将规划调整为沿扎西科河和巴塘河修建污水干管，自西向东排入污水处理厂。

十二、污水处理厂独特的处理工艺

结古镇位于三江水源保护区，生态环境较为脆弱，环境保护的重要性不言

图3 污水处理厂

而喻。为使结古镇城市污水得到有效处理,最大限度地减小污水排放对当地水环境的影响,本工程污水处理厂设计出水水质执行国家现行最高排放标准一级标准中的A标准,进厂污水采用"预处理+二级生化处理(A/A/O工艺)+深度处理(滤布滤池)+消毒(紫外线消毒)"处理工艺,生产过程中产生的剩余污泥采用"机械浓缩脱水(带式浓缩脱水一体机)+电渗析污泥干化+外运卫生填埋"处理处置工艺。污水处理厂工程设计中考虑到结古镇污水量昼夜、季节变化较大,在预处理部分采用进水方沟作为调蓄设施,以减小构筑物规模、占地面积及设备装机容量,减少工程投资及日常运行费用。设计中充分考虑当地高原寒冷环境特点和运行管理水平,采用安全可靠、成熟稳定、管理便捷的处理工艺,可确保处理后出水水质达标,实现节能减排目标,除进水提升泵房、旋流沉砂池、A/A/O生物池、回流及剩余污泥泵房、贮泥池外,设计将其他所有污水处理构筑物、设备等均设置于室内,同时,室外处理构筑物均考虑加盖保温处理,尽可能减少外露水面面积。为便于集中供暖,设计将二沉池、滤布滤池、紫外消毒渠道统一设置在一个污水综合处理车间内,将污泥浓缩脱水机房、污泥干化设备间和污泥储运间合建在一个处理车间内。在工艺设计参数的选取上均采用较低负荷值,增大池容,加长停留时间,增加曝气量,以确保处理后出水水质达标排放。根据当地气候和燃料供应情况,厂区建筑采暖供热采用了环保、节能的太阳能(辅助电热)水锅炉供暖方式。建成后的污水处理厂如图3所示。

十三、垃圾填埋场工程概况

垃圾填埋场是玉树地区按国家标准建设的一座卫生垃圾填埋场,起到了保护玉树地区自然环境、生活环境的关键作用(图4、图5)。日处理生活垃圾150吨,总占地面积12公顷,填埋年限10年。拦挡坝坝长 166.5米,坝高5米，总填埋容积84万立方米；有效填埋容积78万立方米；为Ⅳ类垃圾卫生填埋场。主要由垃圾填埋区、生产管理设施区等组成。防渗主要材料为HDPE单面糙防渗膜；土工织物膨润土GCL，其底部有采用250毫米厚的压实黏土层作为保护层，压实土壤渗透系数不得大于$1×10^{-5}$cm/s。工程内容包括：垃圾填埋区、进场及场区道路、填埋作业道路、供电、照明、供水、排水、消防、绿化、环境质量监测系统、地磅及管理设施区等配套工程。工程总投资为11474万元。

图4 垃圾填埋场上部排洪沟入口

图5 垃圾填埋场正面

十四、垃圾填埋场场址的选择

垃圾填埋场场址的选择和确定是经过了一个漫长和艰苦的过程。震前,青咨公司会同州、县有关部门将场址选在目前垃圾场位置处;震后,规划部门又和省前指、住房和城乡建设厅、地勘、环境、国土、州、县、镇等有关部门对9个可选场址进行了现场踏勘及综合对比。虽然现场址在技术、经济等方面仍有不足之处,但与其他场址相比,该场址的工程可实施性最强,各方面存在问题最少,是垃圾填埋场最佳工程建设实施地。因此,各方确定在现场址处建设结古镇垃圾填埋场。目前的垃圾场最大的问题就是库容太小,其上部山体间的空间利用成本较高,所以在设计的时候,垃圾填埋体最上部离山体还有一定的距离,没有完全靠上山体。这就使得山洪水的排除不能按常规设计,因此在垃圾填埋体边缘修一条排洪沟。这条排洪沟,我们设计在填埋体下面,沿山洪沟原有的位置修一条排洪沟W×H=1.2米×1.6米,沟底设置梯级台阶消能措施。为了避免沟内淤积,在进口处设置了拦砂坝及沉砂池。

十五、垃圾填埋场拦挡坝设计

垃圾场拦挡坝坝长166.5米,坝高5米,原设计为浆砌块石重力坝,这就需要大量的石材,但是玉树地区的生态极为脆弱,为了避免破坏生态环境,玉树地区对石材的开采管理非常严格。还有就是砌石工作,需要大量的人工,玉树高原空气含氧量低,人工效率低且费用高。这两个原因就制约了垃圾填埋场的施工进度。根据玉树地区的这一特点,我们的设计尽量采用当地现有的建筑材料,尽量采用机械化作业。由于垃圾场需要铺设防渗膜,需要对场坪进行整理,土石弃方较多,我们就想到了两侧做混凝土挡墙,中间填废弃的土方,做成混凝土连续墙夹心坝。采用这个方案,就达到了降低工程造价,减少石材的用量,保护环境的目的。在设计过程中,还碰到了一个难题,按常规设计,对垃圾场填埋区场坪的整理和修建马道都需要开山,垃圾场东侧山体为神山,当地居民不同意对神山进行开挖。经过与当地居民协商,我们调整了设计,将开山改为贴坡,用垃圾场西侧山体的废弃土方,把垃圾场范围内的东侧山体坡面贴平整,并在贴坡的顶部形成马道。经过以上两项的设计调整,将垃圾填埋场原设计的弃方优化为土方,以实现平衡。

玉树垃圾填埋场在2012年6月通过了竣工验收并投产运行,到目前已经安全运行了近9年时间,快要达到其设计寿命了。据了解,玉树当地正在申报垃圾填埋场的二期项目。

玉树州结古镇公交场站规划设计

——严寒藏区的公交场站设计实践

作者：高　翔[1]

一、项目背景

2010年4月14日，玉树遭遇7.1级强烈地震。这场灾难给当地人民的生产生活带来了严重影响。在这场灾难中，当地住房几乎全部倒塌，市政设施也几乎全部遭到破坏，而本来就很薄弱的公交系统遭到了毁灭性的打击。在这样的背景下，为了尽快帮助当地居民恢复正常的生产生活，北京市政府派出了支援青海玉树灾后重建的设计及施工队伍，承担了玉树州结古镇公交场站的规划建设工作。

"4.14"地震后，震后救援重建工作紧急展开。为及时指导玉树灾后重建和未来长远发展，按照建设社会主义新玉树、新家园的要求，住房和城乡建设部组织中国城市规划设计研究院、北京市城市规划设计研究院等单位编制完成了《结古镇（市）城镇总体规划（灾后重建）》，并获青海省人民政府批复。

按照玉树灾后重建工作的总体部署安排，为了加快推进结古镇道路基础设施建设，指导下一步的公交场站设计，按照北京援建玉树前线指挥部和青海省住房和城乡建设厅的要求，北京市城市规划设计研究院与北京市市政工程设计研究总院有限公司联合，正式启动了结古镇公交场站的规划设计工作。

1　高　翔　北京市市政工程设计研究总院有限公司专业副总工程师，一级注册建筑师，教授级高级工程师。

二、公交线网及场站规划

（一）公交线网规划方案

震前的玉树州结古镇只有红卫路、胜利路和民主路三条主干道；只有两条由个体户承包经营的公交线路，公交车少、费用高、营运时间不固定；而且没有独立的公交场站，公交车辆均停放在玉树长途客运站内。

为实现结古镇总体规划、完善区域路网系统、改善区域交通环境、促进旅游资源开发的需要，北京市城市规划设计研究院与北京市市政工程设计研究总院有限公司共同编制了《青海省玉树县结古镇（市）基础设施专项规划（灾后重建）—公交场站规划设计条件》。其中公共交通线网规划结合"新玉树"的带状多组团式空间结构，以行政中心、商业服务中心、大型居住区、交通枢纽和旅游服务中心等为核心，利用中心城区主干路和次干路设置公交干线串联各个组团的人流，通过交通枢纽进行衔接和换乘，形成"枢纽－干线"为主体结构的公交网络。结合结古镇"T"字形发展规划的中心城区布局，公交线网规划共设置5条公交干线，以覆盖中心城区主要区域。具体线路如下：

（1）公交红线：自民主路与南环路相交处公交首末站发车，沿民主路和胜利路，经过公交换乘枢纽，至胜利路与巴塘路相交处止，运行里程长度为12.2公里。

（2）公交橙线：自民主路与南环路相交处公交首末站发车，沿民主路、扎西科滩路、扎西科路、新寨西路、红卫路，至城区东边界公交总站，运行里程长度为18公里。

（3）公交绿线：自民主路与南环路相交处公交首末站发车，沿民主路、扎西科滩路、南环路，至巴塘路与扎西科路相交处止，运行里程长度为13.5公里。

（4）公交蓝线：自城区东边界公交总站起，沿红卫路和胜利路，经过公交换乘枢纽，至胜利路与巴塘路相交处止，运行里程长度为11.5公里。

（5）公交紫线：自双拥街与巴塘路相交处的公交首末站发车，沿巴塘路、结古路、北环路、红旗路和南环路，形成环线，运行里程长度为7.2公里。

此外，为促进旅游资源开发的需要，项目组在公交线网规划中提出应当结合机场、旅游景点等地区设置公交专线。如针对机场交通需求，在格萨尔王广场西南侧公交枢纽和游客到访中心附近规划设置联系机场的公交专线。

针对旅游交通出行需求，可以规划设置联系三江源自然保护区、通天河晒经台、结古寺、格萨尔王广场、玛尼堆、禅古寺、文成公主庙、赛马场、遗址公园等重点地区的旅游专线。

（二）公交场站规划条件

结合线网规划，结古镇公交场站规划由一处公交换乘枢纽、一处公交中心站和三处公交首末站构成，总占地规模约为2公顷。其中，远景年在巴塘机场和规划铁路车站附近设置一处首末站，占地规模约0.3公顷，该场站不在本次援建规划项目范畴内。

经过现场调研选址，并结合结古镇"T"字形的中心城区布局，项目组最终确定本项目规划范围内在镇东、西、南及中部各设置一处公交场站，分别为结古镇公交枢纽站、新寨公交中心站、双拥街公交首末站和扎西科公交首末站（图1）。

其中结古镇公交枢纽站位于镇中心的格萨尔王广场附近，占地规模约

图1 结古镇公交场站规划布局示意图

0.44公顷，是多条公共交通线路汇集的客流集散量较大的场站设施，建设内容包括公交停靠站台、乘客等候场所、客流集散通道、小型商业服务设施、卫生间等。场站周边地区规划用地以居住、商业金融、行政办公为主，处于城镇建设用地的中心地区。

新寨中心站位于结古镇东北部新寨组团东侧，占地规模约为0.85公顷，该中心站是公交线路的运营管理中心，承担多条线路首末站的汇集中心，建设内容包括运营管理、行政管理、保养、停放、加油等功能。场站周边地区规划用地以居住、防护绿地和河流为主，处于城镇建设用地的边缘地区。

双拥街公交首末站位于结古镇南侧，占地规模约为0.23公顷，该首末站功能为公交线路的始发点和终点站，也是车队的所在地，兼有少部分夜间驻车功能，建设内容包括运营调度、司售休息、卫生间、停车场地等。场站周边地区规划用地以行政办公、绿地和河流为主，处于城镇建设用地的中心地区。

扎西科公交首末站位于结古镇西侧，占地规模约为0.40公顷，该首末站功能为公交线路的始发点和终点站，也是车队的所在地，兼有少部分夜间驻车功能，建设内容包括运营调度、司售休息、卫生间、停车场地等。场站周边地区规划用地以居住、绿地和河流为主，处于城镇建设用地的边缘地区。

三、公交场站设计

（一）设计构思

玉树市地处青藏高原的青海省玉树藏族自治州，又处于三江源头，是我国重要的生态屏障，生态地位十分特殊。玉树藏语意为"遗址"，其历史悠久、文化灿烂。结古镇是玉树藏族自治州的首府、玉树市辖镇，州、市府的驻地。"结古"在藏语中是"货物集散地"的意思，长江从它身边流过，它也成了长江流域中第一个人口密集的地方。结古镇平均海拔在 3700 米，当地藏族全民信奉藏传佛教，寺院众多，宗教文化氛围浓郁，城市建设拥有典型的藏民族特色。

结合以上背景，如何在灾后重建过程中落实科学发展观，走灾后重建绿色发展之路，是设计团队在规划设计时需首先考虑的问题。其次，如何在有限的投资下，既能满足公交场站功能、环保及节能要求，又能充分体现藏民族特色，是设计团队需认真考虑的又一个问题。

本次规划设计的公交场站位于严寒藏区，冬季气候寒冷，并且当地宗教氛围浓厚。因此，如何在满足公交场站常规使用功能的前提下适应这些特殊要求，是项目组必须要重视并解决的问题。为此，设计团队根据前期调研结果及现场情况制定了设计原则，并严格遵循以下原则进行设计：

（1）场站规划设计应贯彻有利于运营、方便乘客、安全适用、经济合理的原则，要体现"以人为本"的理念，科学合理布局，最大限度地方便乘客乘车、换乘，尽量减少步行距离，实现人车分流，营造良好的场区环境。

（2）因场站规划用地大多为私人用地，项目拆迁征地较为困难，故场站建设需坚持生态优先、因地制宜、节约用地的原则。

（3）场站外部交通要合理进行组织，使进出公交场站的车辆不对周边地区城市干道产生严重干扰，同时应尽量减少公交车辆的绕行距离。场站内部交通组织应简洁流畅，方便场区运营管理。

（4）场站规划设计应考虑当地所处严寒地区的实际情况，有条件的场站车辆应尽量室内停放。此外，因当地日照条件较好，应尽可能利用太阳能等清洁能源，减少化石能源消耗，以利节能环保。

（5）尊重当地宗教、文化、生活习俗和居民意愿，保护与传承康巴藏区特有的物质和非物质文化遗产；场站建筑形式、风格、色彩与民族传统及周围环境相协调，并应符合当地相关建设标准。

（二）功能布局

本项目的四处公交场站功能均不复杂，但因为建设用地面积均不大，在保障场站功能设施布局合理及满足防火间距要求的前提下，场站建筑还要根据规划要求退线，并满足一定的绿地率。因此，就要求建筑师需要更加集约利用土地，进行精细化设计。

最终，设计考虑把各处公交场站的业务用房、站台、维修保养车间等运营生产用房沿用地周边布置，用地中部主要用于车辆停放及回转使用；场站的车辆出入口与人员出入口均分开设置（图 2）。

此外，因结古镇地处严寒地区，新寨公交中心站用地中部设置了三个停车

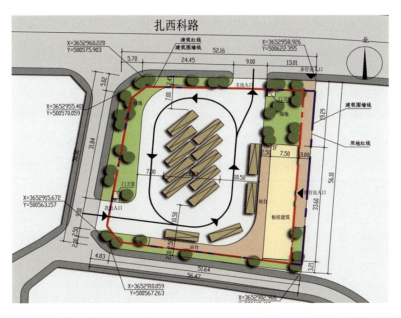

图2 结古镇公交枢纽站总平面图

图3 新寨公交中心站总平面图

库,便于车辆室内停放,以避风霜雨雪,并缩短寒冷季节车辆启动预热时间,以利节约能源,并减少尾气的排放(图3)。

(三)藏式建筑风格研究

结古镇是玉树藏族自治州的首府,藏传佛教文化氛围浓郁,城市建设也富含藏式建筑特色。为了能使公交场站融入藏式特色的城市环境中,建筑师在场站建(构)筑物的建筑风貌方面做了大量的前期调研工作,以为下一阶段的设计工作做准备。

藏式建筑从形式上可分为寺院建筑和民用建筑两大类,城市中大量建设的均为民用建筑,而民用建筑中最具典型特色的就是民居建筑。藏族民居经过几千年的演变，逐渐发展为以藏南谷地为代表的碉房、藏北牧区为代表的账房两大类型，各类型民居均各具特色，并且逐渐在全藏区各种地理环境下得到广泛应用。

藏族农区多垒石建屋，《后汉书·西南夷列传》中就有"累石为室"的记载，由此可知藏族碉房，自东汉以来就已经形成，并相继成为崇尚凝重、沉稳和崇高的民居风格，以表现藏族人民对理想的热烈追求和崇高的审美倾向。

碉房多为石木结构或夯土筑墙，外形端庄稳固，风格古朴粗犷。碉房的墙体下厚上薄，外形下大上小，建筑平面均较为简洁，一般多为方形，也有曲尺形平面。因青藏高原山势起伏，建筑占地过大将会增加施工上的困难，故一般建筑平面上占地面积较小，而向空间发展。碉房一般分为两层，底层为牧畜圈和贮藏室，层高较低，二层为居住层，若有第三层，则多作经堂和晒台之用。因建筑外观很像碉堡，故称为碉房。碉房建筑中普遍采用小窗窄门，以利于挡风御寒（图4）。

图4 采用石块、木材或夯土筑墙的藏式碉房

帐房则是牧区藏民为适应逐水草而居的流动性生活方式而采用的一种特色性建筑形式，具有结构简单、支架容易、拆装灵活、易于搬迁的特点。普遍用牛毛纺线，织成粗氆氇，缝成长方形的帐篷，帐内以木杆支撑，帐外周围用牛毛绳张拉。帐篷四周用少许草饼或粪饼垒成墙垣，以避劲风入帐。帐篷一方设门，门上悬有护幕（图5）。

图5 藏式帐房的多种形态

藏族是善于表现美的民族，对于居所的装饰十分讲究。这和藏族人民耿直爽朗、热情强悍的民族特征有关。藏族民居较为重视大门、窗口的装饰，房屋的柱头、房梁上常绘有色彩斑斓的装饰纹样。如建筑门窗上楣常采用短椽和出挑的木质过梁装饰，左右两侧和底边常装饰黑色的梯形窗套；又如建筑柱头、柱身、房梁上常装饰各种花饰雕镂或彩画，梁头、雀替则多用高肉木雕或镂空木雕花饰，并涂重彩，色彩艳丽、浑厚，富有浓厚的宗教色彩（图6）。

此外，藏族传统装饰图案形式多样，表达内涵丰富，可以分为四大类别，即无机几何形态、象形模拟形态、宗教寓意形态、文字艺术形态。如表示水流漩涡的涡纹，表现起伏山脉的三角折线纹，表示植物的叶脉纹，表示贝壳特征的贝纹等；又如传统的八宝吉祥图案、七政宝图、八瑞物图等装饰纹样，均是藏式建筑中常采用的装饰图案（图7）。

图6 藏式建筑门、窗洞口及梁柱部位的装饰

图7 藏族传统装饰图案形式

（四）建筑风貌设计

本项目作为有着浓厚民族特色的藏族聚居地的公共建筑，既要符合新时代交通建筑的特征，又要符合民族特色。因此，建筑师从传统藏式建筑的细部装饰、藏民族传统图案及颜色中提取适宜的元素，通过多次拜访请教民俗专家，多方征求意见，并经多次修改，最终确定了建筑风貌方案。主要采取整体参考、截取元素、抽象简化等多种现代建筑处理手法，并运用到方案设计之中，根据不同场站所处的地理位置，最终确定各不相同又各具特色的建筑风貌方案。

对于处在城镇建设用地中心地区的结古镇公交枢纽站及双拥街公交首末

站，建筑造型与装饰会更为精细。如结古镇公交枢纽站的主体建筑在门套、檐口、柱身等部位均进行装饰，并结合柱廊的外立面形式，采用虚实对比及色彩对比的设计手法（图8）。站台上的候车亭采用钢框架形式，黄褐色涂料装饰。雨篷参考传统藏式建筑檐口的做法，采用短椽和出挑的过梁，结合柱头的纹饰雀替进行装饰（图9）。

对于处在城镇建设用地的边缘地区的新寨公交中心站和扎西科公交首末站，建筑造型与装饰则采用更为粗犷的设计手法。如新寨公交中心站建筑造型体现自然生态的特征，下部采用仿天然块石装饰，上部为仿木饰涂料，与周边的自然环境相呼应，檐口的装饰也进行简化（图10、图11）。扎西科公交首末站业务楼下部也采用仿块石装饰，上部为土黄色涂料；候车亭采用钢框架结构，仿帐房式样的蓝白相间帐篷顶形式，并以八宝吉祥图中的吉祥结图案装饰，建筑风貌体现了更为原始生态的特征（图12）。

四、结语

从2010年11月，项目组接到任务开始公交场站规划设计指标研究工作，到2011年2月，项目组完成结古镇公交场站专项规划。之后由于当地各方在公交场站指标方面存在分歧，以及场站用地范围的多次调整，设计方案又经过多轮的评审和修改，最终于2012年4月取得了玉树市城市管理局的方案批复。三个月后，设计团队完成了全部施工设计图纸，并通过了施工图审查。在短短四个月的时间，四个公交场站就陆续建成并投入使用。

在项目整个规划设计及施工建设过程中，设计团队成员一直任劳任怨，始终积极努力与各方沟通，以便尽快地推动工作。现场配合人员在工作中还克服了高寒缺氧、头晕、失眠的恶劣工作环境，本着牢固树立大局意识、首都意识、责任意识，本着对人民群众负责，对援建工程负责的态度，力求将工作做到尽善尽美，以确保项目的顺利推进。

目前，结古镇的多条公交线路已经把全镇各条道路及主要聚居点、定居点、学校、医院、商业网点都覆盖到了。根据玉树结古公交公司的调查和群众的反映，自公交车开通后，加上出租车等，结古镇已经初步形成了城市交通网络，极大地方便了群众出行。在可预见的未来，一个人民安居乐业、城市交通服务高效便捷的新玉树终将傲然屹立在雪域高原！

图 8 结古镇公交枢纽站主楼效果图

图 9 双拥街公交首末站候车亭效果图

图 10 新寨公交中心站效果图

图 11 扎西科公交首末站业务楼效果图

图 12 扎西科公交首末站候车亭效果图

参考文献

[1] 北京市城市规划设计研究院,北京市市政工程设计研究总院有限公司.青海省玉树县结古镇(市)基础设施专项规划(灾后重建)——公交场站规划设计条件[R]. 2010.

[2] 北京市市政工程设计研究总院有限公司.玉树地震灾后恢复重建工程结古镇公交设施建设工程方案设计[R]. 2011.

[3] 马乐.藏族传统装饰图案艺术解析[J].戏剧之家,2017(11).

第五章

城市景观规划设计与实施

玉树结古镇两河景观规划设计——编织希望的金色飘带

玉树结古镇核心区康巴风情商街、红卫路滨水商街灾后重建景观设计

地域民族特色景观的探索与实践——记玉树灾后重建中道路桥梁景观设计

玉树结古镇两河景观规划设计

——编织希望的金色飘带

作者：魏 巍[1] 白 杨[2]

1 魏 巍 中国城市规划设计研究院高级工程师，研究方向城乡景观规划设计、生态修复规划、文化遗产地规划设计。

2 白 杨 中国城市规划设计研究院风景园林和景观研究分院副总规划师，教授级高级工程师，研究方向文化遗产地规划、旅游度假区规划、城市设计、城乡景观规划设计。

一、两河景观规划背景

2010年4月14日，青海省玉树藏族自治州玉树市发生地震，最高震级7.1级，震源深度14千米，震中烈度9度。玉树灾后重建牵动全国人民的心，也开创了迄今为止人类历史上海拔最高的灾后重建。震后第二天，中国城市规划设计研究院（以下简称"中规院"）着手准备灾后重建工作，准备工作后，李晓院长、杨保军副院长、沈迟副总规划师带队奔赴灾区现场开展工作。在历时数年的灾后重建工作中，中国城市规划设计研究院先后编制完成《结古镇城镇总体规划》等20余项灾后重建规划，深度参与从规划到施工的各个建设环节，中规院的各个参加部门中，风景园林规划设计研究所第一时间加入灾后重建技术工作组，玉树两河景观灾后重建规划建设工作由杨保军副院长领衔，邓东所长技术指导，白杨同志具体项目负责，魏巍同志驻场服务，贾建中、韩炳越、梁庄、丁戎、马浩然、束晨阳、吴雯等二十余位同志共同参与。

《玉树结古镇两河景观规划设计》是青海省玉树灾后重建十大重点项目之一，是中国城市规划设计研究院玉树灾后重建总体规划的延伸和具体落实。按照总体规划的要求，灾后重建不仅仅是恢复重建，而是要提升重建。住房和城乡建设部和青海省共同决策，要求玉树两河滨水地区重建要切实成为为居民谋福祉，提振民心的重要抓手。

深居青藏高原腹地的玉树，邻西藏，近四川，拥层峦叠嶂，揽天下秀水，素有"江河之源、名山之宗、中华水塔、牦牛之地、歌舞之乡、唐蕃古道"的美誉，结古镇是玉树州府所在地，具有国际旅游目的地的资源禀赋。两河指扎西科河与巴塘河：扎西科河流量小，流速慢，亲水性好，是一条温柔的河；巴塘河流量大，流速快，亲水性弱，是一条凶猛的河。位于两河畔的结古镇，独享山水灵韵，依山滨水而立，群山环抱，两水汇流，街巷起伏蜿蜒，是一座美丽的山水文化风情旅游城市，在未来的中国旅游发展中拥有重要的战略地位。规划范围内长约17.9公里，涉及城市建成区面积约为460公顷（图1）。

两河呈"T"字形结构，于城市中心交汇后向东汇入通天河，形成了城市的骨架，是结古镇最具吸引力的核心景观地区。

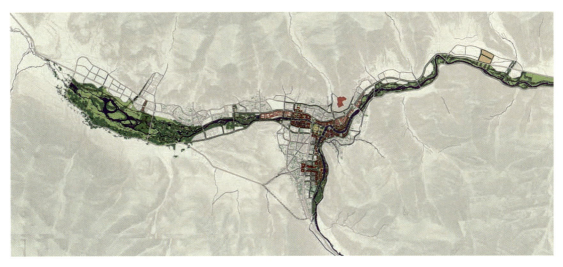

图1 玉树结古镇两河景观规划设计范围图

二、规划设计工作内容

玉树结古镇两河景观规划设计的主要工作内容有三个方面：

（一）明确两河景观发展战略

1. 规划依据与规划定位

规划以已经批复的《玉树结古镇灾后重建总体规划》和控制性详细规划为依据，严格落实上位规划用地及其相关建设控制要求。规划区内的建设项目是按照上位规划的空间部署进行的具体落实，并在此基础上有所深化。

按照住房和城乡建设部和省市的指导思想，经过多轮现场踏勘，与地方领导群众沟通后，明确规划的定位是：两河景观带是玉树城市骨架、生态本底、金色飘带、人民福祉，是集商贸、旅游、文化、景观等多功能于一体的最具活力的城市滨水地区，是城市发展的触媒。

2. 规划原则

从这个目标定位出发，确立了规划的原则：集约用地、保障权益；关注民生、发展商贸；延续文化、强化特色。从而将规划策略定为：两河景观建设以灾后重建总体规划和详细规划为依据，整合生态保护与城市功能，提升城市商业、文化、旅游环境品质，尊重自然生态环境，采用低能低维护的方法，营造滨水景观，构筑社会主义新玉树的标志性形象。

3. 规划理念

项目组以"编织希望的金色飘带"作为规划设计的主题理念，希望通过多功能融合的方法，将城市的商业、旅游、文化、景观等功能有机的编织到两河滨水地区，构筑人民生活提升的福祉，成为提振民心的希望金色飘带（图2）。

图2 两河景观规划的理念

（二）以具体设计落实理念

1.景观结构与风貌特色

结古镇两河景观带河道全长17880米，景观带建设方式以两河"T"形交点为中心，呈放射状分布，分为城市中心区段、城区段、郊区段（图3）。各区人流活动强度不同，设施建设强度也不同，形成由中心区的中高强度，逐渐过渡到低强度的自然郊野景观空间序列。

依据景观结构的分析，形成了结古两河景观的风貌意象，山水相望、城景相融；尺度相宜、外素内华；精巧别致、步移景异。突出自然、浪漫的风景旅游城市特点，形成协调发展的城市景观格局。山水相望、城景相融是指：保持并强化整体山水格局，注重山水之间的紧密联系，力求营造出处处望山，时时见水的优美自然意境；尺度相宜、外素内华是指：营造舒适宜人的城市尺度，保持结古镇精巧细致、轻松闲适的城市氛围，外素内华展现民族文化特色，体现旅游度假小镇独有的城市风情；精巧别致、步移景异是指：突出和强化结古镇自然生长的空间肌理，将别具一格的景观特色和丰富多彩的城市生活融为一体，构建错落有致，精彩纷呈的景观格局。有了以上的支撑，可以总体控制住结古镇城市核心地段两河的景观设计风貌。针对规划面临的重点问题，项目组制定"融合多样功能，突出藏乡特色，延续历史文脉，关注民生权益"的核心对策，指导两河滨水景观规划编制工作。

2.景观分区

根据两河景观及其相邻的城市功能，将景观带分为四大景观分区，高原湿地、多彩林卡、康巴风情、生态河谷；与四大景观分区相对应的景观类型是：湿地公园、综合公园、滨水开放空间、生态河谷；其核心策略是：恢复生态、整合提升、打造活力、青山绿水、朝圣绿道（图4）。

规划按照三个层次组织中心区段景观、功能、交通（图5）。①滨水休憩

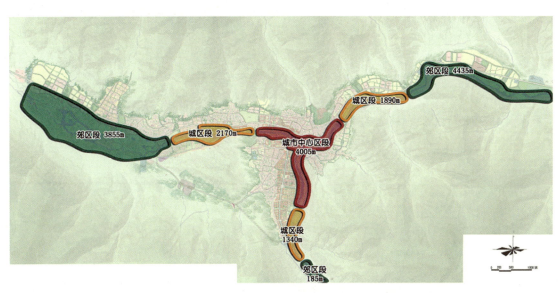

图3 两河景观规划分区

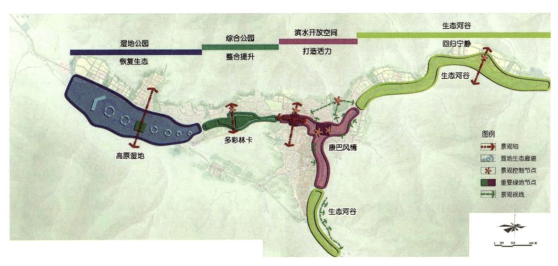

图4 两河景观类型

带：以休憩功能为主，形成连续的步行系统与开放空间，沿河形成连续的步行系统与休憩空间，塑造具有吸引力的滨河景观界面。②滨水内街：主要安排商业休闲、旅游服务功能，形成尺度宜人的步行公共空间，在滨水地块内部形成以商业休闲、旅游服务为主要功能的特色内街，形成环线，进一步扩展滨水活动空间与层次。加强滨水地区与结古寺、州政府、牦牛广场等重要节点的步行交通及视觉景观联系。③景观节点：塑造多个具有景观标志性、能够展现地方特色的景观节点，如格萨尔王广场、游客到访中心等。

规划充分考虑地段特征与灾后重建要求，注重对原有城市肌理的延续（图6），尽量保持原有街道格局，采用小尺度、院落式建筑组织模式，尊重原有产权边界划分，塑造具有地方传统特征的城市风貌，延续城市历史记忆（图7）。

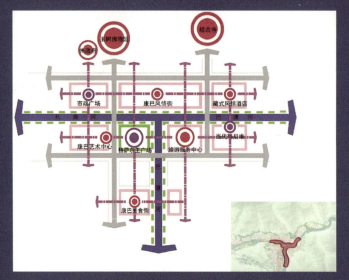

图5 中心区景观组织模式图

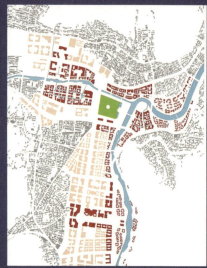

图6 中心区肌理分析图

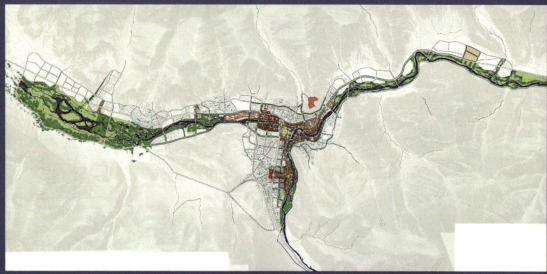

图7 两河景观规划平面图

图8 格萨尔王广场

3.景观节点

我们分别就重要节点给出了具体的景观设计方案：

格萨尔王广场（图8），提升成为世界格萨尔王文化展示中心；在格萨尔王广场设计与创意过程中，采用现场访谈、现场制作方案、现场修正的方式；与州文化主管部门、格萨尔王文化传承人、格萨尔王史诗艺人和群众充分沟通，深入挖掘格萨尔王文化内涵，塑造城市标志性文化景观。改造要点：①改造实体化的非物质文化遗产展示空间。改造现有广场周边建筑，建设格萨尔王博物馆。融合文化、展示、演艺等功能，使其成为格萨尔王史诗世界非物质文化遗产的空间载体。②提升实体化的非物质文化展示雕塑。根据格萨尔王史诗，完善格萨尔王文化展示序列，增设王妃、十三大将、军阵等雕塑，讲述完整的格萨尔王故事。③营造实体化的格萨尔王文化展示氛围。原地提升格萨尔王雕像，增强崇高感与纪念感。④建设符合藏地高原市民活动特点的公共空间。丰富广场空间，划分出纪念广场、休憩广场、滨水广场等不同的活动空间。借鉴丽江文化旅游产业的发展经验，大力推进格萨尔王演艺事业发展，通过高品质的演出，让每一个到达玉树的游客感受史诗艺术，增进文化交流，让格萨尔王史诗走向世界。

游客到访中心（图9），打造成生态文明、亲水近水的城市客厅；以三江源文化为主题，设置国际游客到访中心，让游人到达玉树的第一站，便能强烈感受到三江源地区的生态文明。在到访中心区域设置具有浓郁地域特色的商业、文化、酒吧、客栈等旅游服务设施，满足大量游人的需要。同时恢复自然支流水系，形成水巷景观，让人亲水、近水、聆听水声。

图9 游客到访中心

　　州政府片区(图10)，将州政府片区营造成为滨水公共场所；加强水滨区城市功能区的空间联系，设置多条通向水滨的通道，两侧设置商业店铺。改变平直河岸线形，在重要地段增宽河道，形成曲线流畅的水岸景观效果，亲水景观简洁流畅，岸线收放变化。挖掘两岸有价值的历史文化景点，让其融入景观游览系统当中。分级别设置亲水平台，增强亲水性；设置景观桥、船型广场、景观廊架等景观设施，丰富景观层次，既保证日常亲水，又能保障防洪安全。

　　巴塘片区(图11)，通过集聚人气、打造活力水岸；结合院落式住区回迁安置，形成休闲、餐饮特色滨水片区，积聚人气，形成活力水岸。加强滨河两岸的空间联系，通过步行景观桥将两者相互沟通；两岸景观各有侧重，西岸侧重人流活动，以硬质驳岸，休憩平台等为主；东岸侧重休闲，以自然岸线缓坡草地为主。

　　唐蕃古道商街(图12)，成为特色藏乡水巷商业街；商业内街设置温室与暖棚，兼顾冬季使用，引水入街巷，形成水巷商业街的景观。采取多种低维护、低高能的绿色建设技术，既考虑近期灾后重建的实际使用效果，又为未来的城市运营管理节约成本。

　　扎西科湿地(图13)，建设为最美的高原湿地公园；扎西科湿地自东向西由城市逐渐过渡到自然，东侧现有城市公园一处，西处现有康巴地区传统赛马场一处，南北两侧居住用地较多，再向外围群山环绕，一河中流。强调在现有绿地的基础上进行品质提升、内容增加、功能复合，站在整个城市的角度予以审视，作为带状空间与生态湿地保护相结合。从四个方面对城市西侧最大的绿色空间进行规划：①以自然修复为主的理念进行生态修复。高原地区低温高寒多风，植物生长较慢，系统整理现状植物，在资源种类分布的基础上，整体保留，不砍一棵树，不减一分绿，人工引导生态系统正向发展的良好条件。②以安全第一的方式整合水系驳岸。与水文专家多轮头脑风暴，技术对接，保证防洪安全的前提下，对场地的岸线整合，应退尽退，保证以自然岸线为主，人工岸线为辅，加强城市对应自然灾害的弹性。③以最小干预的手法对现有场地进行品质提升。考虑到建设资金与现有良好的资源本地，公园整体呈现出自然郊野的状态，突出整体的场地特色，对城市公园区域增加活动的游线和活动场地，对湿地公园区域增加点状针灸式的设施。④以含蓄多译的方式进行文化再现。恢复玉树地区传统的卓德林卡（祈福与健身相结合的设施），鼓励并服务康巴传统的赛马节，增加藏医药用植物园，强化中国优秀的传统文化，弘扬社会主旋律。扎西科湿地设计获得省委省政府及当地干部居民的高度认可。

康巴艺术中心周边建设特色藏式艺术步行街。康巴艺术中心由中国建筑大师崔愷领衔设计，与两河景观规划同步进行，两河景观规划从城市设计角度考虑与格萨尔王广场、玉树州展览馆、游客到访中心、玉树地震纪念馆等"十大建筑"的关系，整体协调景观特色与风貌。提出景观设计的控制性与引导性设计要求。

康巴风情街，作为滨水民俗展示的风情街区，探讨了大河之滨宜形成开放空间（图14）、集聚人气，水渠之畔，形成亲切宜人空间（图15），面向重要节点注意视线引导，对后序的景观设计及施工图设计给予方向性的引导，提出康巴风情街的景观设计特色，既保证康巴风情街与中心城区整体景观风貌相符合，又为后续景观设计师的工作留有充分的施展空间。

此外，规划就岸线、桥梁景观、特色游览、植物景观、生态、景观设施、避灾绿地、重建方式八个专项给予规划设计主张。

（三）自下而上的推动规划

项目组核心设计人员现场进行群众讲解、项目公示、意见反馈、方案修改。真正做到公众参与，形成自下而上的规划设计方案，完整的践行了"公众参与、敞开大门做规划"的工作理念。规划人员在玉树提供沟通平台，与水利、桥梁、规划、市政、交通、建筑、景观专业现场完成无缝对接，体现了专业精神与团队意识，确保规划设计可以落地实施（图16）。

图 10 州政府片区效果图

图 11 巴塘片区效果图

图 12 唐蕃古道商街效果图

图 13 扎西科湿地鸟瞰图

图 14 康巴风情街河滨开放空间

图 15 康巴风情街渠畔亲切空间

图16 两河景观规划项目团队

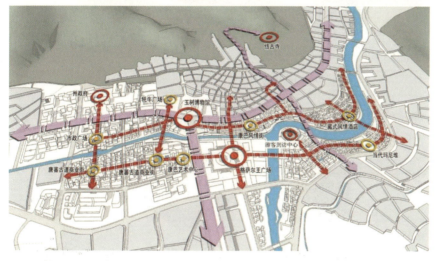

图17 两河景观规划落实总规意图

三、项目特点

(一) 落实总规拓展延伸

两河景观规划落实结古镇总规,是对总体城市设计的延伸,多次得到院领导的指导(图17)。项目组与兄弟所的同事们并肩奋战,工作不仅局限在水滨景观,而是拓展至城市滨水地区,从城市设计角度给出滨水地区的发展愿景。

(二) 切合实际的重建方式

考虑到结古镇的经商传统,我们尽可能在滨水区增加店铺数量,在设计中让每一户都有临街店铺,采取底商上住的方式,既解决住房,又解决生计发展(表1)。

居民安置模式一览表　　　　　　　表1

建设模式	保留院落模式		
模式种类	模式1：前商后住	模式2：底商上住	模式3：自住+旅馆
建设要求	保留院落，先期建设安置房，保障居住，后期逐步建设商业用房	保留院落，底层用于商业店铺出租或经营，上层用于自住或经营家庭客栈	在保证自家居住的前提下，可将院落改造成为家庭旅馆，接待游客，获得旅游收益
建设意象			
建设模式	集中安置模式		
模式种类	模式1：独立式底商上住	模式2：联排式底商上住	模式3：组合式底商上住
建设要求	各户在底层各自拥有商铺。上层分层分户用于居住	按照窄面宽长进深的方式，形成尽可能多的联排式商住单元，各户采用相对独立的底商上住模式	多户共用庭院，保留庭院生活方式，上层用于居住，下层商铺划分成多个单元，各户平均分配
建设意象			

（三）在斗争中保留了滨水区的现状树木

高原植被生长缓慢，仅有的大树保留了居民的集体记忆，是宝贵的绿色财富。规划强调了保留树木的重要性，保留了滨水区的现状树木。

四、实施效果

（一）通过省规委会审查

项目组先后六次专程赴灾区听取地方干部群众意见，驻场三百余人次，在中国建筑学会进行两次汇报审查，青海省住房和城乡建设厅先后十余次听取工作汇报，并作出具体工作要求和指示。向第五次、第七次青海省玉树地震灾后重建城乡规划委员会汇报，并于第九次省规委会上予以通过。经过三次重大修改完善，提交成果。

省委书记评价：城景融合，多姿多彩，构筑商贸，充满希望。

（二）引导灾后重建十大建设项目整体协调

除文成公主纪念馆和八吉村外，玉树灾后重建的十大重点建设项目全部位于两河景观规划的范围内，因为本项目率先启动，较早考虑了重点项目之间的整体协调，经过历次的交流，促进了标志性建筑的空间联系和风貌协调。

图18　两河景观现状鸟瞰图

（三）奠定滨水四片空间形态

为城市中心四大滨水区的空间奠定基础，各片区基本按照两河景观规划落地实施。

（四）促进项目推进

有效推进防洪、水利、基础设施、绿地建设、历史文化保护、树木保护等工作。

（五）实际提升土地价值

结古镇"T"字形中心地带地价保值、增值，成为玉树最新的人气聚集地。为玉树成为高原旅游目的地奠定坚实基础。

（六）促进灾后精神重建

通过两河景观规划，使得提升城市品质、构筑优质生活有了切实可行的抓手。提振了民心，为当地群众提供了共建美好家园的信心，增强了当地居民的幸福感，推进了物质与精神重建的有机统一（图19）。玉树开始走向新的发展阶段。

五、规划创新点

（一）功能混合、空间融合

本景观规划不局限于滨水的绿地，通过编织的手法将商贸、旅游、文化、景观共同融合在滨水地区，通过功能的混合激发城市的活力。

（二）顺应地域特征、延续文化

高原居民活动习惯"慢走多停"，我们提出采用小而分散的设施布置、背风向阳的场地营造，为后期景观设计进行引导。

通过对传统文化的挖掘、再现，对文化物质空间载体的保留，传承并提升了原有的生活方式，保留了当地文脉，延续了场所精神（图20）。

图19 促进灾后精神重建

图20 延续场所精神

玉树结古镇核心区
康巴风情商街、红卫路
滨水商街灾后重建景观设计

作者：刘　环[1]　张景华[2]　李存东[3]　赵文斌[4]

　　玉琢之树是心中早已既定的传说，她穿过历史，流进未来，将美丽洒向神州大地，当我们沿着历史的足迹，一路追寻玉树的巴塘草原时，脚下的土地就似穿越风雨1300多年的唐蕃古道，她像一条天上的丝带，将汉藏人民的心紧紧地连接在一起。而今，我们努力寻找着这条古道上所发生的故事时，这里俨然成为人们心中最为热切的记挂，最为虔诚的膜拜。

——记玉树地震10周年纪念

一、缘起

　　玉树州位于青海省西南部青藏高原腹地的"三江源头"，地势高耸，地形复杂，气候多变，环境严酷，属典型的高寒性气候。在2010年4月14日上午，青海省玉树藏族自治州玉树县发生7.1级强烈地震，地震对玉树州结古镇及其周边区域造成了毁灭性的破坏。在抗震救灾工作取得阶段性胜利后，在中国城市规划设计研究院（以下简称"中规院"）重建规划工作组的统筹下与中国建筑设计研究院有限公司（以下简称"中国院"）组成联合工作营，为玉树州结古镇核心区的规划、建筑、景观等系列工作提供无条件地支持。在这样的背景下，中国院迅速成立了以刘燕辉书记及崔愷院士牵头的玉树抗震救灾工作组，集结了一批具有北川灾后重建设计经验的建筑、景观、结构、机电等多专业联合的优秀设计师队伍，组成了由李存东任总组长，赵文斌为副组长，刘环为技术负责，张景华为驻场代表的玉树灾后重建景观工作组，组员共计约二十人，陆续开展了玉树州结古镇核心区康巴风情商街景观设计、红卫路滨水商街景观设计、结古镇两河滨水区景观风貌规划等系列规划及设计工作。

[1] 刘　环　中国建筑设计研究院有限公司景观生态设计研究院副院长，高级工程师。

[2] 张景华　中国建筑设计研究院有限公司景观生态设计研究院EPC管理中心副主任，工程师。

[3] 李存东　全国工程勘察设计大师；中国建筑设计研究院有限公司风景园林总设计师；教授级高级建筑师。

[4] 赵文斌　中国建筑设计研究院有限公司副总工程师；生态景观建设研究院院长；教授级高级工程师。

二、挑战

结古镇是以藏族为主的少数民族聚居地,地处青南高原扎西科河谷地,坐山环水,平均海拔接近3700米,是玉树州的首府,也是唐蕃古道上的交通、军事、贸易重镇,"结古"在藏语中是"货物集散地"的意思,也是1300多年前唐朝文成公主舍家远涉千山万水开创了唐蕃交好的新时代的途径之地,这里无论是从地域自然环境特征还是文化风土民情都有其特殊性及重要性。

康巴风情商街与红卫滨水商街作为是玉树州结古镇灾后重建的核心,扎西科河、巴塘河两河交汇于此,北依结古寺及康巴博物馆,西接康巴艺术中心,南临格萨尔王广场及国际游客服务中心,周边多座地标性建筑与场地形成密切的空间关系,是展示玉树山水环境与康巴建筑风貌为主要特征的特色滨水商业风情街,未来将成为玉树的核心地段及重要的商贸、人员集散场所,要实现这个目标,场地内还具有以下几个挑战:

(一)气候条件恶劣,生态脆系统弱性较强,自我恢复能力低

玉树属于典型的高原高寒气候,只有冷暖之别,无四季之分,年平均气温3℃左右,年最低气温-27℃,最高气温28℃,全年冷季7~8个月,气候寒冷而干湿不均,年平均降水量486毫米,空气含氧量只有海平面的40%~60%,自然条件恶劣,大雪、旱霜、低温、干旱、冰雹等自然灾害频发,综合生态系统脆弱性较强,自我恢复能力低,植被特别是乔木的种植与维护难度较大、成本较高,不宜进行大规模的绿化。

(二)场地紧邻河道,地形高差变化复杂,技术难度高

在7.4万平方米的红线范围内,分布了大量震后遗留的残墙断壁及瓦砾废墟,场地内部现状为北高南低的滨河坡地,南北由一道陡坎分隔,最大落差达12米。由于场地限制及城市水利安全防控需求,紧邻场地南侧的扎西科河及巴塘河设计为垂直驳岸,且需满足30年一遇的行洪要求。

(三)本地的文化、民俗、宗教文化独特,特色差异大

本项目住户均为原住藏民,藏民不搬迁,邻里关系不变,前商后住,下商上住,独门独户,建筑风貌具有康巴建筑和藏式民宅特征,景观与建筑的整体风貌特色相统一并尊重和维护本地的文化特征及藏民的生活习惯。

(四)时间紧、任务急、周期短、同施工,综合难度大

根据规划总体部署,灾后重建任务极其紧迫,要求全专业齐头并进,并要在最短的时间内保质保量完成任务。如何在极不利的条件下,做好相关地质灾害评估,并通过设计协同各方,确保后续工作如期实施,这是对团队合作及综合协调能力的一次挑战。

由于本项目所处区域涉及特殊的自然、地理、生态、环境及民俗、宗教、文化、人等多类型因子,这些因子的构成需要我们在设计当中思考并构建关乎场地内自然与人、社会与人、人与人之间的共生关系。

三、构思

(一)设计理念植根生态环境的最小干预与人文因素的抽象建构

利用现状地势充分满足区域对雨水径流量与峰值流量的处理要求,结合不同区段本底资源要素及城市功能,以最小干预的形式组织生态与建设的关系,建立满足水利30年一遇防洪要求,并完善河道的生态、景观及人的活动功能。一方面,要保留场地现状树及其他可利用自然条件与生态基底,延续当地疏林草甸的植被风貌,避免对区域山水格局造成破坏,并减少大规模的土方开挖,将河道、景观、建筑与环境融为一体;另一方面,要扩展沿河人的空间活动范围,根据不同区段规划景观功能,形成良好的滨水空间。

以文成公主进藏的故事为设计线索,借玉树生态环境和人文因素为载体,基于大地的设计语汇和风格,将延绵的山峰、流淌的河流、堆砌的玛尼石堆进行抽象、提炼、解构、重组等处理,以景观铺地、置石、台阶等形式塑造场地自然基底,使得场地内的建筑成为基底中生长出的有机元素;通过空间对景、景观雕塑、象征图案等要素将文成公主进藏的故事情节步步推进,将聚缘、赏纳、竞曲、融合、祝福、升华、幸福等场景通过有张有弛的故事情节展开,凝练出植根于藏族文化内在结构的景观语汇,传承与延续着本土文化的精髓,并确定了灾后重建从区域层面、空间层面、场地层面、精神层面的层层递进关系(图1)。

(二)空间布局突出山水环境与城市地标的借势、借景结构关系

本项目北依群山滨河而建,四大地标性建筑环绕周围,基地被河道、建筑、管网、树木、地形、高差、交通等因素限定,项目的建设不仅要满足未来滨水商业街经营的需求,也要满足当地住户的生产生活需求及周边广场、建筑之间的交通及景观需求。设计在大环境格局中巧妙融合对景、借景关系,将

图1 方案总平面图

视线分析作为预留视线通廊及景观通道的依据，设置不同的集散场地及景观节点，有效地把周边场地中有利的要素纳入景观整体的设计范畴，强化了场地看与被看的关系，既保持视线与空间的连续性，又打破了东西及南北交错的交通空间、商业前庭空间、滨水游憩空间的带状关系，实现了设计和场地的融合（图2、图3）。

图2 远观康巴风情商街、红卫路滨水商街

图3 建造现场与国际游客服务中心

(三)细部推敲精在乡土材料、功法的应用及民俗元素艺术的表达

本项目定位为展现康巴风情的新玉树商贸旅游窗口,景观的设计需要诠释玉树自然生态与康巴文化艺术的有机融合,细节的处理和推敲是保证设计质量和完成度的关键。随着地势高低变化,在设计上,以山水格局为依托,利用驳岸、栈道、桥体、卵石墙、台阶、广场进行空间的连接;在材料的选用上,将最常见的耐高寒高海拔地区的乡土材料通过传统的建造工法将场地修复还原,使景观融入区域的山水格局中(图4、图5);在植物的配植上,根据立地条件及不同区段特征主要选用当地适生的青杨、云杉与丁香等乡土树种,结合格桑花等宿根花卉成团成组配植,恢复高原草甸景观,配合野生花卉的种植,以期形成湿地花甸的效果。在边界及细节的处理上,适当融合当地居民的环境心理,通过对藏族建筑、桥梁、色彩、纹饰、吉祥符号、民间游戏等方面的研究,并请教当地民俗专家后,将其运用到桥梁、栏杆、雕塑、小品及灯具当中,力求做到既要有藏族特色,又要精细自然构景得体(图6)。

图4 聚缘广场

图5 现代抽象的景观台阶

图6 活灵活现的生活场景雕塑"赛牦牛"

四、实践

（一）科学缓解灾后重建与生态保护的冲突

玉树地区高原河网作为"三江源"的重要组成部分，也是高原湿地的命脉。区域水系生态系统脆弱、生物多样性单一、自然恢复能力弱，一旦遭到破坏便难于恢复。由于人类生产生活、地震灾害、灾后重建等活动对区域地貌、水系造成的干扰、破坏，区域生态系统更加趋于敏感和不稳定的状态。基于这样的挑战，如何解决和处理好短周期、高强度建设与生态保护、生态修复之间的关系成为区域生态修复、景观营造需要解决的首要问题。

1. 因地制宜，以相互关系为导向构建景观空间

遵循区域地形地貌特征，减少过度人工干预，以敬畏自然的心态进行场地的规划设计是保障区域生态系统稳定的重要措施。设计开展之初，中国院设计团队现场进行多次实地踏勘，在废墟瓦砾之间寻找场地记忆，用脚步丈量每一寸土地。设计师对场地内的现状植被、保留建筑进行了详细记录，梳理了场地与城市空间的视线关系，构建了景观空间中各个节点与城市重要地标景物之间的视线通廊。在工程上杜绝了大规模的土方转运、调配工程，减少了人为干预对场地原有地貌、景观视线、城市格局造成的影响，以最小干预的形式缓解了建设与保护的冲突。设计师在桥头广场、内街沿线、建筑围合空间中设置了多条景观视线廊道、休憩观景平台，通过视线关系引导，将格萨王广场、文化艺术中心、游客服务中心、结古寺等重要地标建筑、景观景物有机的串联起来，形成了景观节点与城市空间的和谐统一。

2. 适地适树,围绕现状植被展开保护与景观设计

结古镇两河景观带段落现状植被稀少,主要以青杨、沙棘为主,部分区域可见云杉以及丁香等乔灌木。由于气候干燥、冬季寒冷漫长,区域可供选择的园林植物种类很少。资料显示,经引种驯化、实践论证可行的优势园林植物仅50余种,多以落叶乔灌木及草本植物为主,常绿植物品种较少,冬季植被景观不佳,加之地震灾害影响,苗源货源供应不足,场地种植设计必须突破常规思路,最大限度保护并借助现状植被营造植物景观。

植物材料是有生命的绿色材料,与建筑材料不同,在高原地区种植需要具备很强的环境适应性,因此适地适树、采取乡土植物种植是必须严格遵循的基本种植原则。区域优势植被包括青杨、云杉、沙棘、丁香、波斯菊等,但内地供应的苗木需要通过长时间的环境适应和驯化才能应用于实际项目当中,而内陆植物的引种驯化也存在外来物种入侵、管理养护成本高等现实问题。此外,高原上的乔木多为原生地苗为主,生长缓慢,移植其他区域的乔木成活率极低,同时还会顾此失彼,对高原环境造成破坏。因此在设计当中种植大型乔木的可能性几乎为零。面对这些困难,在两河景观设计当中,设计团队摈弃了一般景观工程当中先进行硬景设计,后配置软件植物的传统设计思维,采用了"反向设计"的手法——以现状乔木林为骨架,围绕原生大树进行景观节点设计,将场地内每一株植物都当作珍惜的生态和景观资源加以保护利用。在场地条件允许的区域,配植小苗、扦插灌木、撒播草籽花籽,模拟高原生态、营造疏林草地景观(图7)。

图7 围绕现状大树进行景观休憩节点设计

3. 保护生境，营造生物友好型户外交往场所

两河流域良好的生态环境为生物提供了良好的栖息地。具前期资料及调研显示，区域生活有裂腹鱼、裸鲤、条鳅等鱼类20余种，大量的候鸟、鱼类、哺乳动物共同构建了独特的高原生态系统。在两河景观设计当中，除了解决城市与水系的空间关系外，多生物多样性的关注也成为设计师考虑的重要内容。在驳岸设计当中，景观设计团队与青海省水利水电勘测设计研究院通力协作，双方多次沟通，在保障行洪安全的前提下，对河道驳岸进行了优化、美化处理，在红卫一线，最大程度的放缓宾格网箱护岸，为哺乳动物入河饮水提供可能；在康巴风情商街等河道狭窄、水流湍急的河段，特别设置"鱼巢"并在河滩地放置自然景石，为鱼类迁徙、产卵提供庇护所，充分体现了人类对生物的关怀。

（二）建立适时适地的建造制度

在灾后重建的大背景下，如何在有限的时间里，结合现有地形地貌、物资条件做好适时适地的景观风貌控制及环境景观营造成为设计师必须统筹考虑的重要问题。

1. 以河为轴，构建景观生态廊道

在两河流经城市建成区段落，划定水岸生态红线是制定建造制度的首要步骤。玉树人傍水而居，河道除满足生产生活的需要外，也满足了鱼类及其他动物迁徙、繁衍的连续生态走廊。两河生态红线的划定，为防洪防汛、河岸加固设施建设、玉树人开展亲水活动、构建滨水景观及营造城市区段水岸动物栖息地提供了有效的空间保障，减少了灾后重建期间及建成后人类对水系的干扰，形成城市与水系之间的绿色缓冲带，从而防止水岸生态廊道受到灾后建设的挤占，这是保障水安全、保护水环境、构建水生态的必要措施。

2. 因地制宜，划分特色水岸段落

生态边界的划定，在纵向上使得结古镇围绕水岸形成了蓝绿交织的滨水空间。水系流经段落受区域功能、空间形态、景观视线影响，又呈现出不同的水岸特征。因此，对水岸进行特色划分是建立适地建造制定的重要环节。

两河流经结古镇核心区段，地理条件复杂，如康巴风情商街一线，滨河场地内基本为震后废墟，场地内一道落差为12米的陡坎为康巴风情街创造了丰富的立体空间，但同时河道景观走廊一侧受建筑红线挤压，另一侧受河道蓝线控制，留给景观的空间局促、狭窄，部分区域仅能基本满足消防通道的需求。对于这样的岸线，更适于营造独具特色的硬质景观，建造出挑平台、亲水台阶等便于居民通行、聚集、活动的城市滨水设施，营造城市水岸的商业空间氛围。而在红卫一线，情况则有所缓解，在营造滨水走廊的同时，还有足够的空

间可以用作城市滨水公园及居民活动场地的建设。因此，根据区域城市功能、城市空间格局、重要地理地物分布、景观视线走廊等要素综合统筹、因地制宜的对水岸进行划分，成为沿线景观风貌统筹及滨河生态廊道构建的又一要点（图8、图9）。

图8　亲水的景观空间

图9　起伏的硬质亲水岸线

(三)如何系统整合重建人文精神措施

玉树民风淳朴，虽然在城市化进程的大潮中，许多现代化的设施及外来的生活方式逐步地改变着结古镇的面貌，但当地居民还大部分保持着藏传佛教的信仰和传统的生活方式。在康巴风情商街景观建设过程中就有生动的例子：在挖掘护岸挡墙的过程中发掘出大量的玛尼石，周边居民不顾冰冷刺骨的河水，跳入污浊的基坑当中打捞玛尼石。从基坑底部将玛尼石一片片打捞、传递至坑顶，冲洗干净后又步行送至十余公里外的新寨玛尼堆（世界上最大的玛尼石堆）进行统一摆放。更有甚者，将施工围堰中被困的鲤鱼一条条救起，默念经文，双手捧握至附近的河道中进行放生。信仰对居民的影响可见一斑。因此，敬畏宗教信仰，尊重当地文化习俗，契合居民生活习惯和传统思想是在少数民族地区开展景观营造的前提条件。在营造景观的同时，如何展现民族特征、避免宗教禁忌、构建本土的景观文化内涵，和谐的景观风貌是设计师在建设中需要正视的问题。

1. 民族色彩与传统符号

高原广阔、雪山巍峨，不同于内陆地区低海拔地区的花红柳绿，藏民族聚居区的自然底色大气简明——草原绿、戈壁黄、天空蓝、雪山白、泥土黑等。环境底色的简明纯正，使得人工色彩在底色中有着较高的辨识度。加之宗教色彩的厚重神秘，共同造就了建筑、服饰及装饰物色彩的浓烈与丰富。五色的哈达与经幡、建筑上鲜艳的装饰画、头饰上璀璨的蜜蜡与珊瑚、服饰上传统的纹理以及随处可见的吉祥八宝等宗教图案共同构成了藏民族聚居区独特的人文景观风貌。

在灾后重建的景观设计工作中，营造舒适的户外环境仅是开展设计工作的基本要求。适度的采取藏式民居、宗教建筑、衣物饰品当中常用的色彩、图案、装置小品，适当迎合当地居民的环境心里，有助于居民更快地适应灾后生活环境，还原场地的记忆点、增强场所归属感，从而促进居民灾后心理恢复。重塑震前居民熟悉的生活环境，避免陌生环境造成居民的心理压力和不适。

在少数民族地区进行景观设计时，需要认真研习当地的历史文化和人文风情，特别应该深入了解宗教、民俗禁忌。例如：藏红色墙体一般应用于宗教建筑当中，民居则应该减少使用。吉祥八宝、法轮等宗教图案应绘制于墙体之上、避免污损，不宜用作铺装纹理供人踩踏。桥头、陡坡等险煞部位宜悬挂经幡、布置玛尼石以祈平安等。在开展方案设计之初，设计师与当地民俗专家进行了多次探讨，查阅了当地历史文化、神话传说等一系列图文资料，将可以应用于设计当中的图案、故事逐一梳理，通过文化线索串联应用于场地当中，形成了方案的文脉。在康巴风情商街一线，藏式的转经筒、装饰画、栏杆扶手、浮雕、灯具成为场地重要的文化标识物。入口广场处转经筒与景观墙体有机结合，成为当地居民早晚朝拜必经之地。建筑上的藏式彩画，大量的绘制了传统的格桑花、雪山雄狮、吉祥八宝等图案，在彰显民族特征的同时烘托了区域的商业氛围。栏杆扶手取自经典的传统藏式民居图样，巨型红砂岩浮雕则阐述了传统神话故事、汉藏融合、抗震救灾的故事（图10、图11）。

图10　因势而建的台地广场与嵌入墙体的转经筒

图11　因地制宜修建的纪念性浮雕感恩墙

2. 乡土材料及传统工法

玉树地震发生在高原地区，物资极度匮乏。区域常用的建筑材料均需要从内地获取。要短时间内在原址上复建城镇需要大规模运送建筑材料，对于工程进度的要求、总体成本的控制都提出了很大的挑战。少数民族地区建筑讲求因地制宜、就地取材，因此，减少对外部材料的依赖是保障援建工作顺利开展的重要举措。尤其是园林景观工程，软、硬景材料均做到就地取材才能有效地保障实施效果。

在两河景观实践当中，设计师从当地传统民居的建设中吸取了大量经验。在废墟和河道中就近寻找材料。打捞淤积在河道当中的大小卵石用作护岸，生态而自然（图12）。聘请当地的工匠将河道内的巨石手工破碎为片层状的石块，用作建筑外立面装饰及景观花池、台阶等，乡土而自然。就近从林场、废墟中救治杨树、丁香等乔灌木，用作区域软景营造。从材料上减少了对外部的依赖，缓解了时间和成本上的压力（图13、图14）。

3. 以人为本的人文关怀

两河景观带是沿河居民日常生活的户外延伸。将人文关怀融入景观设计当中是聚集人气、开展灾后心理恢复工作的重要方式之一。舒适的环境、熟悉的景观意象有助于缓解灾难造成的创伤。在红卫区域的景观设计中，设计师

图12　就地取材的卵石护岸

图13　传统工法的运用

图14　传统材料及元素的整合

将传统的"林卡"、高原草甸作为设计的景观意象,在城市中还原了藏式园林与游牧景观的和谐统一。通过栽植杨树林、敷设草甸,以人工模拟的方式营造了典型的高原景观。在康巴风情商街区域则通过铺装纹理营造高原河流的景观意象,强化水岸景观的特色。在建造细节上,配备观景视线廊道、休憩平台满足基本的游憩活动需求,特别是在现状保护林周边营造林下活动场地、铺设草甸,满足藏民户外休憩时席地而坐的生活习惯。此外,形象生动的场景雕塑在场地中穿插布置,唤起民众对传统民俗活动及美好生活的向往,引人积极向上(图15、图16)。

图15　当地民众与景观雕塑互动

图16　活灵活现的生活场景雕塑"祈福"

五、结语

　　设计的外在表象是具有地域景观风貌特征的场景,而内在根本是在地文化与玉树人的精神,贯穿设计灵魂始终的是植根于区域的生态可持续及玉树本土文化的延续。设计最大限度地满足并适应了藏族居民特有的生活习俗,保有了"美丽玉树"生态自然观及人文艺术观的真实传达,是设计师对高海拔地区生态与景观的理解。我们所做的,是在平衡场地周边复杂关系后,通过设计使这里回归到当地生态的、文化的、艺术的本真,塑造了现状自然肌理上的叙事空间模式,形成了自然肌理与城市空间属性的有机融合,实现了设计与人的情感交流、心灵沟通,也是向世界展示玉树丰富而独特的藏族文化的窗口。这个窗口的形成是在组织有力、周密策划、精心布局、反复踏勘、仔细推敲、实地建设、无数沟通后的结果。

　　本次设计与实践是在特殊的事件背景、特殊的场地条件和特别的建设周期下完成的,对于设计师而言,参与国家重大事件背景下的设计工作,既是一种责任也是一种历练。回想设计与实践的历程,无论设计多么困难,过程多么艰辛,贯穿始终的是必须成功的坚定信念。感谢玉树灾后重建指挥部及各合作规划设计团队,感谢参建的施工方、监理方及现场的工人们,感谢民俗专家、艺术家及本地的居民,感谢为玉树灾后重建付出的所有人与物。

地域民族特色景观的
探索与实践

——记玉树灾后重建中道路桥梁景观设计

作者：蓝 晴[1] 王明伟[2]

一、项目背景

结古镇市政工程重点打造的景观项目为三条主干路景观以及十余座桥梁装饰工程。三条主干路分别是胜利路、民主路、红卫路，呈"T"字形贯穿全镇，全长15.3公里，设计内容包括道路红线内的硬质景观、绿化景观及城市家具设计（图1）。十余座桥梁沿着道路架设于巴塘河和扎西科河之上，作为道路节点，起到承上启下的作用。

根据灾后重建规划要求，新建后的玉树要突出"民族风格、康巴风情、传统风貌、地方特色"，使玉树"人民群众生产生活水平上一个大台阶，生态保护和建设上一个大台阶"。城市道路是展示城市风貌的重要载体，在满足使用功能的前提下，如何使城市景观真正融入环境，保留民族特色，留住乡愁；如何达到外在形式与功能的协调；如何选材满足当地的气候条件、施工条件，这些都是当时设计中面临的种种挑战。面对挑战，设计团队通过实地考察、多方调研、专题咨询，开展了大量方案比选工作，对地域民族特色景观的探索也不断深入。转瞬10年，玉树凤凰涅槃，迎来发展新时代，在玉树地震10周年之际，回忆重建历程，以作纪念。

1 蓝 晴 北京市市政工程设计研究总院有限公司，景观专业高级工程师。

2 王明伟 北京市市政工程设计研究总院有限公司。

图1 项目位置示意图

二、前期考察与研究

（一）地域文化研究

玉树地区是中华藏族文化中一颗璀璨的明珠。"名山之宗、唐蕃古道、嘛呢石之城、帐篷之城"代表了玉树独特的自然人文环境。玉树素有江河之源、歌舞之乡、中华水塔之美誉。结古镇是历史上唐蕃古道的重镇，也是青海、四川、西藏交界处的民间贸易集散地，是州府、市府所在地，更是玉树州政治、经济、文化的中心。

1. 康巴文化

青海省绝大部分藏区属于"安多"地区，唯独玉树地区藏族在语言、生活习惯、服饰、民族风情等诸多方面与周边地区有很大的差别。康巴文化别具风采，有着极高的旅游价值和吸引力。

2. 宗教文化

玉树地区民族宗教文化氛围浓郁，当地藏族全民信奉藏传佛教，宗教寺院众多。结古镇汇集了三大佛教流派，拥有大量的宗教建筑和构筑物，宗教文化氛围浓厚。结古寺是萨迦派在青海省内的主寺，占地面积约3万平方米，建筑宏伟，新寨村嘉那嘛呢石刻经文堆由25亿多块石块组成，其规模之大堪称世界之最（图2）。

图2　结古寺和嘉纳嘛呢石经城第一块玛尼石

3. 民间文化

玉树的民俗风情资源独具魅力，这里有规模盛大而闻名遐迩的玉树赛马（每年7月25日），有形态各异的帐篷文化，有多姿多彩的玉树歌舞和宗教舞蹈，有高雅华贵、精彩夺目的服饰文化等，玉树独特的民俗风情吸引着众多的国内外游客，并具有很高的研究价值（图3）。

（二）考察调研

为更加准确的把握康巴地区的风貌特色，在工作之初，设计团队从玉树

图3 丰富多彩的民间文化

出发,到达囊谦、安冲、那曲、昌都、拉萨、西宁等地进行实地考察。在研究史料、收集素材的过程中,对康巴文化的了解逐步加深。对建筑造型、装饰图案、材质色彩、宗教意义等方面不断学习,尝试提炼规律,找出要素。积极和当地居民、藏学专家、民俗专家不断地沟通,共同制定景观方案(图4~图6)。

图4 位于囊谦县的藏族特色古桥

图5 藏族装饰图案艺术

图6 和民俗专家共同讨论方案

（三）设计策略

经过翔实的前期研究和分析，对道路景观的打造，制定了如下设计策略：

（1）景观风格：道路主线打造庄重、素雅、大方、简洁的风格，结合周边环境在统一风格的前提下分段丰富设计。

（2）自然景观渗透：根据道路景观视线，将自然景观、建筑景观纳入道路景观中，形成对景。

（3）历史文化通廊：玉树的历史、风景、民俗传统应在道路中有所体现，并充分应用到街道家具、公共设施的设计中。

（4）引入设计新理念，提升品质，实现跨越式发展：受气候影响，当地的街道几乎没有绿化。通过本次援建，挑选适宜树种作为行道树，增加街道的美观性和舒适性。

（5）充分沟通：广泛征集当地群众意见，尊重本土行为习惯和人文特点，达到民族文化的最大融合。

三、景观设计中民族元素的体现

（一）道路景观中的民族特色体现

1. 胜利路

胜利路位于结古镇城区中部中心位置，贯穿全镇南北，路线全长约3.14公里，格萨尔王广场、康巴艺术中心和州博物馆都坐落在道路两侧，胜利路的景观建设将体现玉树重建的新形象、新风貌，对城镇的整体增值有着重要作用，在体现高原山水生态城市，文化旅游环保城市和提升城市功能、塑造玉树特色上起着重要作用。

1）道路空间布局

在设计中引入街道的概念，使街道成为公共活动的场所，实现机动车交通空间和步行化空间的融合。在人行道布置上增加设施带，间隔一定距离设置休息设施。增设商铺前通行空间，与正常通勤步行用绿化隔离。结合当地居民出行特点，在步道沿线设置可供停顿的区域，提供了沿途的休息区。道路节点间距400~500米设置一处，停留范围为100米左右（图7、图8）。

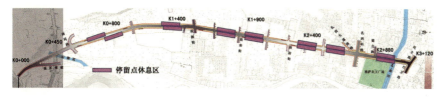

图7 道路纵向布局示意图

图8 道路断面效果图

2）节点设计

通过对规划的分析，确定了四段多节点的设计思路。全线拟设置可停留节点七处，在重点位置节点设置雕塑，烘托段落主题（图9）。

道路节点段采用带状形式，利用一部分绿地，改成铺装，形成拓宽界面构成节点和停留区域，由两侧休息区和中间雕塑展示区构成（图10）。

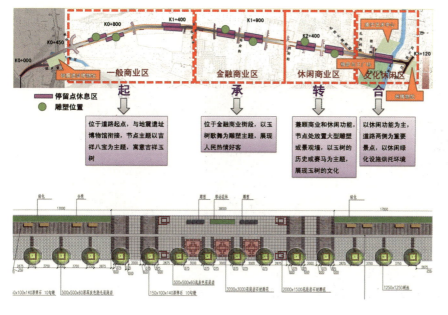

图9 节点分段分析图

图10 节点平面布置图

- 节点铺装布置

节点段铺装不同于普通路段，由花岗岩石材和块石组成，对地面区域进行划分。雕塑展示区范围铺装由三块9平方米的民族花纹地面浮雕组成，配合回形纹雕刻砖镶边（图11）。

图11 铺装纹饰图

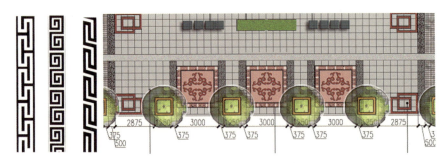

- 节点雕塑布置

四段节点雕塑形式统一，均采用铜雕的形式，两侧放置雕塑解说牌。

一般商业区为八宝吉祥黄铜雕塑（图12）。

金融商业区为民族舞蹈人物雕塑。材质为紫铜，与真人等高。三个一组或两个一组，构成一幅小画面或小场景。生动活泼，栩栩如生。

休闲商业街靠近格萨尔王广场，节点布置赛马主题雕塑。材质为紫铜，与人物等高。

2. 民主路和红卫路

民主路和红卫路贯穿结古镇东西，是"T"字形道路骨架的一横，是玉树的城市主动脉，路线全长约16.8公里。这两条道路是集交通、景观、文化、休闲、旅游等多功能于一体的线形空间，根据沿线自然景观、历史发展特点及规划分段设计，打造一条依山傍水、城景相融的景观大道。道路两侧有湿

图12 节点雕塑效果图

地、有绿地、有城市，提供了沿线的景观节奏，形成整体、连续而多变的空间体验。在设计中充分采用借景的手法，沿道路空间形成通透的视线，与城市绿楔、生态廊道紧密结合，形成具有节奏的渐变空间——由中心向两侧过渡，由浓烈庄重到舒缓平静、从鲜明生动到绿色平和、从强干预到弱干预、由城市到自然之路。

1）道路空间布局

根据道路周边环境及规划，将道路分为4段：民主路起点－扎西科滩路、扎西科滩路－八一路、八一路－跨河路、跨河路－红卫路终点，从西向东分别为：湿地景观段、绿地景观段、城市景观段、生态景观段（图13）。

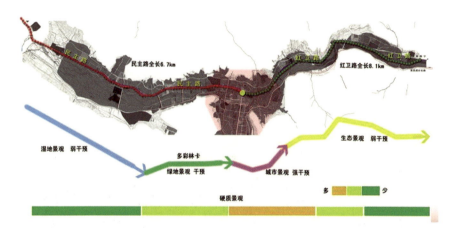

图13 景观段落示意图

沿线规划有两处较大的湿地——扎西科湿地、城市中央湿地公园。红卫路南侧为生态河谷。湿地向北形成楔形绿地至民主路、红卫路南侧，其中有6处景观渗透线，从道路界面上形成对景，把外部景观引入道路景观中（图14、图15）。

图14 景观渗透关系示意图

2）景观节点设计

在远离城市中心的段落，景观节点设置间距为500~600米，景观小品造型简洁、材质粗犷，以野生动物或赛马、草原为场景，体现玉树的自然之美（图16）。

图15 道路景观效果图

图16 湿地景观段节点效果图

在接近城市中心段落，结合周边规划，硬质景观设置更灵活，景观节点设置间距300~400米。景观小品颜色选择藏族传统红色，内容以藏族的民俗为主，反应藏族的传统服饰、乐器、舞蹈等（图17）。

图17 绿地景观段节点效果图

3. 城市家具设计

城市家具强调玉树的整体设计风格，延续藏族建筑的形制以及藏传民族色彩，就地取材，沿用当地片石、木材作为城市家具的基本材料，本着造型美观，施工方便的原则进行设计，通过颜色和材料的统一，加强其风格的延伸感。选用当地天然材质与现代材质相结合，将雕刻艺术与天然涂料相结合，颜色多以白、灰为底色，辅以色彩艳丽的装饰花纹，如藏红色、金色、土黄色等，并且满足高原气候条件，强烈的阳光和热辐射（图18）。

4. 绿化种植

玉树县地形以山地为主，平均海拔4000米。属典型的高原高寒气候。全年无四季之分，只有冷暖两季之别，冷季长达7~8个月，暖季只有4~5个月。由于特殊的气候条件，结古镇没有种植行道树的先例，在本次设计中，特地向玉树县林业环保局进行了咨询，联系苗圃进行试种后，确定了3种乡土树种作为行道树种，并且引进丁香、榆叶梅、黄刺玫、红景天、黄景天等开花灌木，

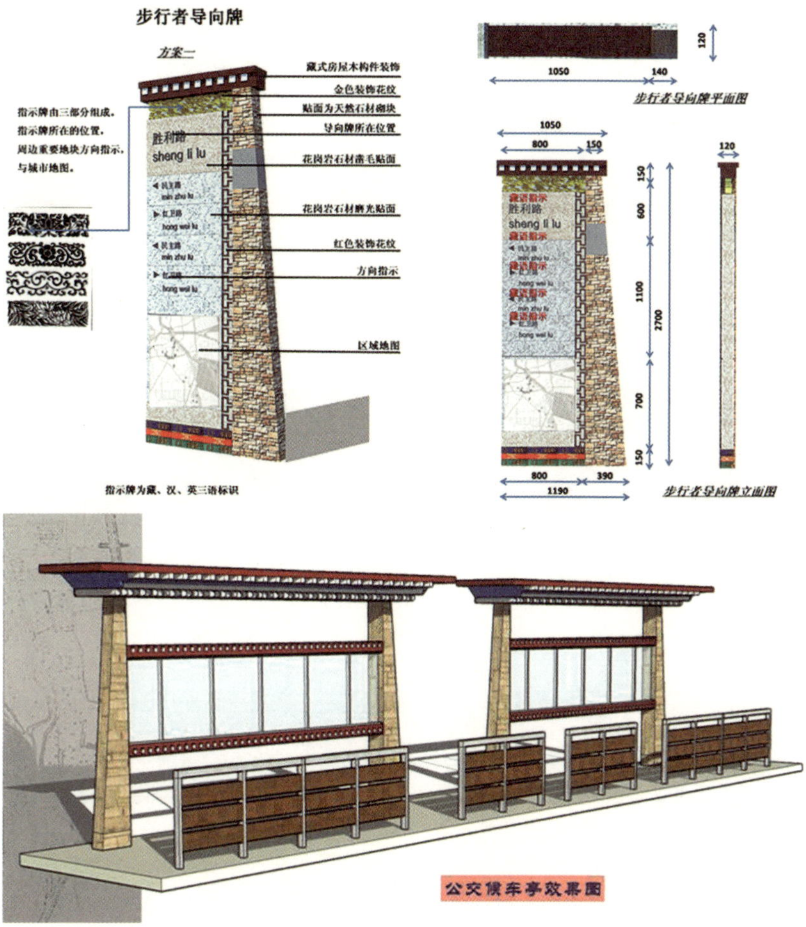

图18 城市家具外观设计

丰富道路景观，做到绿化香化美化相结合，改变玉树街道无绿色的原有面貌。

（1）青杨：落叶乔木，高达30米，胸径1米，树冠宽卵形。当地绿期约为每年6~9月。喜光，喜温凉气候，耐严寒。适生于土层深厚肥沃湿润排水良好的沙壤土、河滩沙土。忌低洼积水，但根系发达，耐干旱，不耐盐碱，生长快，萌蘖性强。树冠丰满，干皮清丽，是高寒荒漠地区重要的庭荫树、行道树。

（2）新疆杨：落叶乔木，高达30米；枝直立向上，形成圆柱形树冠。干皮灰绿色，老时灰白色，光滑。当地绿期约为每年6~9月。喜光，不耐阴，耐寒。耐干旱瘠薄及盐碱土。深根性，抗风力强，生长快。广作行道树、风景树。

（3）青海云杉：常绿针叶乔木植物，高达20米。枝条粉红色或褐黄色；叶四棱状锥形。生长缓慢，适应性强，可耐-30℃低温。耐旱，耐瘠薄，喜中性土壤，忌水涝，幼树耐阴，浅根性树种，抗风力差。

5.铺装设计

胜利路：铺装设计考虑行人尺度，结合树池的位置，纵横向用不同颜色及材质将路面划分，丰富景观。藏族建筑颜色鲜艳丰富，因此铺装以深灰、浅灰两种颜色混凝土铺装材质为主，间隔17米用红色花岗岩条形石材和小尺寸石材路面满铺形成条状装饰带。活跃气氛，并强调韵律感和序列感（图19）。

民主路、红卫路：步道铺装设计采用简洁大气的灰色铺装，主要为深灰、浅灰两色混凝土步道砖，其中少量搭配阳刻回形纹花岗岩铺装。

休息空间铺装采用红黑两色，既区别于人行步道铺装，又彰显民族特色（图20）。

图19 胜利路铺装设计图

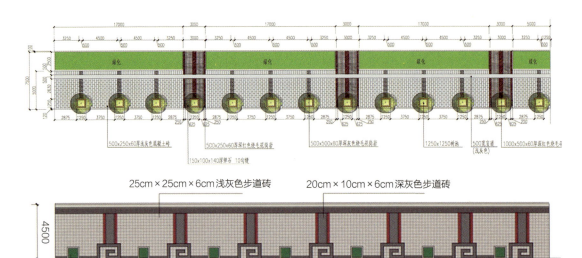

图20 民主路、红卫路铺装设计图

（二）桥梁设计中民族元素的应用

1. 胜利路跨河桥——民族建筑风格

胜利路跨河桥位于胜利路与扎西科河相交处。胜利路跨河桥是结古镇中心地段最重要的景观性桥梁。在满足交通安全和防洪安全的前提下，设计风格与周围的州博物馆、康巴艺术中心、格萨尔王广场建筑协调。

桥身装饰以石材为主，结合金属仿木材质，红色、金色、白色正是藏式的代表颜色，栏杆主体采用石材，栏芯用铸铁结构和铁艺镂空处理，下部外挂石材装饰板。桥梁立面充分融入藏族元素，栏板望柱为梯形，也是典型的藏族建筑中的形状元素。具有浓厚的藏式特点，设计了一套与栏杆统一的景观灯柱，加强桥头空间的塑造。色彩和材质均与周围建筑协调统一（图21）。

2. 结古路跨河桥——传统民族风格

结古路跨河桥位于结古路与巴塘河相交处。桥长60米，桥宽25米，栏杆全长124米。

本桥是结古镇中心地段重要的景观性桥梁，是通往结古寺的重要道路。是宗教色彩尤其浓厚的区域。

图21 胜利路跨河桥效果图

根据当地民俗专家意见建议，参考历史上结古路木桥的形式，应体现地方特色与历史文化，延续文脉。同时加强桥头空间的塑造，采用转经筒为桥头小品，与结古寺遥相呼应，增加朝圣氛围（图22、图23）。

图22 结古路跨河桥立面效果图

图23 结古路跨河桥栏杆造型

3.藏额那跨河桥——现代民族风格

藏额那桥位于巴塘路与巴塘河相交。桥长90米，桥宽30米，栏杆全长200米。

本桥是结古镇中心地段重要的景观性桥梁。在满足交通安全和防洪安全的前提下，应注意与巴塘河周围的建筑相协调。桥梁形式应体现地方特色与时代特征。

藏额那桥体量相对较大，用较简洁现代的形式突出时代特征，形成独特的标志性风景。全桥风格为天然石材栏杆，桥梁颜色亮丽干净。栏杆由两种栏板组合而成，望柱中心为雕刻花纹栏板，间距6米为镂空栏板，两种栏板交替布置。望柱为花岗岩石材。雕刻栏板共14块，由藏民俗专家绘制图案，雕刻民间故事（图24、图25）。

图24　藏额那跨河桥栏杆造型
图25　民俗专家手绘栏板图案

4. 新寨东路跨河桥——生态民族风格

新寨东路跨河桥位于新寨东路与巴塘河相交处。桥长75米，桥宽25米，栏杆全长166米。

本桥位于结古镇最东侧，新寨村的东大门，是重要的景观性桥梁。在满足交通安全和防洪的前提下，应注意和新寨文化相协调，反映玉树原生态特征。

通过当地考察，并和民俗专家讨论，此桥反映新寨玛尼石文化，并将玛尼石最具代表性的六子真言文化融入桥梁设计中，反应藏族文字和历史变迁。

新寨东路栏杆风格为石材和金属搭配。望柱为单柱式和框架式两种。材质为混凝土结构外贴仿玛尼石堆砌效果文化石（图26、图27）。

四、思考体会

在玉树艰苦的工作条件下，设计团队满怀热情，3年来无数次往返于北京和玉树之间，以责任感和专业精神为力量，共同推动玉树重建的脚步。如今一个山川秀美、活力四射的新玉树巍然挺立在三江源头，创造了废墟上崛起的奇迹，更是所有援建者难忘的人生经历。

回顾反思，景观设计应该正确认识和继承其地域文化，不是简单的符号堆砌和拼贴，而是要深入其中，通过观察、沟通，最终融入，才能在细节上做到

图26 新寨东路跨河桥栏杆造型

图27 栏杆上的六字真言纹饰

真正的本土化，地域化。

在设计中，我们和藏学专家全程合作，通过良好的沟通，从方案阶段就逐一征求当地民俗专家的意见，甚至藏族画家对一些设计的纹路和细节亲自画了手稿供我们进行修正，使得设计最大化的贴近当地的生活习惯和审美倾向。

在继承上，我们不仅要全方位的发掘提炼，更要理解人文特质和创造核心，用现代的语言表达出来。通过对民族文化的解析，使园林景观设计从民族文化中吸取营养、寻找设计灵感，并试图寻找现代景观设计和民族传统文化的平衡点，以民族传统文化为"体"，以现代手法为"用"，实现传统性和现代性的完美结合。

III 第三部分
一座城市的涅槃重生

玉树灾后重建规划设计及实施大事记 ■

规划设计发挥引领作用 助力玉树实现跨越式发展 ■

参建人员部分影集 ■

中国城市规划设计研究院参与玉树灾后重建人员 ■

寄语一 一把尺子 ■

寄语二 玉树·育树：风中的小白杨 ■

寄语三 从一片废墟到一张蓝图 ■

写在后面的话 ■

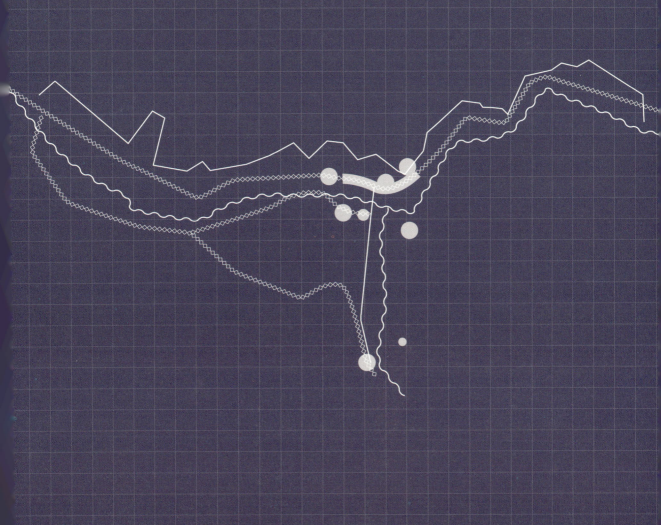

玉树灾后重建规划设计及实施大事记

作者：王 仲[1]

2010年4月14日，国务院玉树抗震救灾总指挥部召开第一次会议。

2010年4月15日，国务院玉树抗震救灾总指挥部在玉树县结古镇召开会议，研究部署抗震救灾工作。

2010年4月15日，青海省玉树抗震救灾指挥部印发《关于迅速拟定灾后重建规划方案的决定》，要求迅速启动灾后重建规划工作。

2010年4月15日，住房和城乡建设部成立以中国城市规划设计研究院为核心的重建规划工作组，作为重建规划编制单位的技术总负责，下设城镇体系组、总体组、风貌与历史保护组、市政基础设施组与道路交通组、能源组、抗震防震组。

2010年4月20日，骆惠宁主持召开青海省委、省政府玉树地震灾后重建第一次工作会议，专题研究部署玉树地震灾后重建的基本原则、目标和近期重点工作。会议通过了《灾后重建工作方案》《灾后重建规划工作方案》，从而确定了玉树灾后重建工作的行动纲领。

2010年4月26日，青海省委、省政府发文决定成立青海省玉树地震灾后重建工作领导小组。

2010年4月28日，青海省委办公厅、省政府办公厅印发《关于成立省玉树地震灾后重建现场指挥部的通知》。

2010年5月6日，玉树地震灾区乡镇重建规划编制工作启动。

2010年5月12日，玉树地震灾后重建总体规划征求意见会在玉树召开，征求州县相关两级部门意见。

2010年5月19日，温家宝主持召开国务院常务会议，研究部署玉树灾后重建工作。会议提出，用三年时间基本完成恢复重建主要任务，使灾区基本生产生活条件和经济社会发展全面恢复并超过灾前水平。

2010年5月24日，玉树地震灾后重建现场指挥部召开会议，论证中国城市规划设计研究院编制的巴塘河、扎曲河两河景观设计方案。

[1] 王 仲 中国城市规划设计研究院城市更新研究所主任工程师，教授级高级城市规划师。

2010年5月29日,《玉树结古镇城市总体规划(灾后重建)》初稿编制完成,在结古镇格萨尔王广场、扎西科赛马场向群众进行现场公示,广泛征求社会各界意见建议。

2010年6月1日,习近平赴玉树地震灾区,看望慰问各族干部群众和灾后重建人员,考察群众安置情况和灾后重建工作。

2010年6月9日,国务院印发《玉树地震灾后恢复重建总体规划》。

2010年6月9日,《玉树结古镇城市总体规划(灾后重建)》进行第二次公示,规划组还专门制作了汉藏双语的总体规划宣传材料,通过广播、电视等多种渠道,更广泛地征求各族群众的意见。

2010年6月17日,青海省人民政府第60次会议暨玉树地震灾后重建第6次工作会议审议,批准由中国城市规划设计研究院牵头编制的《结古镇(市)总体规划(灾后重建)》,为玉树的三年重建打下了坚实的规划基础。

2010年6月22日,玉树地震灾后重建城乡规划委员会第一次会议召开,审查提交的规划设计方案。

2010年7月4日,第一批开工项目规划设计方案汇报会在西宁举行。

2010年7月10日,玉树地震灾后恢复重建万人誓师大会暨第一批项目开工仪式在玉树县第三完全小学举行。

2010年7月21日,中国城市规划设计研究院技术人员在玉树结古镇和西宁同时启动灾后重建控制性详细规划编制工作。

2010年7月24日,玉树结古镇灾后重建管理委员会成立誓师大会在格萨尔王广场举行,10个灾后重建管理委员会正式成立。

2010年8月5日,玉树灾后重建第二批开工项目规划设计方案汇报会在西宁召开,会议听取省发展改革委、省住房和城乡建设厅、中国城市规划设计研究院关于第二批项目投资和建设计划安排。

2010年8月6日,中国城市规划设计研究院向省现场指挥部进行第一次工作汇报,省现场指挥部充分认可主要技术内容,建议进一步征求相关意见。

2010年8月11日,玉树民族寄宿制中学等第二批项目开工仪式举行。

2010年8月17日,由玉树县人民政府组织,结古镇灾后重建控制性详细规划开始在结古镇各建委会公示,全面征求群众意见,中国城市规划设计研究院技术人员全程参与并提供技术解释与咨询。

2010年8月21日,以中国城市规划设计研究院为核心成立青海省灾后重建"规划委员会技术组"成立,以中国城市规划设计研究院为技术总负责的"一个漏斗"的技术工作机制基本形成。

2010年8月24日,玉树州人民政府常务会议听取玉树县结古镇控规相关工作汇报,会议原则同意该规划并决定由玉树县人民政府公布该规划。

2010年8月25日，玉树县人民政府正式公布《玉树县结古镇（市）控制性详细规划（灾后重建）》。

2010年9月7日，玉树县德宁格住宅区、民主村住宅区、州委党校住宅小区、西行商住组团4个住宅项目开工建设。

2010年9月10日，北京市政援建的结古镇市政配套北环路、红旗路、商业街项目工程正式开工。

2010年11月19日，青海省玉树灾后重建重点工程设计方案专家研讨会在北京举行。新玉树十大标志性建筑的六项设计方案"出炉"。

2011年3月11日，州委、州政府召开结古镇住房重建规划设计协调对接会，11个建委会与中国城市规划设计研究院、援建企业就规划设计流程、时间节点进行对接。

2011年3月17日，国务院玉树地震灾后恢复重建协调小组在北京召开第三次工作会议，对2011年重建工作提出具体要求。

2011年4月24日，玉树县结古镇区建委会成立暨决战2011年灾后重建动员誓师大会在格萨尔王广场举行。

2011年5月16日，为进一步推动结古镇居民住房建设工作，省长骆惠宁到结古镇调研。

2011年6月11日，旦科同志主持召开玉树县上巴塘示范点规划设计工作讨论会。

2011年7月2日，青海省玉树灾后重建现场指挥部召开结古镇重建风貌特色打造对接会，中国城市规划设计研究院、州县相关部门、援建单位参加。

2011年7月31日，玉树灾后重建十大标志性工程开工典礼在结古镇格萨尔王广场举行。

2011年9月9日，旦科同志主持召开结古镇统规统建区住房建设专题会议。

2011年10月27日，省玉树灾后重建现场指挥部召开会议，听取中规院、北京、辽宁和四家央企现场负责人工作汇报，对接部署今冬明春工作。

2012年4月14日，决战2012玉树灾后重建誓师大会在玉树州八一职业技术学校新址举行。

2012年6月27日，玉树州召开西杭扎南组团特色风貌设计汇报会。

2012年7月20日，当代滨水休闲区项目开工在当代路与巴塘河交汇口举行。

2012年9月7日，玉树县结古镇琼龙路商住组团（C47地块）项目开工建设。

2012年9月15日，滨水核心区标志性工程康巴风情商街北区项目开工建设。

2012年9月30日，西杭、扎南、胜利路五大商住组团工程举行竣工典礼。

2012年10月10日，结古镇举行"入新居、撤帐篷"动员大会，部署入冬前入新居工作。

2012年10月17日，玉树州召开结古镇统规统建组团居住商铺分配启动大会。

2012年10月27日，玉树灾后重建学校、医院全面交付投运。

2012年11月12日，琼龙居住组团住房摇号分配。

2013年2月28日，玉树灾后重建移动机房搬迁网络割接互联互通。

2013年4月14日，地震三周年纪念活动暨绿色玉树建设活动，开始工程复工和植树造林活动。

2013年6月26日，结古镇市政道路、桥梁工程竣工验收并移交。

2013年9月16日，民政部批复设立玉树市。

2013年10月25日，玉树赛马场竣工。

2013年11月3日，玉树各界群众庆祝灾后重建竣工大会在赛马场举行。

2017年6月23日，全国爱国卫生运动委员会正式命名玉树市为"国家卫生城市"。

2017年10月27日，玉树市城市特色风貌提升项目荣获中国人居环境范例奖。

2020年11月10日，玉树市荣膺"全国文明城市"称号。

规划设计发挥引领作用
助力玉树实现跨越式发展

作者：黄 硕[1]

2010年4月，玉树发生强烈地震，地动山摇，家园陷落。习近平同志专程赶赴玉树地震灾区，看望慰问灾区各族干部群众，考察灾后重建工作，带去了党中央的关怀和温暖。2021年3月7日下午，习近平总书记在参加十三届全国人大四次会议青海代表团审议时动情地说："我很牵挂玉树。""后来对玉树重建情况，我一直非常关注。你们实现了'苦干三年跨越二十年'，我为玉树的发展而高兴。"

地震发生后的10余年来，在国务院的统一部署以及住房和城乡建设部的正确指导下，中国城市规划设计研究院（以下简称"中规院"）上下齐心协力、勇于担当，始终坚持为新玉树建设提供技术服务和科学研究支撑，贯穿灾后重建和扶贫攻坚全进程，推动玉树在生态环境、人居环境、特色产业、社会文化等多方面实现跨越式发展。

[1] 黄 硕 中国城市规划设计研究院规划师，长期从事城市总体规划、城市更新、国际城市规划研究、生态保护等工作。

一、主要措施

一是全院动员，扎根灾后重建一线。地震发生仅两天后，院长亲自率领中规院第一批抗震救灾专业队伍赶赴玉树灾区现场，践行"讲奉献、顾大局、明责任、重落实、强协调、促效率"的工作作风，积极投入到抗震救灾工作当中。在有史以来最大规模的高海拔灾后重建中，全院干部职工同心协力、攻坚克难，先后投入9个所、2个分院、共计245人，740人次，12018人·天，深入玉树重建一线驻场工作，克服高原反应、气候恶劣、现状复杂、任务紧迫等困难，全身心投入到灾后重建工作中。2010年8月，中国城市规划设计研究院被党中央、国务院、中央军委授予"全国抗震救灾英雄集体"的光荣称号。

二是由规划编制到规划管理，承担技术"总把关"。伴随着三年玉树灾后重建机制的艰辛摸索，中规院深入贯彻国务院、住房和城乡建设部的各项重建工作部署，将技术工作与重建大局紧密结合、同步推进，按照青海省委、省政府的要求，组织成立青海省灾后重建"规划委员会技术组"，承担"一个漏斗"的核心职责，成为灾后重建技术工作的"总策划、总领衔、总协调、总监督"。

三是秉持科学态度，技术分析为决策提供充实依据。中规院秉承规划者的科学严谨、客观公正态度，通过一线的访谈与田野调查，向重要决策部门第一时间提供实证性和实效性强的数据报告，成为各级政府决策的关键技术支撑。三年来，中规院共向政府提供专题报告20余份，定期向相关部门汇报重建工作进展，及时通报重大问题，支撑州县政府出台了一系列灾后重建政策和措施。先后开展的专题研究包括：居民回迁安置、商住房安置、商业安置、景观风貌控制及实施框架、停车场配置、文化旅游核心区开发建设实施框架等共16项。

四是探索实践"1655"模式，提升重建进度。震前玉树的私有土地共有12500余宗地，占结古镇总用地的83.9%，在私人的土地交易中，部分1930年的地权证仍然在民间交易，破解规划实施的土地问题成为当时的当务之急。在深入一线调研，充分考虑当地百姓的土地权益、邻里关系、宗教文化、个人意愿与风俗习惯的基础上，中规院提出了"1655"的工作模式，即1个路线、6位一体、5级动员、5个手印。这种工作模式在产权确认、土地公摊、院落划分、户型设计、施工委托等环节充分征求群众意见，并通过按手印的方式予以确认。该模式有效破解灾后重建当时最棘手、敏感的问题，在住房建设中全面推广，发挥重大作用。

五是关注"后重建"需求，助力扶贫攻坚。玉树重建工作完成后，中规院等相关单位继续服务玉树规划建设工作，为玉树后重建时期提供规划咨询和规划人员培训，承担或参与三江源国家公园总体规划等重点项目，落实住房和城乡建设部与青海省共建高原美丽城镇示范省合作协议，开展规划实施评估、空间布局调整论证等工作，助力玉树长远发展。

二、工作成效

（一）总体的跨越

玉树灾后重建范围工作包括玉树州一市五县，其中极重灾区结古镇受灾面积992平方公里，受灾人口10.7万人，其余五县包括重灾区和一般灾区，总受灾面积29453平方公里，受灾人口11.7万人。

建设新家园、新校园、新玉树是党中央、国务院和中央军委的要求，也是灾区群众的热切期盼。按照以人为本，尊重自然，统筹规划，合力推进的原则，重建工作从玉树经济社会、自然地理、生态环境、民族宗教文化等实际情况出发，借鉴了汶川地震灾后恢复重建的成功经验，切实把灾后恢复重建与加强三江源保护相结合、与促进民族地区经济社会发展相结合、与扶贫开发和改善群众生产生活条件相结合、与保持民族特色和地域风貌相结合，经过十年的有序推进，玉树社会经济发展得到重大提升。

震后十年，玉树常住人口和居民可支配收入均有明显增加。2019年末，玉树全州户籍人口41.54万人，常住总人口为42.25万人，其中城镇常住人口15.57万人，乡村常住人口26.68万人，与2010年常住总人口37.34万人相比，增长11.24%。十年来，玉树城镇常住居民人均可支配收入由11010元增加到35167元；农牧区常住居民人均可支配收入由2419元增长到9138元，社会消费品零售总额年均增长25%。

（二）重建取得的物质成果

地震以来，玉树市全面实现了灾后重建规划目标，建成了一个体现地域风貌、富有民族特色、充满时代气息的新玉树。

在住宅方面，16710户农牧民住房和22439户城镇居民住房全部建成并实现入住，并加大了对混居混牧区帐篷工程、移民区住房、贫困户住房的保障，实现精准到户、精准到人，完成住房建设项目42730套。通过加大政府补贴力度、提高居住区房屋建筑建设标准，配合集中安置、异地搬迁等方式，提高了居住区御灾能力和安全性。重建区内城镇居民住房和农牧民住房质量得到显著提升，住房条件得到根本改善。

在公共服务设施方面，十年累计投入20亿元资金完成教育医疗、文化体育和福利院、孤儿院等设施的建设和运行，补齐了初高中教育和学前教育短板，2019年全省"民考民"文理科刷新了玉树高考历史记录；全州现有医疗卫生机构86所，较震前新增16家，新增专科9个，拥有床位2930张，每千人拥有床位数由2.45张增长至7.15张。63项医疗卫生重建项目投入运行，医疗设施用地较震前增加77%。累计培训医务人员1300余人次，医疗服务能力明显提升。

在文化体育设施方面，灾后重建具有藏民族特色的文体公共设施，现在都是玉树的地标建筑。震前玉树只有一个广场，新增建成并投入使用八个，重建的格萨尔广场，还增建了音乐喷泉。玉树全州已建成艺术事业机构5个，图书馆6个，群众文化机构7个，图书馆、文化馆、博物馆实现免费开放。这些公共设施成为玉树打造藏乡民族文化的平台，并以"三江之源、圣洁玉树"品牌推动文化旅游融合发展。

在交通设施方面，玉树巴塘机场在震后紧急启动抗震救灾应急工程并与2019年启动扩建工程。同年玉树机场全年实现运输起降3560架次、旅客吞吐量突破31万人次、货邮吞吐量1771.9吨，在全国支线机场中名列前茅。

玉树至西宁的共玉高速建成通车,州县二级油路全部覆盖,乡镇和行政村道路畅通率100%,建成市政道路235公里。

在市政设施方面,建成玉树与青海供电主网联网等工程,使玉树电网从35千伏电力孤网一步跨越到330千伏现代化电网,实现了玉树州46个乡镇、155个行政村大电网覆盖,全市行政村道路畅通率、通电率、安全饮水覆盖率、通讯覆盖率、光纤宽带网络通达率5个100%。

在生态保护方面,玉树实行最严格的生态环保制度,形成了依托三江源、可可西里、隆宝等国家级自然保护区,以国家公园为主体的自然保护地体系。通过震后自然修复和人工治理相结合,加强了天然林、湿地、草甸草地保护,加大环境整治、退耕还林和退牧还草工程,实现生态系统良性循环。监测发现,重建区内通过封山育林、沙化土地治理、重点湿地保护及黑土滩治理等系列工程的实施,灾区生态环境得到较好修复,全州从2010年到2019年,森林覆盖率由3.2%提高到了3.97%,累计实施荒漠化和黑土滩治理面积464.73万亩,占总面积的16.7%。十年间,玉树累计完成营造林83.81万亩,实施荒漠化和黑土滩治理面积464.73万亩,区域内植被总初级生产力平均值相比灾前提升约40%,藏羚羊种群恢复到7万多只,雪豹种群超过1200只。三江源区湿地面积由2012年的3.9万平方公里增加到近5万平方公里,水资源量由384.88亿立方米增加到408.9亿立方米。有1.8万人走上生态公益性岗位,守护三江源国家公园,并带动3.15万人捧上了绿色生态饭碗。全州上下爱绿、护绿、植绿,知生态、爱生态、护生态的文明自觉正在养成。

在产业发展方面,震后全面开展产业扶贫,动员首都知名企业支持玉树产业发展,组建特色产业开发龙头企业,布局牦牛、黑青稞、藏羊三大产业全产业链,打造产业扶贫"玉树模式"。为促进京玉两地产业深度合作,支持玉树企业走上规模化、品牌化、现代化的经营之路,北京市委、市政府引导北京优质企业来玉树开展深度帮扶合作,于2018年7月青洽会期间,推动首农食品集团、首旅集团与玉树州政府签订帮扶合作协议。2018年9月,青海首农玉树供应链发展有限公司、玉树州京玉旅游发展有限公司分别注资1000万元,为玉树特色产业发展开了"小灶"、支起了统筹资源的"大锅"。与此同时,在进行深入调研对接基础上,北京对口支援把握玉树州农产品地理标志"玉树牦牛""玉树黑青稞""扎什加羊"的优势资源,围绕优化育种、提升产品附加值、提升品牌知名度,布局三大产业的全产业链发展。还推动实施了农畜产品加工业提升行动,使农畜产品加工业从数量增长向质量提升、要素集聚向创新驱动、分散布局向集群发展转变,加快形成以区域公共品牌、企业品牌、特色农畜产品品牌为核心的玉树农牧业品牌体系。以打造三江源称多牦牛生态养殖示范综合体为试点,优化玉树产业发展模式,实现农牧业高质量发展,为涉藏州县产业扶贫提供可借鉴经验。重建区内牦牛、黑青稞、藏羊等特色农牧业产业得到较好的发展。文成公主庙、禅古寺、结古寺、新寨嘉那嘛呢石经城等文化和宗教设施得到及时修缮与保护，发展示范区的逐步完善为文化旅游产业发展奠定了良好基础，年旅游人数由震前9.7万人增长到147万人。

在民生保障方面，震前玉树是全国特殊贫困地区。在恢复重建工作中启动了包括蔬菜温棚、规模化养殖、综合交易市场等一系列扶贫开发项目。

在智慧城市建设方面，玉树市的震后重建从策划到实施都将可持续发展作为重点，从城镇能源供给、建筑设计、生态环保、实用技术和远程社会公共服务网络应用5个方面突出可持续发展。2015年，玉树市启动了"智慧城市"建设，通过开发运营玉树市城乡管理系统、城市事件库、应急管理数据库、治安管理数据库、三台合一指挥中心、日常管理公共服务中心、网格化城市管理服务系统等，利用高科技手段进行城市日常运维和管理，实现了高原地区特有的政府服务与治理模式，建成了青海省藏区唯一的高原智慧城市。2020年4月，玉树市智慧城市管理服务中心的城市可持续发展管理体系通过了认证审核，获得了ISO 37101认证证书。

十年重建，玉树市的基础设施大提升，产业结构大调整，社会事业大发展，群众生活大改善，生态环境大变样，山美、水美、人美的美好向往正在变成现实，一个绿色、幸福、和谐的现代化高原新城已矗立在三江源头。

（三）社会秩序与思想的重构

1. 土地产权秩序的重构

震前玉树土地产权复杂特殊，是中国土地产权最复杂的地区，以结古镇为例，非国有土地占总宗地数的83.9%，仅有60%的个人宅基地发放了合法的土地使用证。居民对集体土地并无明确概念，自有土地意识强，对于灾区居民，土地不仅是生活资料，也是重要的生产资料，拥有土地的占有权、使用权、收益权和处分权，依靠凭据和契约的土地私下交易普遍存在。

由于玉树灾后重建最终确定为原址重建模式，对土地产权的重构不可避免，同时民众意愿直接影响到灾后重建的落地和实施。灾后重建必须在原有混乱的土地权属上建立新的土地权属格局，以及根植于其经济利益和社会网络，因此，土地产权重建是灾后重建规划的核心问题，包括厘清震前土地产权条件和重新划分震后产权利益两部分。

玉树灾后重建明确，将不规范、不合法的土地制度纳入现代国家土地管理制度，使其符合我国土地公有制的基本条件，为后续重建和发展打下良好基础。在灾后住房重建过程中实施"最小干预、就地就近、保护私权、尊重习俗、维系邻里关系"五大原则。

1）震前宅基地认定

对震前宅基地的认定，政府坚持土地公有制的原则，并明文禁止任何单位和个人继续非法买卖土地。对于持有相关权证的居民，其宅基面积按照原状认定。对于震前居民之间私下交易取得、承包耕地建房以及未经批准挖山、填河的土地，尽管原本取得途径并不合法，但考虑到多年来政府监管失位以及玉树少数民族的生活特征，依照村舍证明、四邻证明等凭据对其面积按震前原状予以认定，并处以一定金额的罚款。

2）灾后重建住房资金补偿

凡因地震造成住房倒塌、严重损坏需要重建或住房受损需要维修加固，并经相关程序确认震前有住房产权的城乡居民家庭，均可享受灾后重建住房补助。

震前的结古镇基础设施薄弱、公共设施极不完善，在党中央国务院对玉树灾后重建"使灾区基本生产生活条件和经济社会发展全面恢复并超过灾前水平，生态环境切实得到保护和改善"的目标指引下，必须重新修建大量的道路、市政设施和公共设施以提高城市整体形象和品质，而过程中必然存在大量的征地拆迁。对于涉及公共利益的情形，诸如在公路和城市道路以及大型公共设施用地的征地中涉及宅基地的，则只能采取异地换房或货币补偿方式处置（图1）。

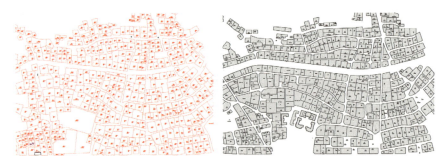

图1 震前缺少公共空间、道路不畅、绿地不足（左），重建后实现小区道路、公共设施、绿地、防灾空间、市政设施公摊与共享（右）

3）重建后产权划分

以结古镇为例，基于地震前复杂的土地产权情况和居民对自身院落的迫切需求，重建中确立了多种宅基地处置方式，以平衡居民住房意愿和灾后重建大局。对于个人宅基地采取原址重建、以地换房、货币处置和换地权益书四种方式。具体到住房建设模式上，按照建设主体分为统规统建和统规自建两类。统规统建区以多层住宅为主，其中的居民基本失去了原有的院落；而统规自建区以院落住宅为主，其中的居民可在原居住地就近安置，并保持传统的院落居住模式。另外，对于被认定为震前"一证多户"的居民，可按照户数享受相应套数的住房补偿。

玉树震前土地产权的条件极为复杂混乱，短时间内充分理清存在困难，而这在一定程度上影响到土地产权利益的合理分配。在土地产权利益的再分配中,"五个手印"的规划方式将复杂的土地产权矛盾带来的问题一一解决,具体而言,第一个手印是在前期调研阶段的震前产权确认环节,群众在最终的震前产权地籍图上按手印表示认可;第二个手印是在方案设计的公确认环节,群众对公比例以及因公共设施设置占用的自身宅基地面积按手印表示认可;第三个手印是方案设计阶段的院落划分环节,群众在规划的院落划分图上对自身院落的空间位置按手印表示认可;第四个手印是在方案设计阶段的户型选择环节,群众对自己选择的户型按手印表示认可;第五个手印是在开始施工建设前,群众在施工单位即将建设的户型施工方案上按手印表示认可,使得灾后重建的进度在居民充分、有效地参与下可以稳步推进。并通过居民公摊和院落划分这两个关键步骤明确了公私空间的领域,完成了公私土地权益的再分配,实质上以较为公平的方式平衡了公私权益,协助政府完成了灾后重建工作中困难的产权重建工作(图2)。

图2 震前个人土地使用权证(左)和权属认定审批表及新宗地图(右)

2.经济方式的重构

玉树灾后经济方式的重构主要体现在三个方面。从产业结构看,震前玉树以传统的畜牧业、养殖业为主,手工业、商贸业为辅,另有少量种植业、加工业和饮食服务业。重建十年,玉树经济结构明显优化,2010年,全州三次产业比重为56.4%、22.9%、21.7%,通过做大做强特色生态农牧业这一支柱产业,大力发展特色文化旅游业、商业服务业,2019年三次产业比重调整为57.6%、9.1%、33.3%。

产业结构的调整得益于产业空间的重塑,尤其以结古镇康巴风情商街、唐蕃古道小区为代表的商业空间建设,是玉树文化旅游核心区展现"唐蕃古道、高原风光、中华水塔、歌舞之乡、民族之魂"的典范工程,高起点规划,高品位打造,高质量建设,具有浓厚的藏区文化特色,它的功能定位不仅限于一般的景观风貌,更多着眼于营造城市滨水商业的自身造血功能,对于发展玉树地方经济,弘扬民族优秀文化,提升城市人文环境,展示新玉树精神风貌都具有重要的意义。

产业结构的调整也带来就业方式和机会的转变，震前居民收入来源以放牧、挖虫草、藏獒饲养、打工、开车货运、装修队等为主，随着震后业态的逐步提升，居民生计方式也逐渐多元化，在畜牧产品加工、民族品技工、生态旅游服务业中获得补充收入。

3. 生活方式与社会关系的重构

在居住习惯上，震前玉树民居以旱厕为主，占调查样本的17%，超过三成的居民从河中取水，取暖主要靠烧牛粪（图3）。重建过程的实地调研发现，居民向往城市的现代生活和社会进步所带来的生活便利，因此在保持传统风貌的基础上，住宅设计也考虑了藏民对现代生活的需求，引入了大规模集中供暖、污水处理厂等基础设施，无论是在统建区还是在自建区，玉树的新房供暖模式都由"烧炉子"改为了通暖气。经走访，玉树居民的如厕、用水、采暖方式均较震前发生了较大变化，90%以上居民使用水厕，91%居民使用自来水，集中采暖率大幅提升（图4）。

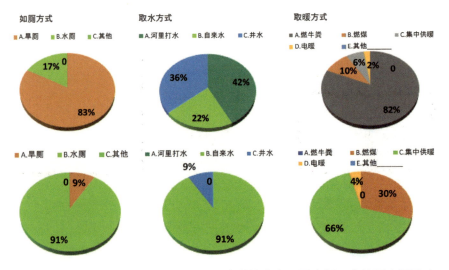

图3 震前玉树居民生活习惯调查

图4 震后生活习惯改变情况

在居住条件上，震前玉树住宅以土木结构为主，层高低，多柱且空间昏暗狭小，抗拉强度低，抗震效果不理想。新建民居在抗震、保温等方面得到显著改善，功能房间布局更为合理，新奇了传统碉房厚墙大窗、方室横厅的优势，按照居民意愿引入阳光间，结合现代的施工工艺和材料，舒适性、生态节能性得到进一步提升（图5）。

（四）经济社会各方面取得的突出成绩

1. 国家卫生城市

玉树于2015年启动创建国家卫生城市的工作，各族群众克服高寒气候条件，努力打造功能齐全、设施完善、组织健全、机制灵活、全面覆盖、管理有效的藏区社会一体化发展的先行城市，进一步加大城市基础设施建设力度，着

图5 重建前后居住条件变化

力提升服务能力，使城市市容市貌发生明显变化，环境卫生显著改善，生态与居住环境不断优化，人民群众的文明卫生健康意识大幅提高，2017年6月23日，全国爱国卫生运动委员会正式命名玉树市为"国家卫生城市"，标志着玉树完成了从灾后重建的应急状态，向全面提升城市管理运营水平跨越发展和转型升级。

2.中国人居环境范例奖

2017年，玉树市城市特色风貌提升项目荣获"中国人居环境范例奖"。"中国人居环境范例奖"是我国城市建设项目的最高奖项，是专门表彰在改善城乡环境质量、提高城镇总体功能、创造良好的人居环境方面做出突出工作并取得显著效果的城市、村镇和单位的奖项。参选的玉树灾后重建十大重点工程作为新玉树建设的点睛之笔、压轴之作，是"新玉树、新家园"的形象代表，是体现时代特征、民族特色、地域风貌的标志性建筑。

3.全国文明城市

玉树把"规范提高城市管理运营水平，以提升城市发展竞争力"作为创城的出发点，以建设"高原智慧管理示范城市、现代高原生态农牧业示范城市、国内知名旅游城市"为落脚点，着力解决在基础设施、城市环境和市民出行、医疗、就业、教育等方面的突出问题，让市民享有更均衡优质的公共服务、更优美宜居的生态环境、更高品质的文化服务，经过两年的努力，于2020年11月10日荣膺"全国文明城市"称号。

参建人员部分影集

2011年5月,李晓江院长到玉树考察指导并与驻场人员合影。

2010年4月,中国城市规划设计研究院第一批工作团队抵达玉树现场。

2011年6月，驻场技术人员接受民南建委会赠送的锦旗。

2010年9月，中国城市规划设计研究院技术人员与扎西科建委会、中国电建援建单位一起现场工作。

中国城市规划设计研究院参与
玉树灾后重建人员

鞠德东	王　仲	邓　东	房　亮	石咸胜	范　渊	胡耀文	李　宁
李晓冬	桂晓峰	叶　峰	张成军	白　杨	丁甲宇	张春洋	胥明明
刘　建	祁祖尧	冯　晖	常　魁	邹　鹏	屈　伸	杨保军	缪杨兵
王　川	范嗣斌	王　军	张　洋	白　金	冯　雷	魏　巍	张　弦
沈　迟	伍速锋	李　利	王　冶	赵　哲	朱　江	郭　枫	曾有文
项　冉	李　钧	康　浩	杨　涛	卓伟德	郭　阳	万　操	缪春旺
杨　亮	朱江涛	杜广军	刘　磊	尧传华	杨一帆	林辰辉	刘中元
周　辉	张春播	陈　雨	肖礼军	张　帆	关　凯	秦　筑	胡春斌
孙心亮	周　勇	易芳馨	李晓江	翟玉章	陈　浩	冉鋐天	谷鲁奇
刘　鹏	何晓君	李江云	魏天爵	刘广奇	姚伟奇	欧心泉	石　炼
姜欣辰	顾京涛	田　心	赵　进	顾永涛	刘　迪	李晓晖	刘晓勇
韩炳越	洪昌富	葛春晖	张　迪	孙青林	王栎焜	黄　明	王　坤
伍　敏	王玉圳	刘　元	王佳文	董　珂	曾　浩	陈　锋	殷广涛
魏安敏	刘　斌	李　磊	郝天文	矫雪梅	王　斌	王华兵	逯志国
贾建中	陈　岩	詹雪红	梁　庄	杨明松	牛丽江	胡　敏	杨　开
金晓春	孔彦鸿	于亚平	李　荣	向玉映	张中秀	马浩然	郑　进
王丹江	康新宇	陈燕秋	刘　律	黄明金	耿　健	刘　溪	曲毛毛
彭小雷	孙　彤	刘庆会	张　兵	赵　晅	黄少宏	靳东晓	朱子瑜
卢华翔	邱　敏	徐亚楠	李　栋	周建明	郝　硕	盛志前	王　芃
张圣海	商　静	方　煜	廖杨斌	刘永合	李　迅	李志超	束晨阳
王景慧	吴学峰	郑德高	朱　力	高　峥	朱荣远	蔡立力	朱郁郁
尹　强	谢映霞	李哨民	张　菁	邵益生	邱国华	朱　波	王忠杰
蒋　莹	高倩倩	张亚楠	秦国栋	杨　斌	殷会良	郝之颖	张　全
王　凯	桂　萍	王宏杰	吴　晔				

寄语一

一把尺子

李 群

距玉树"4.14"地震转瞬12年了，在大家浏览涅槃重生的美丽新玉树时，不由地想起在地震现场与中国城市规划设计研究院的领导同志们商讨玉树重建规划的情景，其中有个一把尺子的故事记忆犹新。

记得重建规划初期，众多的规划设计单位把握不好地方特点、民族特色和时代特征三者（当时大家简称为"三特"）的关系，对地方本土建筑的了解几乎为零。正在这个时候，时任青海省省长的骆惠宁交给中国城市规划设计研究院的同志们一个任务，帮他写篇关于如何处理好"三特"关系的文章。那天邓东（时任中国城市规划设计研究院驻玉树现场规划负责人）给我说了这件事，我们觉得研究这件事正当时，很有必要，随即在热烈地讨论中想到了一把尺子的概念。

假设我们把民族特色、地方特点和时代特征放到一把直尺的左、中、右三个位置，我们做的规划设计项目好比是直尺上的一个游标，此时不管这个项目要突出民族特色（传统文化）还是突出时代特征（未来属性），在一把尺子上不过是划来划去、你大我小或你小我大的关系，不会相互排斥、非此即彼；而且谁都离不开尺子中间"地方特点"的研究，要研究项目所在地的生态环境、本土建筑特点、地方建材使用习惯等。尺子的左、中、右，也象征着"过去、现在、未来"三个时空段，统筹处理好项目文化的继承性、环境的适洽性、未来的发展性，就处理好了项目"度"的问题。

这把尺子没写到稿子里，但在后来的工作、审查和讲课中常常用到。或许，任何事情拉开一段距离再来观察才能看得更清楚。12年后回头看玉树的重建规划工作，真不失为一个在急、难、险、重条件下多规融合、规划引导建设、规划统领项目的范例，其一把尺子，至今都没有过时。

李群，时任青海省住房和城乡建设厅巡视员，青海省玉树震后重建规划委员会常务副主任。

寄语二

玉树·育树：风中的小白杨

白宗科

　　转瞬间玉树"4.14"地震已经过去12年，玉树已经成为青藏高原的新兴现代化城市，正在打造成为国际旅游目的地，作为新玉树的规划建设参与者，我一直为之自豪。回想玉树7.1级强烈地震灾后重建的过往，发生的一件件事情仿佛就在眼前，但耸立在地震废墟中迎风耸立的白杨和围绕白杨发生的故事让我又回到当年的建设岁月，让我不能忘怀的是中国城市规划设计研究院在玉树重建中为保护三江源、保护生态环境做出的重大贡献。

　　玉树地处平均海拔4000米的雪域高原，玉树少树，当地人说，由于自然条件差，在玉树，树比玉贵。地震震塌了房屋，但你发现迎风挺立的是为数不多的树木，其中大部分是白杨。为保留玉树的绿色，保留比玉更珍贵的树木，规划设计之初，就对城市里的每一棵树木进行了统计，提出灾后重建不砍一棵树的要求，留住树木，留住绿色，留住城市的记忆成为城市规划设计建设的硬指标。为减少树木伐移数量，设计单位现场测量，调整设计方案，最大限度的避让树木，保留了大量珍贵的树木。在重建扎西科路时，为保住10多棵70多年树龄的杨树，规划设计团队与援建方多次对接沟通，不惜多次修改施工方案。为了保住玉树藏医院的一棵树，中国城市规划设计研究院邓东所长深夜赶到施工现场，制止砍树，请来了县里州里的领导、请来了省里的领导，现场开会统一思想。一棵树保住了，棵棵树保住了。在重建的现场一种色彩是竖立的红色党旗，另一种色彩是挺立的绿色白杨。"强化山水资源保护，延续人文精神，提升城市活力"的总体策略，敬畏历史、敬畏文化、敬畏生态，坚持生态重建、绿色重建成为玉树重建的共识。为创造和完善玉树城市功能，使新玉树拥有公园绿地和广场绿地，规划设计需占用原州歌舞团原有的部分建设用地，2011年12月27日，部分群众到省里上访，要求修改规划，还规划绿地为建设用地，我们耐心听取上访群众的诉求，解释规划、解读政策，用"眼睛、眉

白宗科，时任青海省住房和城乡建设厅副厅长。

毛、头发都有自己的用途，有了它们人才能美。绿地、广场有了，我们的家才能更美"作比喻，几句简单的话语，让上访群众理解了规划，明白了政策，用不断的掌声，使建绿地、建广场、种树木，从群众的反对转向了广泛的支持。在玉树重建中，我们不仅保住了树木，还扩大了绿地建设。

　　如今，一座美丽、和谐、生态的新玉树屹立在三江源头。十年前被地震撕裂的伤痕早已被生机勃勃的植被修复，玉树守牢"发展"和"生态"两条底线，坚持身边增绿、远山造林，现如今的玉树不仅有湛蓝的天空、清澈的河流、碧绿的草原、皑皑的雪山，更有茂密的树林、温煦的阳光洒满玉树，我愿做那风中的小白杨，为玉树这片美丽大地增添一抹绿色。

寄语三

从一片废墟到一张蓝图

刘燕辉

"从一张蓝图到一座城市",记录了新玉树的涅槃重生,在此,也有一个"从一片废墟到一张蓝图"的过程。

我参与玉树灾后重建工作是从北川灾后重建的现场直接转移过去的。中国城市规划设计研究院(以下简称"中规院")李晓江院长打电话邀我院速来玉树,共同参与玉树的灾后重建。由于我院与中规院在北川的灾后重建工作中建立了"一个漏斗"的共识和密切配合的工作秩序,非常默契,一下飞机就迅速投入到了"一张蓝图"的规划设计之中。

记得当时邓东所长(现任副院长)直接布置,首先对之前的一版方案进行论证,该方案布置了较多的18层住宅,参加援建的施工企业比较坚持这种以高层住宅为主的方案,理由是场地处理相对简单,住宅套数多,施工难度小,能尽快满足受灾群众的安置规模;规划设计方面则认为高层住宅不适合玉树的居住模式,不符合玉树的城市风貌和未来发展。争论从会议室转到了结古山,登上结古山俯瞰玉树,扎西科河、巴塘河交汇于此,自然条件独特,如果采用高层住宅方案将使两条母亲河失去原有的魅力。权衡之下达成了以多层和低层住宅为主的方案。现在看来,这个规划是有前瞻性的,为新玉树这张蓝图打下了坚实的底色。

由于高原反应,我曾在玉树两次由于声带水肿而失音,至今还留有后遗症。但玉树让我看到了更新奇的世界,留下了缺氧不缺精神的记忆,见证了从废墟到蓝图再到城市的全过程。灾后重建虽然已经过去了十几年,但玉树始终是我的牵挂。

衷心祝愿新玉树扎西德勒!

刘燕辉,时任中国建筑设计研究院(集团)建筑设计总院党委书记、副院长、总建筑师。

写在后面的话

玉树的灾后重建条件之苦、困难之多、情况之复杂世所罕见。设计团队和援建单位一直弘扬"大爱同心、坚忍不拔、挑战极限、感恩奋进"的玉树抗震救灾精神，以宽广的胸怀、昂扬的斗志、扎实的工作、拼搏进取，本着不留遗憾、不留败笔、不留骂名的庄严承诺，以科学重建、依法重建、高效重建、和谐重建的务实态度，以缺氧不缺精神、海拔高追求更高的顽强作风，扎实完成好党中央、国务院、青海省委、省政府、省前指部署的各项任务，实现了"一张图纸到一个新玉树的涅槃重生"。

玉树的灾后重建，是中国智慧、中国方案、中国制度的大展现，是中国力量、中国速度的大检阅，彰显了中国共产党执政为民的崇高理念，昭示了社会主义制度的无比优越，凝聚了各民族团结进步的不竭力量，坚定了走中国特色社会主义道路的强大信心。